ASCE Manuals and Reports on Engineering Practice No. 135

ASCE 工程实践手册和报告第 135 号

MONITORING DAM PERFORMANCE

Instrumentation and Measurements

大坝性态监控

仪器监测和测量的原理与实践

卢正超　金鑫鑫　邱永荣　聂鼎　等　译

Kim de Rubertis　主编

Task Committee to Revise Guidelines

for Dam Instrumentation　组编

中国水利水电出版社
www.waterpub.com.cn
·北京·

北京市版权局著作权合同登记号：图字：01-2024-0869

Monitoring dam performance : instrumentation and measurements/prepared by the Task Committee to Revise Guidelines for Dam Instrumentation of the Committee on Water Power of the Energy Division of the American Society of Civil Engineers; edited by Kim de Rubertis, P. E. , D. GE, F. ASCE. | ISBN 978 - 0 - 7844 - 1482 - 8

Published by American Society of Civil Engineers

图书在版编目（CIP）数据

大坝性态监控：仪器监测和测量的原理与实践 /
（美）金·德·鲁伯蒂斯主编；卢正超等译. -- 北京：
中国水利水电出版社，2023.12
书名原文：Monitoring Dam Performance:
Instrumentation and Measurements
ISBN 978-7-5226-2110-4

Ⅰ．①大… Ⅱ．①金… ②卢… Ⅲ．①大坝—安全监
测 Ⅳ．①TV698.1

中国国家版本馆CIP数据核字(2024)第017759号

书　　　名	大坝性态监控：仪器监测和测量的原理与实践 DABA XINGTAI JIANKONG：YIQI JIANCE HE CELIANG DE YUANLI YU SHIJIAN
原 书 名	Monitoring Dam Performance：Instrumentation and Measurements
原　　　著	［美］Kim de Rubertis（金·德·鲁伯蒂斯）　主编 Task Committee to Revise Guidelines for Dam Instrumentation　组编
译　　　者	卢正超　金鑫鑫　邱永荣　聂　鼎　等译
出 版 发 行	中国水利水电出版社 （北京市海淀区玉渊潭南路1号D座　100038） 网址：www.waterpub.com.cn E-mail：sales@mwr.gov.cn 电话：(010) 68545888（营销中心）
经　　　售	北京科水图书销售有限公司 电话：(010) 68545874、63202643 全国各地新华书店和相关出版物销售网点
排　　　版	中国水利水电出版社微机排版中心
印　　　刷	北京印匠彩色印刷有限公司
规　　　格	184mm×260mm　16开本　19印张　463千字
版　　　次	2023年12月第1版　2023年12月第1次印刷
印　　　数	0001—1000册
定　　　价	**125.00元**

关于工程实践手册和报告的说明

（ASCE 技术程序委员会于 1930 年 7 月首次编制，并于 1935 年 3 月、1962 年 2 月和 1982 年 4 月修订）

本系列中的手册或报告，针对特定主题的相关事实进行系统的介绍，还包括对这些事实的局限性和应用的分析。其中包含对一般工程师的日常工作有用的信息，偶尔或很少有用的成果不包括在内。然而，在任何意义上这些手册或报告都不应被视作"标准"。它们也并非基础性的或结论性的事实，无法为非工程师人员提供"经验性法则"。

此外，与仅表达个人的观点或意见的论文不同，本系列中的材料基于委员会或小组的工作，该委员会或小组被选定来收集和编写关于某一特定主题的信息。该委员会通常由一个或多个技术部门或理事会进行指导，并由其下属的执行委员会对所主编的成果进行审查。在审查过程中，通常会将文稿提交给技术部门和理事会的成员征求意见，再参考意见进行修改。出版时，每部作品都会标明主编该作品的委员会的名称，并清楚地标明其通过审查的过程，以便明确了解其价值。

1962 年 2 月（1982 年 4 月修订），董事会投票决定设立一个名为"工程实践手册和报告"的系列，其中包括迄今为止出版和授权的手册、未来的专业实践手册和工程实践报告。ASCE 的所有此类手册或报告材料都将按照出版委员会批准的方式进行审阅，并经适当讨论，装订成类似于过去手册的书籍。编号将是连续的，并且是现有手册编号的延续。对联合委员会的报告，某些情况下可不参照期刊出版物的形式。

可以在美国土木工程师学会官网上查询已有的实践手册的清单。

题赠

本手册谨献给美国土木工程师学会的杰出会员约翰·邓尼克利夫（John Dunnicliff）先生，所有从事仪器监测工作的人都站在他的肩上。从他 1988 年奉献的经典著作《岩土工程监测》到他主持编辑的《岩土工程监测新闻》，他长期坚持不懈地致力于提升监测技术水平，所有人都受益匪浅。本委员会深感邓尼克利夫先生的工作与我们的监测实践已经融为一体不可分割，因此我们怀着极大的感激之情，谨将此手册敬献给他。

致谢

ASCE 能源分会执行委员会联系人

杰森·赫迪恩（Jason Hedien），专业工程师，ASCE 会员

ASCE 水电委员会主管成员

金·德·鲁伯蒂斯（Kim de Rubertis），专业工程师，岩土工程博士，ASCE 会员

史蒂文·弗莱（Steven Fry），专业工程师，ASCE 会员

克里斯托弗·希尔（Christopher Hill），专业工程师，ASCE 会员

杰弗里·奥瑟（Jeffrey Auser），专业工程师，ASCE 会员

委员会成员

金·德·鲁伯蒂斯（Kim de Rubertis），专业工程师，岩土工程博士，ASCE 会员，主席

史蒂文·弗莱（Steven Fry），专业工程师，ASCE 会员，副主席

克里斯托弗·希尔（Christopher Hill），专业工程师，ASCE 会员，秘书

杰弗里·奥瑟（Jeffrey Auser），专业工程师，ASCE 会员

比尔·布罗德里克（Bill Broderick），专业工程师，ASCE 会员

卡特琳·布莱恩（Catrin Bryan），专业工程师，加拿大职业工程师

克雷格·芬德利（Craig Findlay），博士，专业工程师，岩土工程师，ASCE 会员

约翰·弗朗斯（John France），专业工程师，水资源工程师，ASCE 会员

拉尔夫·格里斯马拉（Ralph Grismala），专业工程师，ASCE 会员

贾斯汀·内特尔（Justin Nettle），专业工程师

扎克约·恩戈马（Zakeyo Ngoma），专业工程师

米纳尔·帕雷克（Minal Parekh），博士，专业工程师

埃琳娜·索森金娜（Elena Sossenkina），专业工程师，ASCE 会员

杰伊·斯塔特勒（Jay Statler），专业工程师，ASCE 会员

马诺什里·桑达拉姆（Manoshree Sundaram），专业工程师，ASCE 会员

特拉维斯·图特卡（Travis Tutka），专业工程师

詹妮弗·威廉姆斯（Jennifer Williams），专业工程师

凯伦·阿吉拉德（Karen Aguillard），专业工程师

为委员会成员提供支持的单位

AECOM 公司 （AECOM）

南加泰罗尼亚工程师和建筑师协会（ASCEA）

阿维斯塔公司 （Avista Corporation）

布鲁克菲尔德可再生资源公司 （Brookfield Renewable Resources）

科罗拉多矿业学院（Colorado School of Mines）

联邦能源管理委员会 （FERC）

芬德利工程公司 （Findlay Engineering）

HDR 工程公司 （HDR Engineering，Inc.）

ICF 公司 （ICF）

麦克米伦-雅克布斯公司 （McMillen – Jacobs）

南加利福尼亚州大都会水务合作组织 （Metropolitan Water District of Southern California）

美华集团公司 （MWH）

保罗·里索联合公司 （Paul C. Rizzo Associates，Inc.）

华盛顿州普吉特湾能源公司 （Puget Sound Energy，PSE）

史蒂夫·弗莱咨询公司 （Steve Fry Consulting）

美国垦务局 （US Bureau of Reclamation，USBR）

美国陆军工程师团 （USACE）

委员会特别感谢 Pierre Choquet 博士，在他的启发下本委员会得以成立，在本手册的材料收集和审查方面也得到了他的大力协助。

译者序

工程实践手册（Manuals of Practice，MOPS）是美国土木工程师学会（American Society of Civil Engineers，ASCE）主编出版的系列工具书，截至目前已出版 157 部。其中《大坝性态监控：仪器监测和测量的原理与实践》的系列编号为 MOP 135，由美国土木工程师学会下属的能源分会水电委员会主持编写。本手册是对美国土木工程师学会下属的仪器监测与大坝性态监控专委会编写的《大坝性态监控仪器监测与测量技术指南》（*Guidelines for Instrumentation and Measurements for Monitoring Dam Performance*，2000 年出版）的修订，内容涵盖了 2000 年以来业界在大坝性态监控方面的创新。

本手册系统介绍了土石坝、混凝土坝和其他类型大坝可能存在的薄弱环节和潜在失事模式，与失事模式相关的大坝性态监控指标，仪器监测的手段和方法，监测方案规划和实施，监测数据的采集、管理、分析和展示，基于监测结果的决策和行动。

我国的大坝安全监测实践肇始于 20 世纪 50 年代末。21 世纪以来，随着我国水利水电事业的蓬勃发展，特别是近年来的智慧水利和数字孪生水利水电工程建设方兴未艾，大坝工程安全监测工作日益受到各方面的高度重视，其建设规模和涉及的投资均十分可观。由于各方面的原因，在相关的技术标准、规程规范中，虽然对大坝工程安全监测的规划、实施、运行维护提出了系统的要求，但这些要求往往并未与大坝的薄弱环节和潜在失事模式建立起必要的合理的联系，导致不少大坝工程安全监测的针对性不强、规模失当，耗费了大量的物力、财力和精力，效果还不佳，教训深刻。如何更加合理、经济、高效地开展大坝工程安全监测工作，仍是目前我国大坝工程界需要认真考虑并加以解决的问题。他山之石可以攻玉。译者相信，本手册的内容对于我国从事大坝工程安全监测及相关专业的工程技术人员、管理人员以及大专院校师生具有重要的参考价值。

本手册篇幅较大，翻译和校核由多人共同完成。参加翻译的主要人员有：卢正超、金鑫鑫、邱永荣、聂鼎、王琦、卢绮玲、商玉洁。全书由卢正超校核和统稿。

由于时间和水平的限制，中文版中的缺点和错误在所难免。诚恳欢迎各位专家和读者批评指正，来函请发至：luzc_sky@163.com。

卢正超

2023 年 12 月

前言

　　《大坝性态监控：仪器监测和测量的原理与实践》实践手册是美国土木工程师学会（ASCE）能源分会水电委员会编写出版的工程实践手册系列出版物的延续。

　　成立 ASCE 能源分会水电委员会的初衷是向水电界人士提供水力发电方面的信息。水电委员会编写出版水力发电工程和科学问题的实践手册、指南和技术报告。水电委员会也致力于为土木工程师以外的受众提供服务，其中包括相关领域的科学家、经济学家和技术专家。这方面的考虑出于水电行业希望将科学、环境、经济、运行和维护纳入其活动范围的期待。

　　1997 年，自愿加入委员会的人员对利用仪器和测量监测大坝性能的手段和方法进行研究并编写了报告。委员会的成果就是于 2000 年出版的《大坝性态监控仪器监测与测量技术指南》。自该出版物发布以来，大坝性态监控的手段和方法都出现了许多创新。本手册介绍了当前的实践状况，旨在为业主、工程师、监管人员和其他对大坝安全感兴趣的人提供方便的参考。

　　对于如何采用仪器监测和测量适当地进行大坝性态监控，没有简单的规则或标准。每个大坝都是独一无二的。在决定测量什么和如何测量时，都需要考虑失事的后果、大坝和坝基的复杂程度、已知的问题和关注点以及设计的保守的程度。基于这种理解，本手册的目的是考虑以下几点：

- 辨识影响大坝性态的薄弱环节。
- 确定性态指标。
- 了解性态指标的监测手段和方法。
- 监测方案规划和实施。
- 采集数据。
- 管理、显示和分析数据。
- 做出决定并采取行动。

　　监测技术的进一步发展，将带来新的、更好的监测手段和方法，但本手册中介绍的原则将具有持久的价值。

　　本手册旨在提供参考信息，而非做出规定。包括其坝基和附属工程在内，每座大坝面临着其特定的挑战。决定如何监控其行为所需要的技能和判断力，不在本手册的范围之内。

目录

第1章

引　言

对于你所谈论的东西，如果你能对它进行测量并表达为具体的数值，才可以说你对它有所了解……

——开尔文勋爵（Lord Kelvin）

欢迎使用《大坝性态监控：仪器监测和测量的原理与实践》。本手册由美国土木工程师学会编撰，主要介绍了当前大坝性态监控的实践状况，以供全球大坝工程专业人士参考。

大坝性态监控是一项全球性的事业。世界上几乎每个国家都有大坝，由大坝的业主和工程师进行监测。许多国家也有相应的机构，制定了关于监测的指南和规定以保障大坝安全。这些机构具体包括印度中央水利委员会（CWC）、美国联邦能源管理委员会（FERC）、中国国家能源局、加拿大大坝委员会、英格兰和威尔士环境署、法国常设技术委员会以及澳大利亚大坝委员会（ANCOLD）等。本手册旨在介绍全球大坝工程界进行大坝性态监控所采用的仪器监测与测量的基本原理以及当前实践。

大坝性态监控将巡视检查与仪器监测相结合，来回答"大坝的性态究竟如何"这一基本问题。

其中，巡视检查是所有性态监控项目中关键的组成部分。

随着使用年限的增长，大坝会不断发生变化，乃至出现缺陷，因此对每座大坝都必须进行监控。系统化、合理的巡视检查无可取代，监控不等同于仪器监测。

——拉尔夫·派克（Ralph Peck）

通过仪器监测可以获取巡视检查无法获得的大坝性态指标。我们的肉眼很难准确估计土石坝坝体的渗流及沉降的数值，但有工具可以用于测量，而问题是它们是必要的吗？

安装的每支仪器，必须有助于回答与大坝安全运行有关的特定技术问题，这应该成为当今的一项基本准则。

——拉尔夫·派克（Ralph Peck）

每座大坝都有其特定的技术问题。就像人一样，没有两座大坝是完全一样的。要解决相应的问题，就要了解大坝存在的薄弱环节。而设计的目的就在于为这些已知的薄弱环节提供足够的保障。监测仪器的测量结果可以验证设计或指示可能导致水库失控的性态。本手册介绍了使用仪器监测和测量来回答有关大坝运行状况究竟如何这一基本问题的全过程。

- 第一，了解什么样的事件链可能导致垮坝。
- 第二，选择要测量的性态指标以及合适的测量工具。
- 第三，监测方案规划和实施，观测和测量。
- 第四，以适合的形式采集、管理和显示测量数据，以供决策使用。
- 第五，数据分析。
- 最后，根据监测结果做出决定，并根据需要采取行动。

第 2 章介绍了大坝安全对于保护民众安全、持续兴利的重要性，以及制定负责任的性态监测方案的原因。

第 3 章介绍了不同类型大坝的薄弱环节，失事模式及性态监控指标。了解大坝的潜在失事模式，有助于提出性态监控问题，进而通过仪器监测与测量来给出答案。

第 4 章介绍了如何制定和实施合适的监控方案，以提供关于大坝性态的答案。

近年来，许多新的测量手段在大坝性态监控实践中得到了应用。第 5 章介绍了用于测量各种荷载及其响应的仪器。

第 6 章介绍了大地测量方法及其在大坝荷载响应测量中的作用。

第 7 章和第 8 章介绍了数据采集、展示和管理，为性态监测成果分析评价提供基础。

第 9 章讨论了数据采集、数据分析，决策以及行动的全过程。

第 10 章、第 11 章和第 12 章分别讨论了对土石坝、混凝土坝及其他类型大坝的典型仪器监测案例。

第 13 章介绍了数据样表与样图。

大坝性态监控的历史漫长而多彩，在第 14 章中进行了简要介绍。

四个附录提供了：

- 有关大坝性态监测的参考文献。
- 失事模式分析的程序。
- 精密度和准确度。
- 词汇表。

本手册无意成为大坝仪器监测系统设计、安装、运行或使用的标准，仅介绍了当前的监测实践状况。每座大坝在地质条件、载荷、施工材料、用途、设计寿命和运用方法方面都是独特的，因此也对我们理解其行为提出了独特的挑战。

大坝仪器监测和测量为大坝业主、工程师和监管者提供了关键信息，可与设计估算以及此前的性态进行比较，进而评估大坝性态，识别可能导致垮坝的事件链，为大坝安全措施的决策提供指引。

第2章

大 坝 性 态 监 控 概 述

工程师在履行其专业职责时，应高度重视公众的安全、健康和福祉，恪守可持续发展的原则。

——ASCE 职业道德守则第 1 条

大坝性态监控是保障公共安全和保证大坝持续兴利的关键要素之一。

不管大坝的勘测、设计、施工、运行和维护做得多好，本质上每座大坝都有失事的可能。即便是最好的工程设计、建设、运行和维护，采用人工材料建造在天然材料（坝基）之上并承受自然力的人造结构的不确定性无法完全消除。这些不确定性可能发生在大坝"系统"内的任何地方（坝基、人造结构、机械、电气、运行和维护），并且可能会在大坝全生命周期内的任何时刻出现，如图 2.1 所示。

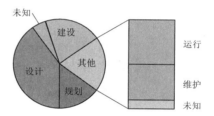

图 2.1 解决不确定性

不确定性可以是地基中未发现的缺陷，设计中不准确的估计或错误，施工中的变更无凭无据或不适当，维护不善或操作不当。每种不确定性自身，或与其他不确定性一起，都可能形成潜在的大坝垮坝机制。在大坝全生命周期的每个阶段分配更多的资源和进行更多的看护，可以减少未知，但鉴于固有的不确定性，没有大坝能完全排除失事的可能。

在新建大坝的规划阶段，即使现场勘察很彻底，也无法完全消除坝基与大坝和水库相互影响中的不确定性。地质学家和岩土工程师依据手头的证据和工具对坝基的质量做出判断。目测探查和坝址测绘可提供关于土壤和岩石表观质量的证据。但如果仅依据表观质量的证据进行设计，不确定性会很高，因为地下与表面的条件可能会存在很大的差异。进行基础钻探和测试可以降低不确定度。不确定度反映了现场调查的工作量；但是基础条件的不确定性不可避免，因为能用于钻探的资源是有限的，而且某些不确定性无法解决。钻探和测试在某个时候总是局限于一定范围，剩余的不确定性依然可能影响大坝的性态。

在设计阶段可能会出现其他的不确定性。工程师不仅需依赖在规划阶段确定的现场条件，还需对结构在其服役期间承受的预期荷载做出判断并进行估计。设计人员需估计用于施工的材料的质量和强度，也需注意将来的运行和维护要求。工程师估算的准确度取决于现场勘察数据的质量，以及预测的荷载条件和大坝的荷载反应的准确度。详细的洪水调查和地震危险性评估可以降低结构荷载的不确定性；但是洪水和地震荷载无法准确确定，在设计中必须考虑可接受的风险。即使在设计过程中有足够的资源，小心再小心，但由于设计依赖于之前估算的质量，因此仍存在一定程度的不确定性。设计最终的目标，应该是将不确定性（未知）减小到施工中可控的程度。

在施工过程中可能会发现未预料到的状况，并且可能需要进行设计变更。开展广泛的质量控制，监督施工质量、记录施工过程，可以减少导致大坝性态不佳的工艺性错误，进而大大降低与施工相关的不确定性。

随着坝龄的增长，其他因素也可能会导致大坝的性态不佳，如维护不善、运用不当或荷载与设计估算的不一致等。仪器监测和巡视检查可以为确定大坝是否按预期运行提供基础。

鉴于无法完全解决可能导致失事的不确定性，进行大坝性态监控是必要的。失事的风险可能微乎其微，但终究存在。大坝失事会带来巨大的社会和经济后果，包括大坝效益的丧失，以及潜在的生命和财产损失。

作为大坝安全方案整体中的一部分，大坝性态监控是一项作用强大的工具，可用于识别和管理与大坝相关的失事风险。仪器监测系统又是性态监控方案中的工具之一。与其他工具一样，正确理解监测工具的用途和使用方法，可以最大程度地发挥其作用。

本章中包含的指导性意见，旨在帮助读者识别大坝生命周期中产生的不确定性，确定与这些不确定性相关的大坝的薄弱环节，了解可能出现的性态异常，并根据失事风险级别进行优先级排序，制订大坝安全计划，进行大坝性态监控来管理相关风险。

2.1　大坝安全计划

大坝安全计划是大坝业主设计、建造、监控、维护和安全运行大坝遵循的路线图。如果没有结构化的大坝安全计划，本手册中介绍的监控系统将失去依据。大坝安全计划是大坝安全负责人员用来识别和管理与结构相关的风险的框架。仪器监测是降低水库垮坝可能性的有效工具（World Bank，2002）。

不存在那种规格统一、普适性的大坝安全计划，其范围取决于大坝的规模、类型、复杂性和坝龄以及与之相关的潜在后果。大坝安全计划包括以下内容：

- 性能标准——关于大坝的建设目的和设计要求的说明。
- 潜在失事模式——确定大坝特定的失事模式。
- 性态监控计划——针对已确定的失事模式的监控计划，包括巡视检查和仪器监测。
- 性态评估方法——大坝的实际性态与预期性态的比较。
- 安全评估方法——分析确定大坝能否安全承受荷载。
- 大坝安全责任人的职责与责任。
- 安全操作与维护程序。
- 与大坝安全有关的完善、改造和补救措施的确立、规划、设计与建造程序。
- 获取充分的技术资源和必要专业知识的途径。
- 大坝安全工作人员（在大坝现场进行定期安全监测工作的人员）的培训计划。
- 应急预案及应对突发事故的处置计划。

• 有效的大坝安全计划需要：①通盘考虑可能导致大坝或附属挡水结构失事的潜在事件链；②了解这些因素发展的可能性。

2.2 大坝业主的责任

大坝安全要求大坝业主认识到大量蓄水本身所蕴含的风险以及失控泄放的潜在危害。大坝业主负有道德和法律上的责任来保障大坝的维护与安全运行。若非如此，不但会对生命、财产和自然环境构成危害，同时也会使业主蒙受巨大的营收损失、法律费用和修复成本。

大坝业主的法律责任通常取决于两种不同的法律原则。依据严格责任标准，大坝业主应对大坝事故或水库失控带来的损失负责，无论何种原因。而依据过失标准，只有当大坝业主在设计、建造、运行或维护中存在失职时，才需要负责。在很多情况下，适当的维护包括用于监控大坝性态的仪器监测和测量，以及为性态监控提供足够的资源。

2.3 失事模式

美国联邦应急管理署（FEMA）将潜在失事模式描述为"由于自然基础条件，坝或附属结构的设计、施工、材料、运行、维护或老化等存在不足或缺陷，导致大坝失事、造成库水失控下泄的可能的物理过程"（FEMA，2004）。术语"失事"是指水库失去控制，并不一定意味着大坝失事。水库失控泄水，如福尔森（Folsom）大坝的闸门失事（图 2.2）是水库失去控制的案例。

斯威夫特（Swift）2 号土坝溃决（图 2.3）是一个水库失去控制即大坝失事的极端案例。

制订大坝安全计划的关键是确定什么地方可能出现问题。从另一个方面讲，"失事"并不是准确的说法，因为水库失控的发生通常与运行维护事故相关。在了解可能导致水库失去控制的相关因素之后，定制相应的监测方案可以为相关问题提供答案，从而为大坝性态监控该进行何种测量提供决策依据。

图 2.2　福尔森大坝的闸门失事
来源：美国垦务局

对于可信的潜在失事模式，必须明确其触发条件以及演进直至失事的事件链。触发条件可以是材料属性和载荷问题的任意组合，这些组合可能导致失事。设计和施工缺陷、操作错误或意外荷载，可能是有助于失事发展的潜在原因。变化可能逐渐发生或突然出现。

例如，土石坝管涌失事的初始条件可能是大坝心墙下游缺少反滤区。渗流冲走土颗粒形成深入土坝内的通道，进而侵蚀大坝心墙形成孔洞，如图 2.4 所示。

图 2.3　斯威夫特 2 号土坝溃决

图 2.4　方特内尔（Fontenelle）大坝管涌失事
来源：国家公园管理局（National Park Service）

图 2.5　压力管道失事
来源：布鲁克菲尔德可再生资源公司

孔洞坍塌和随后的侵蚀，可能会导致坝体超高不足、决口和垮坝。

水库失控下泄不一定意味着大坝结构的完全破坏。相反，不受控制的泄水可能始于附属结构，如压力管道破裂（图 2.5），以及渠道溃口、闸门失事或导流隧道堵头失事。

在评估大坝的潜在失事模式时，将大坝视为整个系统的一部分很重要。该"系统"包括大坝、地基和坝肩、附属结构和人为因素：

- 通过或穿过大坝的输水管线、压力管道和溢洪道。
- 机械设备，如控制水流通过大坝的闸门、阀门和发电机。
- 为机械设备供电的电气系统。
- 用于监视、控制机械和电气设备的控制和数据采集系统。
- 在操作和维护过程中的人为行为，包括在发生紧急情况时进行干预的可能性，例如对土坝的坝趾处混浊的不受控制的渗漏做出响应。

系统的每个部分都有可能导致水库失去控制。因此，应对整个系统进行通盘的细致检查，以识别可进行仪器监测的潜在失事事件链。

在确定潜在失事模式之后，接下来是估计其可能性。对于大坝面临的各种风险，无论可能性以数值还是相对性分类表示，其结果可为促进大家的理解和交流、确定优先顺序和日常管理提供基础，使得业主将用于监控的资源以最有效的方式进行分配，从而保障公共安全并维持大坝持续兴利。

失事模式分析的目的是识别和判断任何会导致水库失去控制的事件链的可能性，并提出巡视检查和仪器监测的手段和方法，以确保对水库的控制。附录 B 中提供了进行失事模式分析的指南［潜在失事模式分析（PFMA）或失事模式影响分析（FMEA）］。

2.4　巡视检查和仪器监测

大坝的性态取决于将其从概念变为现实的一系列决策，而这些决策旨在为以下问题提供答案：

- 大小——大坝及坝基承受的荷载有多大？
- 位置——荷载施加在哪里？水又将流经何处（从上部流过、从下部流过、绕过、穿过）？
- 响应——大坝如何承受和分配荷载，以及如何应对水的作用？

评价大坝的性态需利用巡视检查和仪器监测采集的数据来评估大坝对载荷的响应，并将监测数据与预期的性态进行比较。

巡视检查主要指由受过大坝安全培训并熟悉大坝及其附属结构的设计和运行的人员进行的日常现场检查。该活动是所有监控方案的基础。每一座大坝都是独特的，其巡视检查方案必须量身定制，以掌握大坝性态所有外部可见的方面。对于那些无法进行巡视检查的方面，仪器监测可以发挥重要的作用。

随着使用年限的增长，大坝会不断发生变化，乃至出现缺陷，因此对每座大坝都必须进行监控。系统化、合理的巡视检查无可取代，监控不等同于仪器监测。

——拉尔夫·派克（Ralph Peck）

采用仪器监测可以获得大坝周遭环境（坝基、水库、尾水、降水）和大坝内部状态的定量数据，这些状况在地面上看不到，并且可能无法通过巡视检查发现。通过仪器监测可以获得长期的数据系列，从而可以获得大坝性态随时间或荷载变化的趋势。监测随时间变化的趋势很重要，因为这些变化可能揭示与潜在失事有关的性态方面的问题。当与巡视检查结合使用时，仪器数据可以印证巡视检查发现的结构变化，反之亦然，从而使得监控方案具备某种程度的冗余和可信度。数据采集可以自动化，从而可以进行更高频次（近乎实时）的监测。自动化监测系统还可以启动警报，显示性态异常。

巡视检查和仪器监测相结合，可以形成关于大坝性态的连贯的图像，进而确定潜在失事模式发展演进的条件。

2.4.1　设计阶段

现场勘察是在设计阶段确定坝址及其周围的地质条件和材料参数的主要信息收集方法。作为该项调查的一部分，安装监测仪器可以为诸如地下水位和下游泉水流速之类的项目确定基底条件。在施工期和首次蓄水期间进行监测，可以了解和评估相对于基底条件的变化。

2.4.2　施工阶段

施工期间的仪器监测可以确认设计预计的条件或识别条件的变化。仪器监测还可以提供施工期间可能影响施工质量的信息。例如：①在浇筑和养护混凝土时，对温度进行定期监测；②在土石坝施工期间，测量土料的含水量和压实密度对于确认设计土体抗剪强度有重要意义；③在灌浆过程中需要进行压力测量。仪器监测测出施工期间性态异常，可以识别不安全的工作条件。此外，在施工期间还可使用仪器监测如水质监测来确认是否符合要求的环境条件。

2.4.3　竣工后及首次蓄水阶段

在施工阶段和首次蓄水期间的仪器监测可以提供荷载作用下结构工作性态的数据。水库首次蓄水是对大坝、地基、坝肩和库周的抗渗能力的第一次测试。此外，水库荷载也对大坝的结构稳定性进行测试。此阶段的仪器监测数据可以揭示早期的性态异常，并为将来的运行提供基准值。

2.4.4　运行阶段

仪器监测为大坝运行提供支撑，向运行人员提供反馈。例如，对水电大坝的库水位、下游流量、水温和溶解氧的测量，可提供关于发电设备运行、满足政府法规或环境要求的数据。

2.4.5　除险加固

即使经过多年的正常运行，某些大坝也会出现出乎意料的性态异常。通过仪器监测可以发现问题并确认补救措施的有效性。例如，土坝的浸润面很高、量水堰流量增加，显示渗漏量意外增加，可考虑在坝趾渗流区域底部增设反滤来进行补救，此时可采用仪器监测来评估补救措施的有效性。

第3章

失 事 模 式 分 析

成功固然值得喝彩，但失败的教训更值得我们吸取。

——比尔·盖茨（Bill Gates）

第2章介绍了大坝全寿命期的性态监控，以及失事模式在大坝性态监控方案设计中的重要性。为制定有效的大坝性态监控方案，首先要确定对大坝正常工作性态的最大威胁，进而有针对性地选择与大坝性态不良的潜在因素相关的关键性指标。

本章介绍与土石坝、混凝土重力坝和混凝土拱坝性态有关的专业基础知识，可能导致大坝性态不良的薄弱环节以及可以表征失事模式演进的指标。

了解失事如何发展演进并提出适当的需关注的问题，是规划和实施有效的监控方案的基础，这是第4章的主题。

3.1 土石坝

利用土石材料建造的土石坝极易受到①渗流失控；②漫顶；③边坡失稳的影响。

3.1.1 结构设计

土石坝依靠自身的重量和地基的强度来保持稳定。均质土石坝，如图3.1所示，是一种土石混合结构，利用材料的低渗透性来控制内部压力升高导致失稳。内部采用细颗粒料，坝壳则采用粗颗粒料。

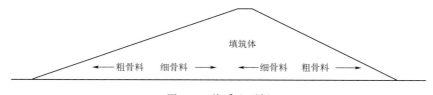

图 3.1 均质土石坝

分区土石坝（心墙或斜心墙土石坝）如图3.2和图3.3所示，心墙采用低渗透性（细颗粒）材料，同样是为了控制内部压力。由于心墙中的细粒土在水流的作用下容易穿过下游坝壳的粗颗粒流失，因此在心墙的下游专门设置了反滤结构，以防止心墙细粒土的迁移。设计中一般靠近反滤结构布置排水层，以控制下游壳体内部的压力。很多土石坝在上游坝坡也布置类似的反滤结构，以避免库水位快速降落时的渗透压力过大。

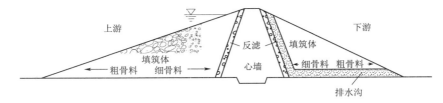

图 3.2　心墙土石坝

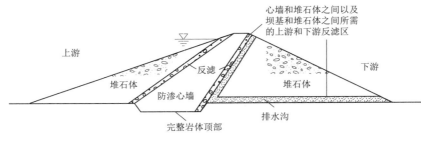

图 3.3　斜心墙土石坝

坝基的渗流控制通常是通过在心墙下方设置齿槽或灌浆帷幕，并在反滤后面设置与排水区相连的坝趾排水。

土石坝可设计成将不透水体布置在上游面。一种常见的设计形式是混凝土面板堆石坝（CFRD），如图 3.4 所示。其他的设计形式使用了不同的材料，主要是沥青混凝土（图 3.5），但也可使用黏土。堆石坝上游防渗护面的优势是，下游坝壳自由排水，减少或消除了潜在的渗流失控或边坡失稳的问题。

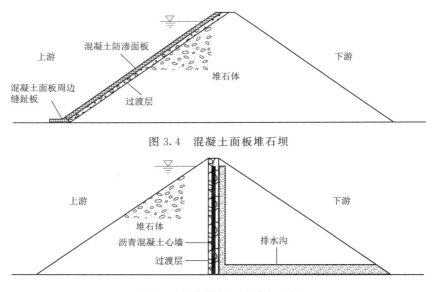

图 3.4　混凝土面板堆石坝

图 3.5　沥青混凝土心墙土石坝

3.1.2 土石坝的薄弱环节

3.1.2.1 渗流失控

可能触发内部侵蚀（管涌）的原因有多种。设计中可能未设置反滤或排水，或未延长渗径。施工中可能会因碾压不足或透水材料未去除形成了渗流通道。坝肩边坡坡度突变部位的填筑体可能发生心墙开裂，导致渗漏量超出排水体的排水能力。

坝基沉降也会引起心墙开裂。填筑体内埋管周围碾压不足，可能形成渗漏通道。埋管也可能发生渗漏，从而在管外部形成渗漏通道。对于与刚性结构（如溢洪道导墙）接触的填筑体，其设计应有颗粒料以防止沿土/墙接触面的渗漏。坝基也可能存在缺陷，如与水库相通并穿过土石坝下部的张开的裂缝，会将水库压力直接引到土石坝坝趾，如图3.6所示。

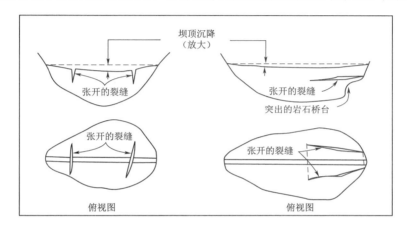

图 3.6 沉降引起的裂缝可以引发内部侵蚀

来源：ASCE Task Committee on Instrumentation and Monitoring Dam Performance（2000）

当管涌的诱因导致渗流流速增加到足以搬动土颗粒时，就会发生内部侵蚀。第一个指标是下游坝坡或坝趾的渗流情况。如果渗透力足够大，就会发生从坝趾向心墙的溯源侵蚀，搬走土颗粒，形成孔洞，在土体强度足够时，孔洞继续向上游发展。图3.7显示了发

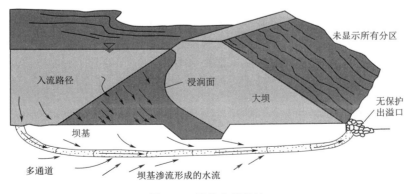

图 3.7 坝基内部侵蚀

来源：FEMA（2015）

图 3.8　沿导墙的内部侵蚀
来源：北达科他州水利委员会
（ND State Water Commission）

• 坝顶纵向或横向开裂。

生严重内部侵蚀的情形。随后的快速侵蚀导致坝体塌滑、坝顶超高不足以及水库失去控制，直至坝体溃决。

采用上游防渗护面板或沥青心墙的土石坝，坝体不易发生管涌，但可能在坝基中，或沿坝肩，或在埋管处，发生渗透破坏，如图 3.8 所示。

管涌发生发展的标志性指标包括：

• 沿坝肩、埋管及/或坝趾处的渗漏加大。
• 渗流浑浊。
• 土石坝形状发生改变，如隆起、塌坑、坝顶异常沉降。

3.1.2.2　漫顶

如图 3.9 所示的土石坝漫顶造成了多次失事。可能因为设计坝顶超高不足，水库无法容纳入库设计洪水（IDF）。

图 3.9　漫顶失事
来源：FEMA（2013）

各种类型的土石坝都会因漫顶造成失事，这是由于下游坝壳容易被冲蚀，最终导致坝顶超高不足。至于是否引发失事，需要根据漫顶持续时间和坝顶水深做出判断。

发生漫顶的唯一的标志性指标是坝顶超高逐渐不足。

3.1.2.3　边坡失稳

土石坝设计应确保坝坡在各种荷载条件下保持稳定。若是下游或上游发生滑坡，都可能使坝顶超高不足，以至于不能起到挡水的作用，使得水流冲蚀下游坡面，坝体出现溃口，直至发生垮坝。

了解坝基条件、坝体材料特性和施工质量是判断土石坝坝坡在各种荷载条件下是否保持稳定的关键。土石坝坝坡的正常工作性态可能受到以下因素的影响：

• 材料质量（密度、剪切强度、含水量、塑性）。

- 水库运行情况。
- 坝坡坡比。
- 渗流梯度。
- 易液化的部位（坝体和坝基）。
- 随时间变化的应变。
- 地震期间的强烈晃动。

如果坝坡过陡，在渗流梯度上升或水位快速消落（上游坝坡）时又缺乏足够的排水时间或排水设施，坝坡将难以保持稳定。此外，地震期间的地基液化也会引发滑坡。判断一个坝坡是否足够稳定，不仅需要审查设计，还需要审查其历史工作性态。如果发现存在薄弱环节，应该规划适当的监控措施。

图 3.10 和图 3.11 分别显示了 Fort Peck 大坝上游坝面滑坡和 Mount Polley 尾矿坝下游坝面滑坡。

图 3.10　Fort Peck 大坝上游坝面滑坡

来源：USACE

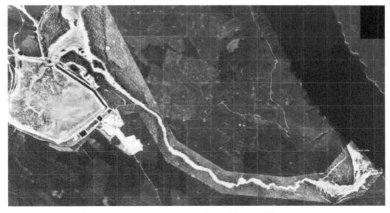

图 3.11　Mount Polley 尾矿坝下游坝面滑坡

来源：帝国金属公司（Imperial Metals）

图 3.12 和图 3.13 分别显示了渗流对下游坡面的侵蚀和波浪对上游坡面的侵蚀。

图 3.12   下游坡面遭受渗流侵蚀
来源：得克萨斯州环境质量委员会
（Texas Commission on Environmental Quality）

图 3.13   波浪对上游坡面的侵蚀
来源：美国陆军工程师团

边坡失稳破坏的一些标志性指标如下：

• 渗透梯度上升（浸润面升高）。
• 渗流浑浊。
• 土石坝形状发生改变——塌滑、形成陡坎及坝顶异常沉降等。
• 坝顶纵向开裂。

3.2   混凝土坝

如果缺乏足够的抗滑力和/或抗倾覆力，常态混凝土坝和碾压混凝土重力坝也是脆弱的。滑动和倾覆或两者的结合是混凝土坝最主要的破坏模式。凝土坝的失事可能由设计错误、工艺水平低、混凝土劣化或坝基完整性丧失等多种原因引起，并因操作不当或维护不善继续发展。

3.2.1   结构设计

混凝土重力坝的稳定性取决于坝体重量和坝基的强度。现在大家对作用在重力坝上的力和坝体的抗力已了解得很清楚，大坝必须有足够的重量来抵抗其所承受的作用力。为增强重力坝坝体的稳定性，设计采用的典型措施包括：

• 对坝基进行适当处理，使之能够支撑大坝的重量，并对可能发生滑动的坝基岩体进行加固、挖除或用混凝土进行置换。
• 采用灌浆帷幕或截渗墙以延长坝基和坝肩的渗径。
• 在灌浆帷幕或截渗墙下游设置排水帷幕，以降低坝基的扬压力。
• 在坝体内部设置排水，以降低施工缝面的扬压力。
• 设置止水带和/或收缩缝设键槽。
• 精心布置溢洪道，降低冲刷的可能性。

图 3.14 显示了有效排水对控制坝基扬压力的重要性。

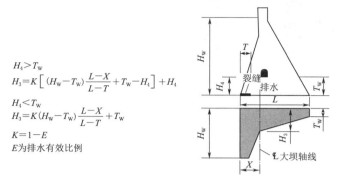

$$H_4 > T_w$$
$$H_3 = K\left[(H_w - T_w)\frac{L-X}{L-T} + T_w - H_4\right] + H_4$$

$$H_4 < T_w$$
$$H_3 = K(H_w - T_w)\frac{L-X}{L-T} + T_w$$

$$K = 1 - E$$
E 为排水有效比例

（a）有效排水以控制坝基扬压力

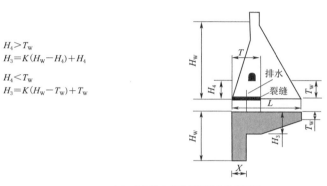

$$H_4 > T_w$$
$$H_3 = K(H_w - H_4) + H_4$$

$$H_4 < T_w$$
$$H_3 = K(H_w - T_w) + T_w$$

（b）有效排水有助于降低失稳的风险

图 3.14　排水有效可降低扬压力

来源：ASCE Task Committee on Instrumentation and Monitoring Dam Performance（2000）

3.2.2　混凝土坝的薄弱环节

3.2.2.1　排水设计

如果排水有效，排水幕位置的水压力将会降低，从而增加坝体的稳定性。同样，大坝内部排水有效也有助于降低沿施工缝面失稳的风险。

如果排水失效，坝踵处的裂缝会使得坝基更大范围的区域内承受库水压力，从而降低坝体的稳定性。同样地，如果混凝土施工层间缝张开且扬压力超过混凝土的抗拉强度，则会沿着施工层间缝发生失稳。一旦出现裂缝，季节性温度变化可能"晃动"层间缝，使得扬压力的作用范围沿施工层间缝向更深处扩展。坝体内部设置排水可以有效地降低拉应力发展的可能性。

可能存在多种形式的设计错误。在老坝中最常遇到的错误是，在坝基和坝体中没有正向排水，其标志性指标就是变形异常。

3.2.2.2　工艺水平

工艺水平差可能会导致混凝土坝的安全威胁逐步发展。Gleno 大坝失事（图 3.15）的部分原因是混凝土水泥质量差。

工艺不良也是 Teton 大坝垮坝失事的原因之一。大坝下游面施工层间缝可见大量的渗漏是工艺不良的表现之一。

3.2.2.3　混凝土劣化

混凝土劣化可能对混凝土强度产生不利影响，降低其抗滑动或抗倾覆的能力，从而有导致失事的可能。在引气混凝土出现之前的老混凝土中，冻融（F/T）破坏比较常见，如图 3.16 所示。冻融破坏最开始出现在表面浅层，如果不及时处理，将继续降低混凝土的有效厚度和强度，但通常认为其不会导致失事。

图 3.15　Gleno 大坝失事

来源：维基共享媒体（Wikimedia Commons）

图 3.16　冻融破坏

混凝土骨料与水泥中的碱和碳酸盐反应可能会发展到整个断面，逐渐引起混凝土膨胀和开裂，如图 3.17 所示。这种作用被称为碱硅反应（ASR）或碱骨料反应（AAR），如果程度严重的话，可能导致大坝失事。

图 3.17 显示了膨胀性骨料颗粒及其周围水泥浆体中的裂缝。碱硅反应的表现之一是下游面的开裂和网纹，如图 3.18 所示。

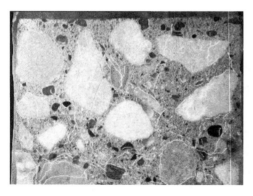

图 3.17　骨料中的碱硅反应

来源：U. S. Department of Transportation（2008）

图 3.18　某重力坝下游面的碱硅反应

3.2.2.4　坝基及坝肩完整性

若坝基的剪切抗力因扬压力而降低，使得坝体向下游移动或滑动，就会引发重力坝失事，如图 3.19 和图 3.20 所示。

图 3.19　Camara 大坝坝肩破坏
来源：Regan（2009）

图 3.20　St. Francis 大坝坝基/坝肩破坏
来源：Wikimedia Commons（2018）

大坝周围或坝基的渗漏会引起扬压力增加，导致坝基或坝肩发生位移；位移继续发展可能导致混凝土失去支撑、出现裂缝；大坝进一步向下游位移，则可能出现溃口，导致垮坝失事。

在没有扬压力作用的情况下，坝肩边坡也可能由于重力作用发生失稳（图 3.21），并造成破坏，威胁水库正常蓄水。

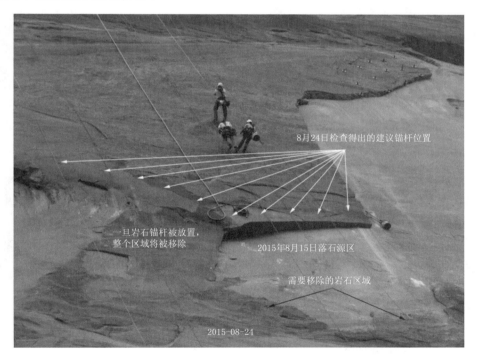

图 3.21　格兰峡（Glen Canyon）大坝左坝肩加固处理
来源：美国垦务局

截至目前唯一因地震断层开裂和错动导致大坝失事的案例是台湾石岗大坝在 1999 年集集地震中失事，如图 3.22 所示。对其他的大坝发生类似事件的可能性难以做出合理的

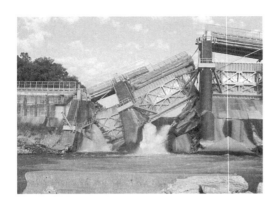

图 3.22　石岗大坝断层裂开

来源：Robin Charlwood

分析和判断。重力坝坝基中的断层应在设计和施工中进行适当的处理，可布置监测仪器来监测大坝运行期间断层的位移。

坝基或坝肩失稳的标志性指标如下：

- 坝肩岩体位移。
- 坝肩渗漏。
- 坝内或坝基排水失效。
- 坝踵扬压力升高。

不同的溢洪道，其布置差别很大。有的溢洪道穿过坝体，有的布置在一侧坝肩的坝顶部位，有的距离大坝较远，如图 3.23 和图 3.24 所示。

图 3.23　反弧形溢流闸坝（左）和泄槽闸坝（右）

来源：华盛顿州西雅图市电力公司（Seattle City Light）（左）；维基共享媒体（右）

图 3.24　无闸门溢洪（左）和喇叭形溢洪（右）

来源：美国垦务局（左）；美国陆军工程师团（右）

　　溢洪道泄洪产生的大量动能必须在近坝基位置消耗掉。在消能过程中基岩被冲蚀，经常会形成"冲坑"。

　　溢洪道泄洪或混凝土坝漫顶会引起坝趾淘刷，如图 3.25 所示，降低大坝的抗滑动和抗倾覆能力。

　　作为混凝土结构，溢洪道失稳的标志性指标与大坝类似。暴露在高速水流下的混凝土表面空化值得注意。设置闸门（图 3.23）或不设闸门的溢洪道都可能发生冲刷破坏。关于坝趾或溢洪道淘刷威胁的一项指标是淘深剖面分布。如坝趾或溢洪道发生淘刷，需要进行积极的干预。

图 3.25　拱坝坝基的冲坑

3.3　混凝土拱坝

3.3.1　结构设计

　　混凝土拱坝的特点是将承受的荷载传递到坝肩和坝基。河谷形状是设计中的关键因素之一，因为设计中需要将拱荷载尽可能传递到坝肩深部，并限制荷载对坝肩本身的影响，这在狭窄的山谷更容易实现。除水库荷载外，季节性变化的温度应力会给大坝将荷载传递至坝肩带来影响。拱坝的稳定取决于坝肩和坝基的稳定，作用力的分布如图 3.26 所示。

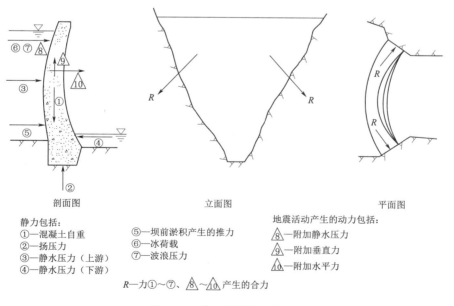

剖面图　　　　　　　　　　立面图　　　　　　　　　　平面图

静力包括：
①—混凝土自重
②—扬压力
③—静水压力（上游）
④—静水压力（下游）

⑤—坝前淤积产生的推力
⑥—冰荷载
⑦—波浪压力

地震活动产生的动力包括：
⑧—附加静水压力
⑨—附加垂直力
⑩—附加水平力

R—力①~⑦、⑧~⑩产生的合力

图 3.26　作用在拱坝上的力

来源：ASCE Task Committee on Instrumentation and Monitoring Dam Performance（2000）

为增强坝体的稳定性，典型的拱坝设计采用与重力坝相似的措施，包括：

- 对坝基进行适当处理，为大坝提供足够的支撑。
- 采用灌浆帷幕或截渗墙延长渗径。
- 在灌浆帷幕或截渗墙下游设置排水帷幕，减小坝基的扬压力。
- 在坝体内部设置排水，降低施工缝面的扬压力。
- 设置止水带和/或收缩缝设键槽。
- 对收缩缝进行灌浆处理。
- 精心布置溢洪道，降低冲刷的可能性。

有的拱坝没有设置排水帷幕或坝内排水。排水量测量示例如图 3.27 所示。

图 3.27 用三角量水堰测量坝趾渗流量

坝肩需要为拱荷载提供足够的支撑。如果坝肩抗力不足，则可能需要设置混凝土推力墩来承受荷载。

拱坝设计一般采用收缩缝将结构分为多个坝段。收缩缝上设置止水，并且通常设置键槽以增加抗剪力。对收缩缝进行灌浆处理，可以增强两坝肩之间坝体的整体作用。格兰峡大坝就采用了这种典型的设计，如图 3.28 所示。

拱坝对地震有足够的抵抗力，因此尚无拱坝地震失事的记录。有记录的几起拱坝失事均因为坝肩或坝基存在缺陷。最典型的是法国的马尔帕塞（Malpasset）大坝，因为在设计和施工过程中未发现的地基缺陷，在首次蓄水过程中发生垮坝失事，如图 3.29 所示。

3.3.2 拱坝的薄弱环节

与重力坝不同，拱坝的工作性态对扬压力不太敏感；但是，如果大坝底宽较大，则可能需要考虑扬压力的影响。坝肩和坝基稳定性是影响拱坝正常工作性态的关键。

坝基或坝肩失稳的标志性指标包括：①坝肩岩体位移；②坝肩渗漏。

如果监测到用于降低坝基或坝内扬压力的排水系统失效，或者坝趾的扬压力异常升

图 3.28　格兰峡大坝
来源：美国垦务局

图 3.29　失事后的马尔帕塞大坝
来源：Michel Royon/维基共享媒体

高，表明坝体的稳定性可能正在受到威胁。

3.4　其他类型大坝

本章介绍了常见坝型（土石坝、混凝土重力坝和混凝土拱坝）及其设计、薄弱环节和性态监控指标，这些指标预示着大坝可能承受安全威胁以及失事模式开始启动。第 11 章还将介绍其他类型的几种大坝及其设计和薄弱环节。

第4章

监 测 规 划 与 实 施

大坝监控的目的是，通过巡视检查和仪器监测，探测到那些可能损害主体结构或其操作设备的完整性与操控性能的现象。

——ICOLD（1988）

第3章介绍了大坝潜在失事模式、与之相关的问题及性态监控指标。本章将提供监测方案的规划与实施方面的指南，介绍如何针对关键的性态指标进行测量，为大坝安全威胁预警提供数据支持。监测方案若规划良好且实施得当，可辨识水库失控的后果，包括潜在的生命财产损失以及大坝效益损失。巡视检查和仪器监测，如能正确实施，可以降低风险。

大坝性态监控方案包括两大组成部分：①巡视检查；②仪器监测。巡视检查有赖于熟悉情况、积极主动的检查人员的肉眼；仪器监测则是对肉眼看不到的可量化的指标，如压力、流量、位移、应力、应变和温度等，进行测量并获得数据。

大坝监测系统本身其实并不具备特殊的价值。即便是再好的仪器，如果它未处于工作状态，或记录的是无关紧要的信息，或被放置在错误的位置上，或采集频次不当，或对获取的数据不进行分析，那么它对提高大坝的安全性毫无帮助。因此，大坝性态监控应涵盖监测仪器测量数据采集、处理和分析的全过程，同时还应与巡视检查获得的信息相结合。

下面介绍监测方案的总体目标，以及基于大坝业主、监管者、工程师和技术人员等各方的关切开展的有效的监测方案规划和实施，在各环节中需要考虑的关键因素。规划的第一步是提出与大坝性态相关的关键问题，即需要关注大坝性态的哪些方面；下一步则是确定为回答上述问题在何时、何处，用什么手段去测量性态指标。

4.1 监测规划

监测方案实施成功的关键在于规划、安装、数据采集和分析要简便易行。这意味着尽量控制监测仪器、读数仪、传输设备和数据库之间的接口数量，采用易于安装、校准、运行和维护的结构简单、经久耐用的仪器和传感器。当然，在某些情况下不得不采用复杂精密的仪器，但如果有选择的话，越简单越好！

在根据实际情况制定监测方案时，还需要思考一个"灵魂之问"：

"仅仅因为我能够测量某项性态指标，我就一定要那样做吗？"

如果大坝未展现出乎意料的性态异常，那么除巡视检查之外，是否还需要进行仪器监测？本手册无法给出这一问题的答案，因为：①每座大坝都是独一无二的；②各大坝的业主也是不同的；③各大坝还可能受到特殊的法规约束。许多大坝的监测手段仅限于巡视检查、水尺和坝顶位移测量标点。某些大坝则在巡视检查之外，还设置了复杂的仪器监测。大多数大坝介于这两种极端情况之间。

在进行监测规划时，需要遵从世界各国具有相应管辖权限和专业知识的机构关于大坝监测和信息报送的规定。

系统性的监测规划应涵盖：监测系统的设计、采购、安装、操作和维护，数据的采集、分析和解释，以及为确保大坝的安全运行应及时采取的适当措施。

大多数大坝的监测方案仅对关心的性态指标进行观察和测量。但应注意的是，在大坝的全生命周期中，观察和测量需求可能会发生变化。监测方案应预见到这些变化，并有足够的灵活性进行必要的调整来应对出乎意料的变化。

在大坝规划和设计的过程中，进行必要的监测有助于掌握基底条件，如现状地下水位和可见的坝基位移。可以将施工开始前的现场评估作为基准，获得施工期间和之后的荷载响应。比如沉降可能是由现场调查期间进行的测试导致的。

大坝施工期间的监测也是必要的，可以了解坝基的载荷响应，保障施工安全以及评定工程质量。监测结果可用于验证设计的关键假设与工程实际条件的差异，表明满足监管需要（有需要时），以及确定何时满足特定条件施工可以继续进行（例如，停工待检点）。

在大坝施工结束后的水库蓄水或水位长期消落后的蓄水，对大坝及其附属结构来说可能是最严峻的考验。开展巡视检查和仪器监测都是至关重要的，因为此时是对工程的结构稳定性和大坝、坝基、坝肩和库周的抗渗性能进行检验测试。在蓄水过程中进行观测，可以提早发现出乎意料的性态异常迹象，以及确认大坝性态是否满足要求。在水库蓄水和水位消落期间，应进行高频次的测量。一旦达到稳态条件并获得稳态条件下的基准值，就可以调整测量频次，进行后续的长期监控。

抽水蓄能电站是水库水位变化的一种特殊情况，水库频繁发生充水消落过程。对抽水蓄能电站的性态宜进行连续监测。

对于长期的性态监控，其规划需要有一定的灵活性，以适应可能随时间发生变化的性态监控需要。规划中应确定监测工程全生命周期中响应的趋势性变化的方法。因地制宜制定的监测方案正是为了回答这一基本问题："大坝是否按预期运行？"出现意料之外的情况并不少见。监测方案中还应包括在显示监测错误或性态异常时需要采取的措施。

此外，在规划过程中经常被忽视的是，应为大坝使用寿命内的监测仪器采购、安装、维护和测量提供足够的资金。

总而言之，监测方案的范围取决于以下因素：

- 大坝的类型、用途和规模。
- 风险等级。
- 失事后果。
- 坝龄及坝况。

- 需要测量的性态指标。
- 法规要求。
- 工程全生命周期中的资金保障。

以上因素对总体方案成本的影响因工程而异。

成功的监测方案需要制定合适的目标、确认现场条件、满足法规要求以及了解测量的需要。应同时实现设计、业主、监管者的目标。应定期对监测方案进行评审和更新。因为对监测数据的分析可能会揭示，因预期的荷载条件（洪水和地震）发生变化，需要对监测项目进行调整。仪器也可能会发生故障。需要专人负责监测方案的运行并对其进行定期的培训。

监测规划可以是独立的文件，也可纳入大坝标准操作程序（SOP）中。除了确定监测需求外，监测规划还需要对以下问题作出具体和详细的回答：

- 需要回答哪些问题？
- 需要监测哪些性态指标？
- 为什么需要监测这些性态指标？
- 如何进行监测？
- 应在何处进行监测？
- 监测频次是多少？
- 监测系统的成本是多少？
- 谁来承担这些工作（仪器安装、维护、运行，数据解释，提出报告，以及采取行动、承担责任）？

监测系统（含巡视检查和仪器监测）的全生命周期规划，应涵盖系统的设计、采购、安装和试运行，以及系统的运行、维护、持续培训、修复、更换、封存和报废。这些过程都涉及资金的投入。成功的监测方案需要对初期资金投入和运营成本进行实际合理的估算。应为系统的设计、制造、采购与安装期间的监督、校准和调试安排足够的预算。在初期规划阶段，应对运行、维护和培训的年度费用进行估算，以便对设备的长期运行和维护的总资金成本进行合理的评估。从长远来看，可能还需要对软件进行升级。而仪器最终将达到使用寿命，需要进行更换。

4.1.1　巡视检查

许多小坝和失事后果不严重的大坝，几乎都没有设置监测仪器，其性态监控通常仅依靠巡视检查。但大多数的坝都是通过巡视检查和仪器监测相结合进行监控的。

有一种工具经常被我们专业技术界忽视，那就是与人的智慧大脑相连的眼睛。

——拉尔夫·派克（Ralph Peck）

巡视检查是所有大坝安全监测方案中最重要的组成部分。由熟悉大坝的薄弱环节的人员对大坝进行彻底的巡视检查，可对出乎意料的大坝性态异常或响应异常在第一时间发出报警。

巡视检查的频率和范围取决于现场的复杂性、失事后果的严重性、大坝先前的工作性态以及管理人员是否需要履行其他职责。

将日常巡视检查和特殊情况下的巡视检查的结果，都用简明的表格、电子邮件或备忘录的形式记录下来。对于了解工程性态的基本面及其可观察到的变化，巡视检查期间形成的检查记录文件是非常重要的。

经过训练的管理人员在坝顶上可能观察到坝肩接触部位的堆石体护坡的植被颜色发生改变，与周边不同。这种图像上的差异可能揭示，也可能不能揭示失事事件链的潜在诱因。这需要做进一步的分析，因为其原因可能只是该部位的植被类型与周边不同，属于有意为之，也可能反映了大坝或坝肩渗漏溢出区域的发展。

利用高质量的摄像机和低成本的高速网络通信，可远程操控摄像机来辅助开展现场巡视检查。这些工具对于监视关心的区域和进行远程监控非常有用。不过，摄像机不能取代由合格的监测人员进行的定期的现场巡视检查。

4.1.2 仪器监测

表 4.1 列出了简化的监测规划和实施的"8 步法"。

表 4.1　　　　　　　　　　　　　　监测规划和实施"8 步法"

步骤	简　要　描　述
1	对工程的相关信息进行复核
2	确定工程的薄弱环节和需要回答的问题
3	确定可以开展以及应该开展的测量项目
4	设计适当的监测系统，并提出安装、校准、维护、数据采集和管理要求
5	制定采购、测试、安装和试运行方案
6	仪器运行和维护
7	数据采集、处理和分析
8	根据指示采取行动

步骤 1：对工程的相关信息进行复核。

对现场调查、选址研究、设计和施工文件、施工照片、运行历史和监测数据等进行复核，以了解工程情况，包括岩层情况、坝基地质构造、材料特性、地下水条件、环境条件、附属结构、先前的施工问题和拟议的未来施工等。

步骤 2：识别可能导致水库失控下泄的事件链，以及需要通过观察或测量来回答的问题，了解薄弱环节和潜在的失事机理。

步骤 3：确定性态指标。确定仅开展巡视检查是否足以满足要求，是否需要进行仪器监测。确定监测频次，对仪器和大坝的性态进行预估，确定测值的预期变化。

步骤 4：设计适当的监测系统，提出安装、校准、维护、数据采集和管理要求，并为全生命周期的监测成本安排足够的资金来源。

在方案设计时，需要考虑的关键因素包括：

- 仪器的用途和埋设位置。
- 仪器的量程、分辨力、准确度和不重复度。
- 环境和气候条件。

- 仪器的现场适用性和安装便利性。
- 替换零件的可获得性。
- 供应商的声誉。
- 与大坝监测系统中其他仪器的兼容性。
- 安装期间和之后的保护。
- 系统对电源的要求。
- 系统对可靠性的要求。
- 冗余度和备份的需求。
- 对培训的需求。

根据需要回答的问题选择仪器和仪器最理想的安装位置，不应忘记观测人员是否可到达仪器所在部位进行读数、校验、维修和更换。从典型断面或特定的潜在问题区域中，选择最能表征性态指标的位置。考虑仪器的可靠性，经久耐用而结构简单的仪器有时是最好的选择。制定数据采集流程并确定采集的频率。考虑手动读数与自动或半自动数据采集的需要。列出为进行结构响应和性态指标解读所需收集的辅助信息。提出性态指标的阈值和采取行动的限值，列出当读数或测值达到前述阈值或限值时需要采取的行动。确定需采集的数据类型和数量，并确定由谁使用这些数据以及使用数据的目的。

步骤5：制定采购、测试、安装和试运行方案。

第5章将对各类监测仪器进行介绍。根据设计和采购文件中确定的监测目标，可以依照厂家的指导来采购、测试和安装各种组件。供应商还可提供产品技术规格说明以及操作和维护指南。试运行时应对员工进行培训，使其全面掌握系统维护、数据采集和数据分析。

步骤6：仪器运行和维护。

监测设计报告、标准操作程序手册或其他类似文件，载明了读数、仪器维修以及数据整编和分析等的详细步骤，相关内容根据需要定期进行更新。

应对人工和材料投入进行规划。采集数据，安排维护、维修和校准，应对仪器故障，仪器更换，技术和软件更新，储备备用物资，按要求编制报告，分析评估和培训等等，在项目的全生命周期都需要投入。

步骤7：数据采集、处理和分析。

确定数据采集和管理的方式方法，尽可能地避免迷失在大量的数据中。

数据的存储和检索方式取决于监测方案的规模和复杂性。在第7章和第13章中将介绍监测数据的采集和呈现。

步骤8：根据指示采取行动。

当监测结果显示失事事件正在发展时，在监测方案中应设定可向业主发出警报。在第8章中将介绍数据分析和应采取的措施相关内容。

在最终确定监测设计方案时，应考量系统整体的简单性。因为与复杂的方案相比，简单的方案的测量结果可能更可靠，误差更小，成本更低。当然，这并不意味着监测仪器数量大就不好。监测仪器数量取决于为回答有关大坝性态的问题需要测量的性态指标的数量。监测仪器的数量可能众多，如果监测仪器具备下列属性，将取得好的结果：

- 简单。

- 耐用。

- 准确。

- 可靠。

- 对环境条件不敏感。

- 易于读数、接近和更换。

无论监测方案大小，这些要求均是适用的。所有出厂的监测仪器都具有规定的量程、分辨力、准确度、精密度和可重复性。仪器厂家和供应商均会提供其产品规格说明。监测仪器的选择应与监测方案的需求相匹配，并兼顾成本、可靠性和易操作性。

对于仪器及附件，包括电缆、机柜、电源和接头等，其设计应保障能适应环境条件正常工作。在偏远地区，为监测数据采集和传输装置供电的电池或太阳能可能需要在黑暗、寒冷、炎热、潮湿、干燥或腐蚀性条件下工作。采样频率及数据传输会影响电池的耗能。采用自动化监测系统可获得连续的读数，能持续分析工程在各种条件下的性态。第 7 章将介绍自动化数据采集系统及其优缺点。

监测人员是否可到达监测仪器所在的位置是一个重要的考量因素，因为对于难以到达或较危险的场所，安装、操作和维护的成本都将增加。使用全自动或半自动的监测系统可以减少这类问题。如果难以到达监测系统所在位置，校准、维护、维修仍将面临挑战。其他考量因素包括在受限或密闭空间内安装仪器时的施工安全。如需在困难的位置布置监测仪器，可考虑采用冗余配置仪器或采取特殊措施来保护附件（电缆和电源），以降低计划外维修的可能性和后果；当然，电源总是需要的。电缆保护的示例如图 4.1 所示。在难以接近的位置布置监测仪器时，需斟酌是否有其他的方法来获得相近的有用数据。

图 4.1　电缆保护
来源：美国达汉岩土公司
（DG – Slope Indicator）

在安装期间和安装后都需要对仪器及其附件进行精心保护。施工期间发生的损坏主要源于重型设备的交通运输。在施工期间埋设仪器，需要考虑施工过程中现场将发生的变化。在监测规划中需要小心，避免影响正常运输，并对施工期间发生变化的区域进行监测。采用耐用的安装材料可降低损坏的风险。常用的保护措施包括设置护柱、特殊涂层、隔离栅、盖板等。

监测设计时还应考虑已有的监测系统，尽量选择已熟悉的仪器类型、供应商和安装技术。可联系其他业主、管理人员或用户获取可用的信息。

4.2　实施

监测系统设计完成后，下一步就是实施以实现既定目标。仪器采购基于反映设计意图的图纸和技术要求规格说明。如果对成本的考虑包括所有系统组件和附件，如电缆、穿线管、保护装置、硬件、软件和设施故障失效（计入收入损失）的费用，则对监测系统的采购、安装和初步校准的初始资金投入的初始估算将会准确得多。初始估算中也考虑了供应商加价和运输成本，以及正确安装和校准系统所需的人工、材料和设备成本。

在监测项目规划中考虑偶发事件的影响，将来对系统的改进和安装期间的变更的灵活性更好，能更好地适应现场条件或应对其他意外事件，如恶劣天气造成的延误。各种采购方法的示例，以及制定系统规划的采购文档（或图纸和技术要求规格说明）时需考虑的因素，将在以下各节中加以介绍。

4.2.1　采购方法

采购阶段需要考虑的事项包括确定由谁承担以下责任：

- 仪器的采购。
- 安装前评审。
- 系统的安装和校验。
- 数据的采集、管理和复核。

采购服务通常包括仪器厂家或供应商提供的监测仪器硬件、附属设备、软件以及工厂校验。为确保设计要求的仪器适用于现场，有必要在安装前进行施工监督和复核。仪器系统的安装和校验还包括硬件和软件安装前的验收测试、硬件和软件的试运行、校准以及取得用于确认系统运行成功与否的基准值。这些环节，以及达成采购计划目标的系统调试，通常可由供应商提供服务，部分环节也可由业主代表补充完成。

规划过程中一个重要方面是保留足够的资金和时间预算，以保障监测系统安装后顺利过渡到运行维护。监测仪器的安装及安装运维记录的维护可由承包商或业主来负责。

如果是由承包商负责监测系统的安装，在施工期业主方的人员直接介入仪器的安装和初期监测，可在最大程度上有效消除将监测系统移交给业主时的问题。如果在监测系统的施工阶段业主方不能直接参与，则承包商可为业主方的人员提供现场培训。对于这两种方式，都应编制详细的仪器运行和维护手册，以供将来参考。

监测系统成功安装后，将由业主负责后续的测读和维护。基于系统的规模和复杂性的不同，某些系统可以通过远程访问系统进行监测，某些系统则必须在现地进行监测。某些系统可由业主或业主指定的单位承担监测任务。这些责任需要在监测规划中加以明确。

上述考量同样适用于在已建大坝上安装新的监测仪器或维修现有的监测仪器。不过，鉴于已建大坝仍由业主进行运营，当需要新增监测仪器时，业主可直接联系仪器供应商。如果因工程改扩建需要新增监测仪器，可由总承包商统一采购。对于现有工程，应考虑从之前的项目吸取经验教训。

其他类型的采购方式包括与工程顾问或设计-安装-运营公司第三方签约。各种采购形式的利弊都需要根据工程的具体情况进行评估。

对于复杂的监测需求，强烈建议在监测系统的规划、设计采购、安装、初期校准和测试阶段安排有经验的监测工程师全过程参与其中。业主方的员工、工程顾问、仪器供应商或监管机构都可以提供工程方面的专业知识，他们之间的合作对于进行监测仪器采购和监测项目成功实施至关重要。监测合同文档中应包括监测系统的技术规格说明和图纸，还应包括监测项目的特定条件、读数频率、报告要求，以及备用设备、设备更换和应急措施的要求。这些文档可能对业主是有益的，有助于确定是否有必要聘请第三方全过程参与监测。此外，监测项目投标单位可以对监测的总体规划和具体方案提出意见和建议。建议在采购过程中至少联系两个供应商，以确认所指定的仪器确实可以监测所需监测的性态指标。

4.2.2 采购文档——图纸和监测仪器技术规格说明

采购文档中的图纸和监测仪器技术规格说明应明确给出系统的需求和监测的意图，需要业主、设计者和仪器供应商共同参与制定。在图纸和监测仪器技术规格说明的编制过程中尽早开展多方协作，有利于创造性提出解决方案和监测规划以及节约成本。如前所述，必须考虑大坝的现场条件，如是否偏远、可用的电源、大坝规模、交通条件和报告需求等。这些条件将决定所需要使用的监测仪器的类型和布置，所需的数据采集系统的性质（人工、半自动或全自动），数据传输方式（有线、无线电遥测、光纤、分布式数据采集仪等），数据传输规则和数据安全保障，系统电源（交流电、电池、太阳能、微水电），以及数据的采集、处理和存储要求。

在多数情况下，有多个供应商可提供功能相当的监测仪器。因此，监测仪器技术规格说明不宜过于具体，以免由于非技术问题或细微的分辨力或准确度差异而排除一些合格产品。图纸和监测仪器技术规格说明应明确系统的需求及其安装、校准和测试的要求，以确保监测系统能实现监测方案的目标。许多供应商提供了有关监测仪器本身的产品指南，包括安装需求、安装步骤和维护需求。这些信息都可纳入采购文档中。

厂家提供的产品规格说明中包含了大坝业主所需的关于仪器操作和读数的大部分信息。完整的产品规格说明应包括仪器的工作环境和电气条件，以及仪器输出信号的特性。仪器的分辨力、量程、不重复度和准确度（详见附录 C）等性能指标也应包括在内。

这些性能指标给出了仪器可靠工作的条件以及用户预期可以得到的性能参数。在安装之前，具备条件时应对监测仪器进行全量程输出检查以校验厂家的产品规格说明；至少应对监测仪器的零输出进行检查。

如需要进行自动化数据采集，应了解监测仪器的供电需求和输出信号的特性，以确保其与自动化数据采集系统相兼容。每种数据采集系统（见第 7 章）都有其输入信号要求，必须与接入监测仪器的输出相匹配。在这方面，硬件和软件的供应商可提供必要的建议和指导。

参照美国施工规范协会（Construction Specifications Institute）格式的第 100000 节的规定，以下给出了监测仪器规格说明的关键要素和注意事项的示例：

- 合同的一般条款。
- 已知的交通条件限制和可用的公用设施。
- 已知的与大坝安全相关的特殊条件，如需考虑重型设备、交通条件限制等。
- 产品说明。
- 性能要求（如水位测量准确度在 5mm 范围内），首选的仪器或同等的仪器，或仪器的物理属性（安培数、接线、信号转换）。

- 符合业主要求的图纸。
- 施工过程描述。
- 在安装、校准和试运行过程中供应商应在场的要求。
- 包括测试在内的工程验收标准。
- 包括校准和故障排除在内的监测仪器操作和维护手册。
- 关于监测仪器维护、读数、软件使用和故障排除方面的培训。

在新建工程或已建工程中安装并实施新的监测系统需要遵照经批准的图纸和技术规范，但其中还包括适当的监督方法以及在安装过程中遇到问题时及时做出现场决策的程序。

4.2.3　新建大坝中的仪器安装

在新建大坝或已建大坝上安装新的仪器监测系统应遵循明确的程序，并与仪器供应商建立联系。可能的话，在仪器安装、测试和试运行期间，仪器供应商都应在场，为业主或操作人员提供培训和包括操作和维护方法在内的已安装系统的相关文档。如有可能，监测仪器或数据管理供应商还应亲临现场了解情况，包括面临的挑战、特殊的环境情况、交通条件限制或其他问题，以便能够根据现场的具体情况对系统进行定制。这不仅对选择合适的仪器极为关键，而且对保证安装正确，校准和测试准确，以及在供应商或厂家代表在场情况下对系统中的异常情况或问题进行故障排除至关重要。

系统安装成功后，宜与供应商或厂家代表保持联系，以便于解决在监测系统全生命周期内难以避免的故障排除及维修、升级和维护问题，为系统提供必要的质量保证和质量控制。许多供应商会提供关于监测仪器安装、校准和测试的培训。数据管理系统的供应商则常常会提供关于如何根据工程具体情况及监测目标对已安装系统进行优化的培训。对于需埋设或封装后无法接近的组件，必须在埋设或封装之前进行确认，确保仪器和数据管理系统可正常运行。此外，还要考虑和处理好与专业安装人员如渗压计或测斜仪的钻孔人员的协调。

仪器安装记录应包括以下信息：

- 仪器型号。
- 仪器编号。
- 读数仪型号。
- 采用的设备和负责安装的人员。
- 初始读数。
- 校准结果。
- 注明的校准常数。
- 现场条件。
- 与技术规格说明的偏差。
- 与厂家建议的偏差。
- 安装竣工位置和尺寸。
- 补充数据和观测。

- 安装或施工中的异常情况，尤其是可能影响数据解读的那些情况。

数据采集和记录通常由供应商承担，但业主应承担一部分。该项要求应列入采购文档的技术规格说明中，并作为监测方案的一部分，因为在对系统进行重新校准或故障排除时将会用到。

4.2.4　已建大坝中的仪器安装

在已建大坝中安装监测仪器有时可能比在新建大坝中更简单直接，因为仪器的安装位置和类型由已确定的性态指标决定。除了大坝和附属设施的整体性态和响应外，还应仔细评估在已建大坝上新增监测仪器的必要性，并对实际的安装和测试进行密切监视。

4.3　责任与权力

下面的引言充分说明了业主参与大坝安全监控的重要性。

为确保获得可靠和高质量的数据，并实现数据价值的最大化，最想获得问题的答案的人应当在数据获取方面发挥主要作用。

——约翰·邓尼克利夫（John Dunnicliff）

在监测方案的编制、实施和维护过程中，必须明确各类责任。责任应与大坝安全相关的决策权相联系。

不同组织的人员职责划分差异很大。小型工程可能将多项职责（如方案制定，数据采集、校准和维护，以及数据分析等）分配给某个人。对于管理多个工程的大型组织，由专人负责监测方案的方方面面，其职责包括：

- 大坝安全。
- 与监管机构的对接。
- 方案的编制、实施和维护，包括：
  - 培训与沟通。
  - 信息的审核与分析。
  - 运行、维护及数据采集。
  - 数据的录入、报告、存储和绘图。

确保大坝安全运行的终极责任归于业主。这一点是大坝业主在确定优先事项、分配资金和评估风险时切不可忘的。即便没有明确的监管监督或指示，业主的这一责任也无可推卸。业主需明确大坝安全责任和决策权限，可将其委派给具有不同技能和背景的个人，但无论如何，业主的责任都是明确的。

各项责任中还包括报告和备份，这些均记录在工程的应急预案（EAP）中。大坝安全监管机构明确规定了各类典型的责任，包括做出决策向公众、各关键岗位的业主人员、大坝安全工程师和媒体发出公告以及告知在紧急情况下如何求助等。

一般来说，监管机构会提供监督和执行相关的规定，但并不对其管辖的结构的安全负责。例如，美国联邦能源管理委员会（FERC）的责任包括：

- 颁发新建工程的施工许可证。

- 为已建工程继续运行颁发许可证（重新许可）。
- 监督所有现有工程的运营，包括大坝安全检查和环境监测。
- 执行大坝安全相关的规定。

其他机构的运作方式可能有所不同。但不管监管监督和要求的程度如何，都必须要对大坝的安全责任做出明确的界定和分配，并使相关人员周知且尽可能地减少混淆或冲突。

无论工程规模大小，最好设置一名大坝安全主任工程师对方案负责，其责任包括计划编制，监测仪器和自动化设备的选型、采购、安装和试运行，必要时提供培训和分派职责。大型工程机构通常会有内部人员来管理这些事务，但小坝的业主则可能依赖工程咨询团队或其他第三方来提供指导、建议和评估等，在一些情况下还包括监督。

为保障监测方案的成功实施，负责的大坝安全主任工程师需全程监督各项任务如数据采集、仪器校准、培训和报告等的执行，以确保项目按计划进行。与其他人员就项目的内容和意图开展沟通也是其责任的一部分。将责任委托给第三方，无论是工程顾问还是其他人，都不能免除大坝业主对公众的大坝安全责任。

大坝安全工程师还可以协助进行数据的解释和分析，并向负责最终数据分析的其他人员提供技术指导。根据监测方案的复杂程度，大坝业主可以安排自有人员或与咨询工程师合作进行详细的技术分析评估。无论如何，必须对采集的数据及时进行审核，以确定可能存在的问题，并为这些问题的解决留出足够的时间。定期审查数据、编制报告并分发给相关人员是必要的。

数据采集、现场检查和报告编制应由熟悉工程的人员来负责。使用熟悉工程及其需要关注的方方面面的人员的好处是，他们熟悉现场条件，能随时发现出现的变化。也正是考虑到这些方面，巡视检查的任务通常会分配给当前的管理人员、大坝看护或运营人员。对于人员级别层次多的工程，由高级别的技术人员对现场人员就数据的采集和报告、仪器的维护和校准以及根据现场观测结果采取相应的措施等进行培训，这项任务的重要性以及监测与大坝安全之间的联系都是需要强调的。

某些管理多项工程的业主选择配备一支具有相关知识的队伍，让他们在不同工程间轮转，使他们逐渐了解和熟悉每项工程的性态。这是一种可接受的工程人员配置方法，只要人员培训保持先进不落伍，它就具备人员冗余配置且经验丰富的优势。

无论如何，应保持人员的延续性，因为这样能保证对工程既往性态的认知不会中断。对工程状况有详细了解的人，通常在现场可以很快识别数据采集或观察中的异常情况。负责现场数据采集的人员必须仔细可靠、认真专注、积极主动。不能忽视细节，因为出现错误或发生遗漏可能会导致信息丢失，甚至造成异常警告延误。如果缺乏经验或知识，可能会认为测值中的不规律表明大坝安全出现了问题。因此，现场人员应了解大坝的功能、预期的性态以及巡视检查和仪器监测的目的。对监测仪器和其他自动化设备在其使用生命周期内的维护和校准检查，最好由数据收集人员来承担，他们能够发现其潜在的问题、故障、劣化或损坏。

数据采集人员可能会同时负责数据录入，这样可以防止数据输入错误或对数据的错误解释。随着越来越多的仪器实现自动化，手动输入数据的需求正在减少。然而，数据采集的自动化并不能取代人深思熟虑的复核和分析。

　　拥有多个工程的大型机构可以安排专人承担数据存储、图形绘制和报告编制工作。此人必须与负责巡视检查和仪器监测的其他人员密切合作，其任务可能包括不同软件程序之间的协调、远程站点的数据传输、简单的编程、编制报告以及数据展示。建议对此人进行数据采集和现场维护方面的培训，使其不仅能更好地了解所使用的监测仪器和自动化设备，也能更好地理解所分析的数据。

　　千万不要被数据淹没至死！应仔细斟酌确定数据的采样频率、存储和处理。因为数据采集文件日益膨胀，其中可能充满大量经过部分处理或无用冗余的数据。在系统安装完成后，开展巡视检查和监测需要安排足够的时间和资金用于数据的存储、维护和分析。这需要依靠自有人员或外部资源来承担数据的采集、存储和分析，并评估采样频率。

4.4　运行与维护

　　为保证监测方案能发挥出应有的作用，需要为其运行与维护安排充足的资金，并制定明确的责任和清晰的程序。这些通常被纳入工程的日常运行中。

　　为制定运行维护方案，需考虑影响其长期可靠性的几个重要因素，如：
- 检查频率（巡视检查）。
- 设备的检查频率（尤其是自动化系统，因为日常巡视检查通常不包括这部分内容）。
- 维护和保养任务，尤其是校准、测试、维修、纠正漂移或其他可能影响性能或准确度的故障，如沉降、人为破坏或冲击等。
- 性能测试。
- 备件或老旧系统/组件的维修/更换。
- 软件技术和设备的升级。
- 数据记录、审核和分析所需的人力和时间。
- 培训需求。

　　熟悉系统的工作人员应进行冗余配置，以适应人员缺勤或在发生异常情况（如特大洪水）时需要额外工作人员等情形。

　　在工程的生命周期中，运行和维护方案是不可缺少的，还应定期对其进行评审以适应条件变化。如需对运行和维护方案进行削减，应有充足的理由。常用监测仪器的典型维护工作见表4.2。

表4.2　　　　　　　　　　　常用监测仪器的维护工作

仪器类型	维护工作	维护频率
钻孔变位计	检查腐蚀或损坏	每年一次，后期可降低
测斜仪（滑动式）	重新校准	依照厂家指南
	保持测斜管清洁	视需要
测斜仪（固定式）	重新校准	按照厂家指示
压力传感器	重新校准	按照厂家指示
测缝计/裂缝计	检查，清洁	每年一次

续表

仪器类型	维护工作	维护频率
压力盒	无	不限
量水堰/量水槽	清除杂物、植被、沉积物和藻类	每月一次至每年一次（或视需求更频繁）
	去除化学沉积物或噬铁细菌污泥	每年一次（或视情况而定）
	清洁仪器端口	每年一次（或视需求更频繁）
渗压计（测压管）	冲洗测压管以清除堆积的沉淀物（需注意防止水压劈裂）	视需求
	修复损坏的地面保护套管或保护盖	视需求
渗压计（气压式）	检查连接阀接头，需要时更换	每年一次
	检查压力测试排气口是否堵塞	每年一次
渗压计（钢弦式）	检查接线盒或电缆引线架的防雷装置	每年一次（或在雷电后）
正垂线，倒垂线	保持阻尼油箱充满阻尼油	视需求
	清除垂线上的钙质沉积	视需求
沉降仪	检查冲击、沉降	视需求
应变计	无	不限
温度计	校准	不限
倾角计，梁式传感器	无	不限
土压力计	无	不限
读数仪	重新校准	按厂家要求
	更换电池	按厂家要求
	检查气压式读数仪的储液罐	视需求
通用	检查读数仪箱中的条形加热器是否工作正常	每年在寒冷天气来临之前
	检查是否有人为破坏行为	经常
	保持监测站点的道路通畅	视需求
	电源维护	视需求

　　基于对总体监测方案、每只仪器的特定用途、保留监测仪器带来的价值、仪器在未来某个时候被使用的可能性以及拆除或废弃仪器对监测总体方案的可能影响的全面评估，才能决定是否对监测系统中的仪器或组件进行维修、更换、拆除、停用或报废。对于任何监测方案，在其生命周期中均可能面临这些决定。如果预计仪器在未来可能需要恢复使用，则在停用仪器前，宜向仪器厂家征求有关意见。可重新恢复使用的仪器暂时停用，不应视为被废弃，而应视为闲置仪器。

　　监测仪器在达到设计寿命后应进行更换。对因磨损或现场条件（如沉降、腐蚀或其他环境损坏、人为破坏、车辆撞击、不可逆的仪器漂移）而持续出现故障的仪器应予以更换。应认真了解、仔细评估仪器性能的历史记录，才能确定从何时开始仪器提供的测量结果不再视为是准确可靠的。在更换仪器之前，应考虑自仪器安装以来技术的发展与进步，可能已有更先进的仪器。

更换仪器或其附件（包括电缆、读数仪和电源等）可能比较经济实惠。应定期开展监测系统评价，以确定是否需要对监测系统进行更新或改造。在监测系统评价方面，可向仪器厂家和供应商寻求帮助。

废弃的监测仪器有时可能留下隐患引发潜在的失事（例如，在土石坝内埋设的水位孔的保护管废弃后，可能成为管涌的通道），因此可能引发大坝安全方面的关切。

监测仪器确定不再使用的话，可将其拆除或将其弃置在原地。例如，在混凝土大坝内埋设的电阻温度计、热敏电阻、测缝计和其他类似仪器，不再进行监测后被留在原位不做进一步处理。

下面的第 5 章将具体介绍可满足性态监测需要、测量各项性态指标的系列仪器。

第5章

仪器监测与测量设备

敏则有功；工欲善其事，必先利其器。

——孔子

第 4 章介绍了性态监测方案的规划和实施。本章介绍如何针对工程的性态问题，为监测方案选择合适的仪器设备。

对于测量大坝各种性态参数的仪器，本章介绍其物理原理、监测的物理量、传感器选型、各自的优缺点、信号输出、操作和维护要求以及在大坝监测中的应用。为获取如照片和图片等有关信息，参考了仪器制造商的网站。

关于读取或计算监测量的明确方法或公式，可参考其他资料，如可从仪器制造商处获得的资料。下面的介绍不是关于仪器安装、读数或数据分析，而是主要为读者选择仪器提供所需的足够信息。

本章介绍仪器的精密度、准确度、鲁棒性、成本、可靠性和使用寿命等仪器指标。鉴于仪器的型号规格和成本时有变化，建议读者参考制造商发布的最新指标参数。关于这些指标，在附录 C 中有详细的介绍。

本章重点介绍目前最常用的仪器，对那些过去遗留下来目前仍在使用，或作为目前常用仪器的冗余备份的"老式"仪器的关注较少。所谓"老式"仪器，是指早先投入使用，于今可能仍然处于工作状态，但在新的监测项目中不再采用的仪器，如气压式渗压计。

下面首先介绍仪器监测与测量设备的发展水平现状和未来趋势；接下来的部分将介绍仪器的各项性态监测指标。

5.1 仪器监测概述

监测仪器可以测量大坝与岩土、结构、水力学或水文地质有关的性态参数。从物理世界到仪器用户的信息传递流程的示意图如图 5.1 所示。作为通用术语，监测仪器包括机械式、电动机械式或电子测量仪器。机械式仪器通过纯粹机械的手段将测值转换为可视化读数。有的机械式仪器的测量方法非常简单，如使用水桶和秒表来测量流量或渗漏量的体积法。电动机械式仪器将机械运动转换为可测量的电信号。如钻孔变位计通过锚定的测杆的运动来驱动电测传感器。在纯电子测量仪器如热电偶中，被测量会直接变成电信号，没有中间的机械过程。

当今大多数新仪器是电子测量或电动机械式仪器。这些仪器的电测部分包括敏感元件（传感器）和电子电路（信号调制电子设备），如图 5.1 所示。传感器将感应到的参数转换为电信号。电子电路对传感器进行激励并将其信号转换放大输出，在电缆末端进行记录。电子电路通常与传感器尽可能靠近封装在同一壳体里面。

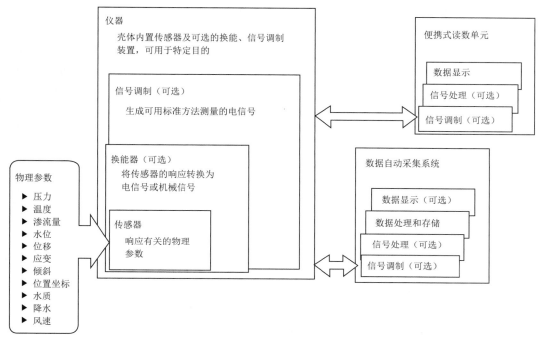

图 5.1　仪器监测系统通用框架图

来源：ASCE Task Committee on Instrumentation and Monitoring Dam Performance（2000）

某些传感器，如钢弦式或光纤式传感器，相对而言可以免受电噪声干扰，信号可沿电缆传输数百英尺❶。对于这种传感器，信号调节电子设备可以置于记录或显示单元的附近或内部。

仪器的读数可以采用手工方式记录（用笔记录或将机械刻度尺或数字读数仪显示的数字拍照记录下来）、机械式记录（通常利用圆形或带状图形记录仪的笔和墨绘制线形图）或电子记录（使用数据采集仪或计算机）。当今的趋势是从人工测量和机械式记录转移到越来越倚重电子测量和自动化数据采集系统（ADAS）。自动化记录和报表的潜在好处包括：

- 获得实时和连续的数据记录。
- 具备多种数据处理选项以提高准确度。
- 降低数据采集的成本和将节省的人力用于更有价值的数据分析和决策。
- 能够利用基于网络的应用程序在距现场数百英里❷的办公室中对实时数据进行远程评价。

---

❶　1 英尺（ft）=0.3048m——译者注。

❷　1 英里（mile）=1609.344m——译者注。

● 如果超过临界阈值，能够自动启动警报和其他操作（更多相关信息，请参阅第7 章和第 8 章）。

本章的重点是介绍监测仪器的功能特点和应用。介绍中涵盖的监测仪器尽可能广泛，但可能没有提到某些用于大坝监测的仪器。这种疏忽并非有意为之。此外，随着技术的进步，有价值的新的监测仪器将进入市场。因此，用于特定项目的监测仪器将不断发展演进，不必限于本章中介绍的设备。

本章介绍的监测仪器名称采用了业界常用的名称。许多仪器名称来源于仪器制造商或因袭传统。在某些情况下，同一类型的仪器可能会使用多个名称。不同的名称可能是因为具体应用上的不同，而不是因为仪器本身或其基础测量参数有所不同。如，术语"倾角计""倾斜计"和"测斜仪"都是测量相对竖直重力方向的转角的仪器。"渗压计""压力传感器"和"压力计"都用来测量压力。

5.2　未来的发展趋势

除了历史久远目前仍有应用的人工观测方法，在大坝监控中还大量采用传感器、电子设备、计算机技术和信息技术，所有这些技术都还在不断地快速发展。当前和未来的进展很可能会影响到未来开展大坝监测的方式。下面将对未来的趋势做一些预测。但可以肯定的是，随着新技术的涌现，我们的后辈将会采用与我们不同的方法。

5.2.1　传感器和电子设备

如今，大坝监测使用的大多数电测仪器输出与压力、倾角、位移或其他参数的测值成比例的电压、电流或频率等模拟信号。输出信号以模拟形式传输，然后被数字化并记录在数据采集仪或计算机中。

但近十年来的趋势是，市面上越来越多的仪器配备了电子器件对信号进行处理和数字化，并采用标准数字协议（如 RS485）进行输出，从而可以不受电噪声和电磁干扰的影响传输数百英尺。数字传输的另一个优点是，可以利用一根 4 芯电缆安装多个传感器，形成所谓的传感器阵列，如后面的章节所述。微型机械传感器即 MEMS（微机电系统）的快速发展进一步加快了这一进程。这些设备的传感器的机械组件与众多信号调制电路一起被光刻到硅芯片中。已经使用这种方法生产加速度计、应变计和压力传感器。令人关注的是，现在可以生产 $\pm 1g$ 甚至更小量程的 MEMS 加速度计，适合用作高准确度测斜仪探头、固定式测斜仪、倾角计中的倾角或倾斜传感器进行静态测量。MEMS 传感器的主要优点是它们受温度影响较小，分辨率、线性和可重复性高，零漂小以及抗冲击性高（Sellers et al.，2008）。MEMS 传感器自身可以承受数百 g 的冲击荷载而不发生损坏。

5.2.2　光纤传感器

光纤数据传输现在电信行业中得到了广泛的应用，并且在交通运输和供水等其他行业中也得到了引入和使用。但是，具有成本优势的光纤传感器的发展速度一直不那么快。光纤传感器在大坝监测中的使用并不普遍，因为监测相似的参数采用其他技术目前更经济。

例外的是光纤在水温变化监测和堤坝等长条形结构的变形监测中的应用。本章后面将详细介绍光纤在分布式温度和应变传感中的应用。这使得将长光纤光缆埋入土石坝和混凝土坝中对多个位置进行分布式监测成为可能。在实际使用中，长光纤光缆的安装会影响施工。结构中的光缆如果被意外切割或剪断，而该位置无法到达，不能进行修复，因此存在丢失所有测值的风险。尽管如此，为了大坝安全，光纤传感器将来可能会得到更广泛的应用。作为这些技术的成功案例，利用光纤监测水温变化，可以实现对土石坝中的管涌的分布式监测。随着这种方法积累的信息和数据的增加，人们可以更好地了解管涌的机制并提高管涌预测能力。光纤传感器的另一个优点是不受电噪声和瞬变电流的影响。随着技术的不断进步和价格的降低，光纤传感器在大坝监测中的应用将来可能会越来越多。

5.2.3　传感器阵列

所谓传感器阵列是用同一信号线缆（电缆或光缆）串接的多个传感器串。近年来，前面提到的数字输出传感器和光纤传感器技术有了长足的进步，随着价格的降低，合乎逻辑的发展是用信号线缆串接多个传感器，例如，基于 MEMS 加速度计的倾角计串接起来的固定式测斜仪，串接的数字式热敏电阻温度计阵列、压力传感器阵列或渗压计串，以及分布式应变和温度传感光缆。把不同类型的传感器串接起来当然也是可行的。

5.2.4　计算机和数据采集

尽管从仪器到采集系统的数据传输通常是利用铜芯线缆，但通过无线电进行遥测已变得越来越普遍。无线电遥测省去了将仪器联网到数据采集系统的传统的基础设施，尤其是埋在沟槽中的信号电缆。低功率、低成本的无线电可以在无需获得许可证的扩频频段上进行传输，配上成本更低的数据采集仪，使得具备成本优势的数据采集仪之间的无线传输变得更加可行。数据采集仪的大小与单通道采集仪一样，可以接入单只仪器或一小簇仪器。此外，近五年来已出现在仪器与采集系统之间进行无线互联网协议通信的趋势。使用无线互联网协议（IP）路由器，在仪器数据与 IP 数据库系统之间能够进行无缝通信。

如今，自动采集和发送监测数据已很普遍。个人计算机的性能日趋强大、价格更加低廉，数字式仪器越来越多，具有联网功能的低成本数据采集仪更加普及以及无线通信更加成熟，这些都有助于实现实时数字化数据采集和 PC 直接读取监测数据。

数字蜂窝和卫星技术也开始成为流行的数据传输手段。第 6 章将详细介绍数据采集技术的当前实践和发展趋势。

5.2.5　信息技术

术语"信息技术"涵盖了信息的处理、分发和使用。大坝监测在此领域已取得重要进展，未来有望继续快速发展。在算力、基于互联网的数据库、图形程序以及网络速度方面的进步极大地改善了监测系统在分析和决策过程中的低效率问题。现在数据库可以对监测数据进行自动化的组织、过滤和图形绘制，将数据转换为相关人员可以进行快速有效评价的形式。随处可用的互联网通信使得这些结果几乎可以实现即时安全的传播。最新的技术进步使得自动化预警系统和决策过程的效率更高、效能更好。

在过去的十年中，移动通信的不断升级使得移动外围设备功能更加强大。智能手机和平板电脑已经改变了人们发送和接收信息的方式，可以进行更多的远程使用。目前，许多大坝都可以使用移动宽带，并且通信基础设施正在全球范围内快速发展。手持式设备的发展趋势将继续，并且运行在新操作系统上的数据库和图形程序也将有相应的发展。平板电脑的便携性使得在现场可以方便地将数据直接输入并无线传输到数据库。尽管这种趋势刚出现，但在业界必将继续增长。

5.2.6　基于网络的摄像机

基于网络的摄像机越来越多地用于大坝的监测和维修工作。近年来，该技术的成本趋于下降，并且通信系统微波到无线局域网（WLAN）的传输带宽日益增加，因此该技术在大坝监控的应用愈发普遍。基于网络的摄像机是数字式的，通常具有摇移、俯仰、缩放（TPZ）功能，可用于进行人工读数（例如，读取量水堰堰上水尺数据）。

5.2.7　锚索/锚杆的残余荷载和完好性

混凝土坝及其附属结构通常采用锚索或锚杆来增加结构的稳定性。锚杆采用实心钢杆，锚索则通常由 7 股钢绞线做成，也称为锚筋，在钻孔中张拉并进行灌浆。锚索在大坝中的应用已逾 50 年。多年来，锚索的安装和长期防腐技术也得到了改进。由于无法对锚索的情况进行直接检查，因此长期工作锚索的完好性成为大家关注的问题。

测试锚索的残余荷载（即锚索当前承受的荷载）的传统方法是使用液压千斤顶对锚索进行拉脱法检测（lift – off test）。但是锚索在测试过程中可能发生失效，因此这种方法代价大又有风险。此外，该测试可能并不总是可行的，因为锚头部位可能难以到达，或安装千斤顶的夹持操作空间过小。

因此出现了许多使用无损检测（NDT）方法来检测现有的锚索和锚筋的尝试，其中Holt et al.（2013）介绍了由美国陆军工程师团资助的研究项目结果。该研究基于弥散波传导理论，已成功用于确定两座大坝的闸墩锚杆中的荷载。

另一种方法来自 2002 年美国交通研究委员会（Transportation Research Board）国家公路合作研究计划（NCHRP）资助下开展的一项研究工作。该研究提交了一份题为《岩土工程中金属张拉锚固系统测试的推荐做法》（Witham et al.，2002）的综合报告，介绍了项目研究的结果，即确定岩土工程中新安装的金属张拉锚固系统的设计寿命以及原有锚固系统的工作条件和剩余使用寿命的评估流程。报告提出了一种推荐做法，即使用无损检测技术和适当的预测模型来评估金属张拉锚固系统的当前工作条件和剩余使用寿命。该报告给出了几项电化学测试，包括测量半电池电位和极化电流来检测锚索腐蚀并评估护腐系统的完好性。但研究发现必须使用机械波无损检测技术，主要是诸如冲击和超声技术之类的机械波传播方法，来确定腐蚀是否已导致金属张拉系统中的构件横截面面积变小。

该报告包括有关无损检测方法和预测模型的重要文献综述，以及与推荐做法相关的无损检测方法的详细说明。应当说明的是，美国交通研究委员会此后又资助了金属张拉锚固系统设计的评估和改进主题的其他研究。

还有一种方法是 ASTM D 5882—07 标准，标题为《深基础低应变冲击完好性的标准测试方法》（ASTM，2016），桩基测试规程即基于此方法。具体说来，该标准介绍了通过测量和分析由诸如手持锤之类的冲击装置引起的桩内波速（必测）和动力（选测）响应来确定单个垂直桩或倾斜桩完好性的程序。该标准介绍的测试方法包括脉冲回波方法（PEM）和瞬态响应方法（TRM）。脉冲回波方法利用测量得到的作为时间的函数的桩头运动的时域记录来评估桩的完好性。瞬态响应方法利用作为时间的函数的桩头的运动和力（用带仪器的锤测量），在频域中进行分析评估。尽管这些方法最初并非要用于锚杆和锚筋，但标准中描述的方法或其变体当然有望成功用于锚杆和锚筋。

　　锚索的残余荷载和完好性的评估方法尚未得到普遍接受。但是随着时间的推移，需求肯定会不断增长，特别是有简单且有效的可以推向市场的方法时更是如此。

5.3　关键的性态监测指标

5.3.1　内水压力

5.3.1.1　渗压计概述

　　渗压计用于测量孔隙水压力，是迄今为止安装在大坝中的所有仪器中最常见的一种。安装在大坝的坝肩、坝基和坝体中的渗压计用于监测浸润面和扬压力，以了解渗流状态。安装在土石坝中的渗压计也可用于监测施工期由于上覆土体重量变化而产生的超静孔隙水压力。对于大坝的性态监控，渗压计的读数准确度达到十分之一英尺（2.54mm）即可。

　　当今最常使用的渗压计类型是开敞式测压管（开敞式液压管）和钢弦式渗压计。其他类型包括液位、液压和气压式渗压计，但这些仪器在目前的实践中使用很少。本节之所以加以介绍，是因为这些类型的渗压计可能仍然在使用。当然，也有采用较新的技术的电阻应变式渗压计、光纤渗压计和石英压力传感器等传感器，但其使用并不广泛。下面的章节中将介绍这些类型的渗压计的优缺点。

　　在测量孔隙或节理中的水压力时，如还需同时得到温度，在大多数应用中可与渗压计一起安装热敏电阻温度计❶。

5.3.1.2　安装中需考虑的因素

　　压力传感器。关于压力传感器安装，需要牢记几个注意事项。安装时要使测量总压力的压力传感器始终浸在水中，但带通气孔的压力传感器不得全没入水中。如果水位下降到总压力传感器之下，则不会得到有效数据。如果带通气孔的压力传感器没入水中，将得不到正确的气压补偿，数据将不可靠。随着传感器老化，压力测量值会发生漂移，因此建议定期人工测量水位以对传感器进行校准。

　　透水石。埋在地下或灌浆的钻孔中的渗压计通常用砂袋包裹。在这种情况下，有必要在渗压计壳体上设置透水石，允许水进入，但隔离固体颗粒。透水石还可以防止空气进入渗压计。空气进入渗压计会引起孔隙水压力变化的响应滞后，对于充液管路很长的液压式渗压计来说会成为较大的问题。

　　通常使用的透水石有两种：高进气压力透水石，气孔孔径为 $0.5 \sim 2 \mu m$，进气值约为 $14.5 psi$（1bar）；低进气压力透水石，气孔孔径为 $40 \sim 60 \mu m$，进气值接近零。进气压力的定义是为使得空气可以透过饱水的透水石，在透水石两侧必须施加的压力差。透水石气

---

❶　原文如此，一般钢弦式渗压计内置有热敏电阻，可测温度——译者注。

孔的孔径越小，表面张力的影响越大，从而导致更高的进气压力。高进气压力透水石通常用于低渗透性的非饱和土中，以防止土颗粒进入渗压计。相反，低进气压力透水石通常用于不存在孔隙气体压力的粗颗粒饱和土中。

在水位孔中安装渗压计时，用滤网代替透水石，滤网不易被溶解盐结垢或结晶堵塞。对于可能会时常变干的测压管更应如此。

通气。渗压计的压力敏感膜片对气压的响应与地下水压力相同。大气压力直接作用在测井和测压管中的水面上，气压的微小波动都会影响渗压计的读数。通气型渗压计可以消除气压影响。大气同时作用在通气型渗压计膜片的背面，这样可以补偿气压变化。它通过将一根塑料细管沿电缆达到压敏膜片的内侧来实现通气，管的外端与大气相通。

通气型渗压计用于测量测压管和水位观测孔内水柱的高度。非通气型渗压计通常被埋入并密封在填土中或钻孔内，其中土壤会起到隔离作用，孔隙水压力不会受气压的微小变化的影响。

通气的缺点是通气管为水汽进入渗压计的内部提供了一条通道，这样通常会缩短仪器的使用寿命。为防止水汽进入通气管，在通气管的开口端设置了存放干燥剂的空腔。为防止渗压计腐蚀和损坏，干燥剂需定期更换。考虑到这些原因，并不总是建议进行通气，有时最好是利用气压计的读数来进行校正。气压也可以进行自动化的数据采集。

外壳材料。为了延缓渗压计的腐蚀，其外壳由耐腐蚀材料制成。最常用的材料包括塑料、不锈钢和钛。选择外壳材料时，应考虑土的化学性质（例如 pH 值和腐蚀性）。如果传感器安装在高温环境（例如尾矿坝）中，则必须谨慎选择外壳材料。

安装方法对比。渗压计最常见的布置形式有 4 个：开敞式测压管、水位观测孔、分区回填或全孔灌浆。表 5.1 给出了这些布置形式的比较。4 种布置形式都可以使用孔隙水压力传感器（如最常见的钢弦式渗压计）来实现自动（数字化）读数，但只有两种安装方法可采用水位探头以人工方式来确认读数。

表 5.1　　　　　　　　　　　渗压计各种安装方法的比较

安装方法	优　点	缺　点
开敞式测压管和水位观测孔	• 孔口未封闭，可进入孔内确定水位 • 安装简单 • 运用广泛 • 使用寿命长 • 可靠性高	• 达到压力平衡所需的时间（时滞）长
分区回填	• 比开敞式测压管更易损坏	• 不能进入孔内人工确认数据
全孔灌浆	• 通常成本较低 • 安装简单 • 在饱和土中响应更快（达到稳定的时滞小） • 可在单孔内安装多个渗压计	• 质量受灌浆浆液和安装流程影响 • 在某些地层中或渗透性差异大的岩层的界面处的读数可能不可靠 • 不能进入孔内人工确认数据 • 需要单独的仪器（即开敞井）以确认读数 • 周围地层沉降可能被损坏 • 需要气压修正 • 对于部分饱和土可能不适合 • 不能替换

相对其他两种方法，开敞式测压管和水位观测孔的优势是可以直接测量或观察管中的水位，从而可作为孔隙水压力传感器测量的有益补充。开敞式测压管和水位观测孔通常采用分区回填的方法，一方面可防止管外地下水沿垂直方向的流动，另一方面也可用来观测特定地层的地下水位。

分区回填法采用的回填方式与开敞式测压管和水位观测孔相同，但无需使用护管。孔隙水压力测量设备安装在钻孔的指定深度，引线、电缆和软管沿钻孔向上引至地面。然后在设备的上方和正下方回填多孔材料（砂袋），在砂袋的正上方回填膨润土颗粒或细片，水化后在砂包上形成密封层。将钻孔其余部分灌浆回填直至地面。

全孔灌浆安装是一种简化的方法，将孔隙水压力计装置下放到钻孔的指定深度，引线、电缆和软管沿钻孔向上引至地面。整个钻孔均回填无收缩的水泥-膨润土浆，以防止地下水的垂直流动。Mikkelsen 和 Green（2003）给出了安装方法和灌浆浆液配比。对关键的注意事项总结如下。

自从膜感应孔隙水压力装置问世以来，渗压计安装有 4 种方法。总体而言，开敞式测压管应用得最多。但在大坝监测界有人越来越多地使用全孔灌浆法。据 Contreras et al.（2012）以及 Mikkelsen 和 Green（2003）的研究成果和建议，他们提倡增加使用全孔灌浆的渗压监测系统，因为这种方式可简化施工并降低成本，而且获得的结果与其他安装方法相当。但与这项研究相反，已有实际应用表明，全孔灌浆的渗压计系统出现了测值错误或可疑且无法进行确认或校准的问题。尽管关于这些问题未见到正式的案例报告或研究成果发表，但是大坝监测界对全孔灌浆的渗压计系统的适用性仍然存在意见分歧。也许在对全孔灌浆的渗压计有了更大的信心之前，实践中常规做法可能会考虑在一些全孔灌浆的渗压计附近安装开敞式渗压计，使这些渗压计测量相同的水位，以便进行比较。这种方法在南卡罗来纳州萨卢达（Saluda）大坝（SCE&G 公司）的除险加固工程中得到应用，并获得了较一致的结果。这项对比观测在安装多年后是否仍在进行尚不清楚。

如果业主或工程师希望利用全孔灌浆的安装方法节省成本，需仔细考虑以下指导性意见：

- 采用合适的浆液对于灌浆安装的渗压计的成功至关重要。
  - 浆液必须具有乳脂或"奶昔"那样的稠度。
  - 首先添加水泥，然后添加膨润土。重要的是使用适当的水灰比。
  - 灌浆的设计应确保获得适当的渗透性。这样的话，可以确保在灌浆体中的压力读数能反映出对静水压力的响应，类似于周围地层的静水压力。实验室和分析研究表明，灌浆体的渗透性可以比周围地层高三个数量级（Contreras et al.，2012）。
- 灌浆埋设的渗压计布置在靠近渗透性差异明显地层的界面附近时（即高透水的反滤或基础区域与低渗透性的心墙或混凝土结构之间的界面附近），渗压计测量值可能会有问题。
- 需要考虑周围土体的沉降或变形趋势。
- 灌浆埋设的渗压计通常可以承受的垂直应变大约为 15%。
- 在不饱和土中灌浆渗压计可能无法获得预期的响应。
- 如果计划在不饱和土或岩石中灌浆埋设渗压计，需咨询业内专家。

• 如果监测系统中包括多个灌浆埋设的渗压计，需考虑安装一个或多个开敞式测压管以进行比较或数据确认。

5.3.1.3　开敞式测压管和水位观测孔

开敞式测压管（也称为大口井或卡萨格兰德测压管）是最简单的渗压计类型，如图 5.2 所示，其组成是在钻孔内安装的钢管或塑料管，管下端是进水段。进水段外部的环形空间用砂回填。进水段上方回填的通常是不透水的材料，如膨润土泥浆或膨润土碎屑。通过进水段进入测压管内的水柱在进水段上方的高度，等于进水段上方处的孔隙水压力除以管内水的平均密度。

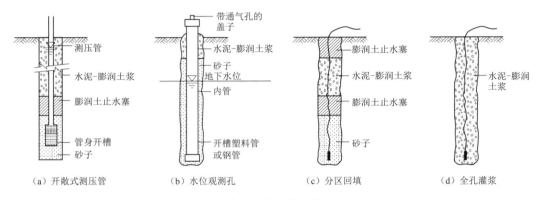

（a）开敞式测压管　　（b）水位观测孔　　（c）分区回填　　（d）全孔灌浆

图 5.2　常见的渗压计安装方法

图 5.2 还显示了典型的水位观测孔。与开敞式测压管的不同之处在于，全孔高度回填的都是透水的材料，通常是砂子或砾石。水位观测孔垂直穿过的所有地层之间是水力连通的。如果在某个地层或多个地层中为承压自流地下水，那么对孔内水位的解读可能会不那么准确明晰。另外，对于深度越大渗透性越低的土体，渗入的雨水和/或灌溉用水会积聚在水位观测孔的底部。这时得到的地下水面线是不正确的。如果渗流全部源于一个非承压含水层，水位观测孔通常可以可靠地反映地下水位，也非常适用于测量混凝土坝底部的扬压力。

在黏土和其他低渗透性土中不使用开敞式测压管和水位观测孔，因为孔隙水压力变化引起孔内相应水位变化的时间滞后太长。

如图 5.3 所示，可以使用水位指示器（电测水位计）或压力表测量开敞式测压管内的水位。

通过在管道内安装压力传感器或钢弦式压力传感器，开敞式测压管测读可以实现自动化。测压管内径宜大于 0.8in（20mm），因为许多压力传感器的直径为 0.75in（19mm）。但测压管管径越大，测压管水位与地下孔隙水压力达到平衡需要流入或流出测压管的水量越大。如果测压管进水段周围的地层渗透性较低，则测压管内外达到平衡所需的时间可能会过长。

如图 5.4 所示，另一种测量开敞式测压管内水位或水位观测孔中水位的方法是使用起泡式测量系统（bubbler system）。

起泡式测量系统包括与一根测压管中水位连接的通气管、一支压力传感器和一台小型空气压缩机。空气压缩机通过管道将空气泵入测压管中，并测量通气管内的"反压"。通

（a）水位指示器

（b）压力表

图 5.3　水位指示器与压力表

来源：AECOM［仅（a）图］

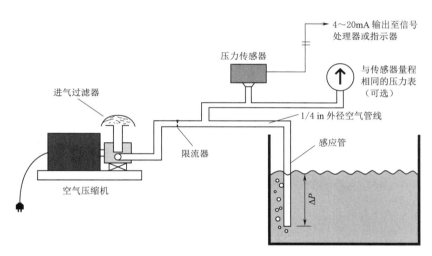

图 5.4　起泡式测量系统

来源：科尔联合公司（Kele Associates）

气管中的压力可与测压管内水位建立起关联关系。起泡式测量系统的优点是传感器不置于水中，因此易于保护和维修，且可用于小孔径测压管渗压计（内径小于 5/8in）的更新改造，小孔径测压管在 20 世纪 40—70 年代应用非常普遍。起泡式测量系统也适用于脏水环境。

　　与其他人工观测仪器类似，开敞式测压管的优点包括成本低、寿命长、结构简单和性能可靠。它们通常安装在钻孔中。主要的缺点是不能提供实时的自动化读数。尽管使用压力传感器可以实现遥测，但在低渗透性土体中不能得到实时的响应，对于需要利用水位和孔隙水压力的变化评估大坝性态的土坝来说是很不利的。

5.3.1.4　气压式和液压渗压计

气压式渗压计。典型的气压式渗压计及其工作原理如图 5.5～图 5.7 所示。

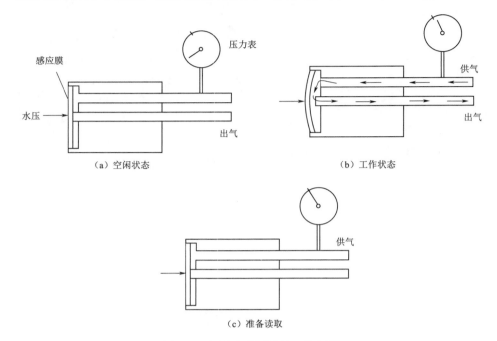

（a）空闲状态　　　　　　　　　　（b）工作状态

（c）准备读取

图 5.5　气压式渗压计的工作原理

来源：ASCE Task Committee on Instrumentation and Monitoring Dam Performance（2000）

图 5.6　气压式渗压计传感器

来源：RST 仪器公司（RST Instruments）

图 5.7　带有开槽保护性外壳的气压式渗压计传感器

来源：RST 仪器公司

通过过滤器进入渗压计的水在感应膜上施加压力后，使得两个阀口被关闭。从靠近读数端加压罐将氮气以规定的流量输入两根通气塑料管中的一根。当渗压计读数端的氮气压力等于孔隙水压力时，承压膜就与阀口脱开，从而使氮气流入另一根通气管排入大气。阀门打开时，进气管上的压力可以在压力表上读取。或者也可以停止输入氮气，关闭渗压计读数端的阀门，在压力表上读取无气流时的静压。

气压式渗压计的优点包括成本低和抗雷击能力强。其缺点包括：通气管太长时渗压计所需的读数时间较长，读数盒的体积大，需要保障氮气供应以及难以接入数据采集仪进行自动化监测。此外，管道渗漏可能会导致数据不准。进入管路的水或污物可能弄脏阀座并导致读数错误。

新近修建的大坝中很少采用气压式渗压计，除非在某些情况下。因为业主要求提供抗雷击的冗余配置（例如作为钢弦式渗压计的补充）。气压式渗压计大多用于填筑体短期施工，如对可压缩地层的预加载处理的监测。

双管式液压渗压计。过去双管式液压渗压计应用非常普遍，但是近年来它已被气压式渗压计或更常见的钢弦式渗压计取代，其核心组件见图 5.8 和图 5.9。地下水通过过滤器进入管道，该过滤器元件的设计可防止空气进入管道。管道通常包括两根捆绑起来的尼龙管，外有 PVC 套管。管道引向位置低一些的读数端，利用包尔登管压力计或压力传感器测量管道中的水压。由于压力读数与读数端的高程相关，因此必须对读数端的高程进行精确的测量，还应考虑测量工作基点的高程升降变化。

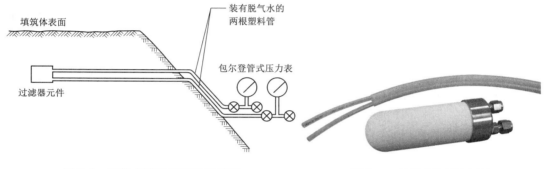

图 5.8　双管式液压渗压计示意图

来源：ASCE Task Committee on Instrumentation
and Monitoring Dam Performance（2000）

图 5.9　双管式液压渗压计

来源：RST 仪器公司

运用困难使得上述系统在表面上的简单性和可靠性大打折扣，主要原因是管道中会发生气泡积聚，需要用脱气水定期进行冲洗。压力表应由耐腐蚀性材料制成，并具备高准确度和高分辨力。

双管式液压渗压计的另一个问题是孔隙水压力可沿管道水平方向传输，随着管道老化和破裂，也可能会导致细粒料发生管涌。

5.3.1.5　电阻应变式渗压计

电阻应变式渗压计和压力传感器采用不锈钢、钛或陶瓷感应膜来感应压力。感应膜上的压力使得感应膜产生应变，进而导致所连的应变计的电阻发生变化，如图 5.10 所示。如今，大多数应变计都是喷镀或电镀在感应膜上，这使得仪器更加经济可靠。也可将硅芯片粘贴在感应膜上，利用硅半导体的电阻特性测量压力，这种传感器被称为压阻式压力传感器。

有的应变计和压阻式压力传感器内置的信号调制电路产生 0～5V 或 4～20mA 的输出信号。有的应变计和压阻式压力传感器没有内置的信号调制电路，其输出信号为毫伏级。毫伏级信号更容易受到电噪声的影响，并且需要外部电桥形成闭合电路。几乎所有的自动化数据采集系统都可以轻松接收 0～5V 或 4～20mA 的输出信号。

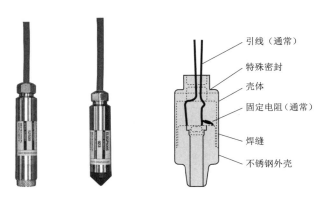

图 5.10　带滤芯和端头的膜片应变式渗压计

来源：RST 仪器公司

这种类型的工业用压力传感器的壳体中很多不包括滤芯，因此最适合在开敞式测压管中使用，一般被称为钻孔压力计或带有端头的渗压计。大多在电缆中都设置了通气管来平衡内外气压。带过滤芯的渗压计可以埋入地下，是可直接测量孔隙水压力的渗压计。这些仪器大多采用不锈钢外壳，也可采用钛外壳，在咸水或微咸水中具有优越的耐腐蚀性。

这种压力传感器的优点是在工业界使用广泛，供应商众多。这些传感器也适用于动态测量。主要的不足之处是内部的电子器件容易受到雷击损坏和通过通气管进入仪器的水汽的不利影响，这些问题对于不可替换的埋入式渗压计很关键。有些厂家在渗压计中设置防雷保护元件（放电管）以提高其可靠性。

5.3.1.6　钢弦式渗压计

如图 5.11 和图 5.12 所示的钢弦式渗压计已广泛用于世界各国的大坝监测，并因长期稳定性和可靠性而赢得了极高的声誉（Bordes et al.，1985；McRae et al.，1991；Choquet et al.，1999）。将感应膜片与钢弦耦合，用电磁线圈拨动钢弦并读取数据。钢弦式渗压计有多种样式可供选择，包括可用于小孔径测压管的小直径型号，用于土坝的配铠装电缆的重载耐用型以及用于填土或钻孔中的标准型。

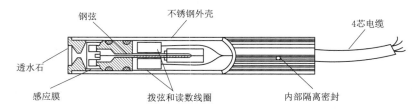

图 5.11　钢弦式渗压计示意图

来源：ASCE Task Committee on Instrumentation and Monitoring Dam Performance（2000）

钢弦式渗压计的优点是具有长期稳定性，并且频率信号通过长电缆传输不失真。此外，钢弦式渗压计还可以用于开敞式测压管、分区回填和全孔灌浆等各种情形。钢弦式渗压计在测量快速变化的压力（例如地震效应）的动态性能方面存在一定局限性，这方面的性能随着新的数据采集仪的发展而有所提高。钢弦式渗压计易受雷击而损坏，但这方面比电阻应变式渗压计要好一些。大多数厂家生产的渗压计中都内置了防雷组件（放电管），以提高其可靠性。

5.3.1.7　光纤渗压计

光纤渗压计内置了微电机传感器（MEMS）或微光机传感器（MOMS），其信号由光缆传输。这种仪器通常采用不锈钢管外壳，并采用陶瓷或不锈钢制成的滤芯料与环境隔离。光纤渗压计的外壳通常为管状，典型直径为 0.3～0.8in（8～20mm），典型长度为 2.2～4in（55～100mm）。光纤渗

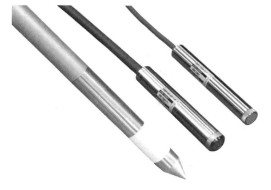

图 5.12　钢弦式渗压计（标准型、重型和驱动点型）
来源：RST 仪器公司

压计在岩土工程领域属于相对较新的仪器，迄今为止应用还不广泛，而且价格偏贵。采用 Fab-ry - Perot 干涉测量技术的光纤渗压计如图 5.13 所示（Choquet et al.，2000）。

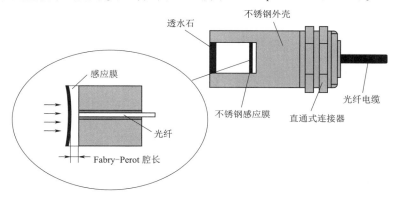

图 5.13　基于 Fabry - Perot 干涉测量技术的光纤渗压计
来源：Roctest

光纤传感器的主要优点包括抗振动，防雷击以及不受无线电和电磁噪声影响。光纤渗压计可以在恶劣的环境中使用，包括在气态环境中，其光信号传输几千米后的损失很小。因此，可以考虑将它们接入自动化数据采集系统（ADAS）。光纤渗压计预期具有良好的长期稳定性，但仍然很少有案例能支持这种说法。光纤渗压计的结构简单，零件数量少，传感器的成本在将来有望降低。随着进一步的研究和大量应用，光纤传感器读数仪的成本也将存在类似的趋势。与具有相同的机械强度和防水性能的光缆和铜电缆相比，光缆已变得更便宜。

5.3.1.8　石英压力传感器

石英晶体的共振频率与施加到其上的压力存在函数关系。多个厂家提供基于此性质的潜水式石英压力传感器。石英压力传感器主要用于大坝监测的库水位测量。这些仪器具有非常高的准确度和精密度，但是通常比之前介绍的其他类型的渗压计更昂贵。

5.3.1.9　单孔多渗压计

有时需要利用同一个钻孔安装多支渗压计。这对于一般的测压管和分区回填式渗压计可

能很困难。每支渗压计测头周围都需要包裹砂袋。此外，还需要用膨润土灌浆或其他不透水材料来密封测头之间的区域，使测头彼此隔离。目前有多种安装方法，并且有专用设备将一定量的密封材料放置在适当位置（Dunnicliff，1993）。不透水的防水塞的长度必须超过土体的缺陷或岩石的节理的尺寸，使得水能绕过防水塞流动。图 5.14 显示了在同一钻孔中安装的多个渗压计，为简化安装也可以在多芯电缆上安装多个渗压计，如图 5.15 所示。

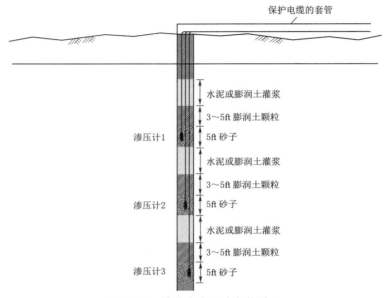

图 5.14　单孔多渗压计安装详图

来源：AECOM

全孔灌浆的渗压计。全孔灌浆的渗压计的优点是，易于在同一个钻孔中安装多个孔隙水压力测量装置。仪器周围的灌浆可有效隔离各地层。除孔隙水压力测量装置外，在钻孔中还可以安装其他类型的仪器，如测斜仪。全孔灌浆的渗压计已成为单孔多渗压计最常见的安装形式，其细节与图 5.14 相似，但全孔都要灌浆。

韦斯特贝（Westbay）系统。韦斯特贝系统如图 5.15 所示，由护管、接头和永久安装在钻孔中的独立充气的止浆塞组成。止浆塞将接头与周围隔离。测量端口接头设置了阀门，通过放入管内配备压力传感器的有线探头进行定位和测量。该测量端口可用于地层流体压力测量、水力学测试或地层流体采样。

滑铁卢（Waterloo）系统。滑铁卢系统由一套特殊的双层止浆塞组成，止浆塞与防水护管相连，如图 5.16 所示。止浆塞遇水会化学膨胀，并永久保持膨胀状态。取样端口可连接到护管内的压力传感器（Solinst，1997）[1]。

5.3.2　渗流量和水位

为得到通过大坝坝体、坝基或坝肩的渗漏量，应进行渗流量的测量。水的透明度和水

---

[1]　原文误为 2015——译者注。

质也需要关注，因为浑浊度高表明有物质从大坝或坝基析出，这会增加管涌导致大坝失事的可能性。流量通常使用水位观测设备进行间接的测量。本节中介绍的渗流测量设备，包括标定的容器、帕氏量水槽和量水堰，着重于流量监测。在大坝工程中的应用主要包括渗漏汇集槽、坝趾排水出口和河道的流量监测。通常认为对于大坝性态监控，流量监测达到加仑❶级准确度就可以了。本节还介绍了各种液位测量设备，用于测量水库水位，还可以通过测量水槽或堰箱中的水位来间接计算渗流量。

5.3.2.1　渗流量测量

标定的容器。测量渗流量最简单的方法是使用秒表来测量充满已知体积的容器所需的时间。将容器体积除以充满容器所需的时间，就可以得到流量。

帕氏量水槽。帕氏量水槽常用于测量明渠中的流量，其槽体为特殊的水渠形状断面，如图 5.17 和图 5.18 所示，可控制水流表面形成一定坡度。在两个位置使用静水井测量水面高程，然后可以基于两处静水井中水面高程差来计算流量。

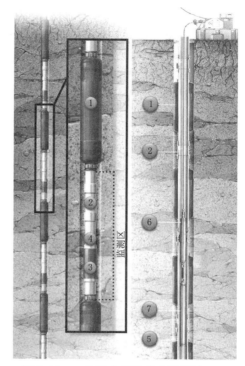

图 5.15　一钻孔中安装多个渗压计——
韦斯特贝（Westbay）系统

来源：韦斯特贝仪器公司（Westbay Instruments）

1—止浆塞；2—测量端口；3—泵送端口；4—中进出管；
5—密封连接；6—取样器探头；7—样品容器

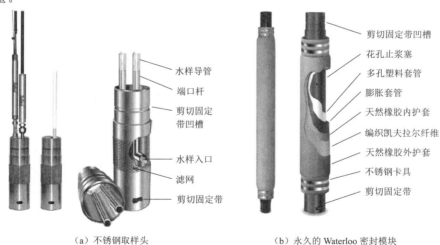

（a）不锈钢取样头　　　　　　　（b）永久的 Waterloo 密封模块

图 5.16　一钻孔中安装多个渗压计——滑铁卢系统

来源：Solinst Waterloo Systems

---

❶　1 加仑（gal）＝3.785L，美制——译者注。

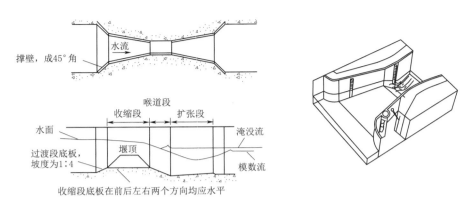

图 5.17　帕氏量水槽示意图

来源：ASCE Task Committee on Instrumentation and Monitoring Dam Performance（2000）

图 5.18　帕氏量水槽

来源：AECOM

　　水位通常利用固定在静水井或量水槽壁上的水尺进行测量。还可以使用超声波液位传感器、起泡式测量系统和浸没式压力传感器来测量水位。这些传感器将在本章的其他部分中介绍。多种传感器可接入数据自动采集系统。帕氏量水槽的优势在于其结构简单，维护成本低，使用寿命长，自冲刷设计以及可接入数据自动采集系统中进行连续实时的观测。

　　量水堰。量水堰常被用来测量渗流量，如图 5.19 和图 5.20 所示。在低流速下，量水堰比帕氏量水槽性能更好，精密度更高。量水堰的形状可以是正方形、梯形或三角形。量水堰的形状和大小主要取决于要测量的流量大小。水的深度通常用安装在量水堰附近的水尺测量。为了获得最佳准确度，将通气管连接至堰板的下游侧（图 5.19 中未显示），以确保水舌下方的部位通气充分。在堰板的底部可设置冲洗口，并设置上游挡板以稳定水流流态。但量水堰可能会有泥砂淤积，或被藻类或漂浮物堵塞，需要定期进行维护和冲洗。量水堰盖板可以有效地控制藻类的生长。图 5.19 还显示了使用钢弦式力传感器自动读取水位的装置。

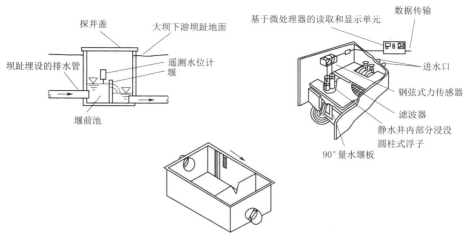

图 5.19　三角量水堰示意图
来源：ASCE Task Committee on Instrumentation
and Monitoring Dam Performance（2000）

图 5.20　三角量水堰
来源：AECOM

对于较大的流量，可能需要矩形或梯形堰，如图 5.21 所示。

河道流量计。河道流量站通常用于监测大坝及其他结构的入流和出流，以校验坝趾位置的水文预测结果。大坝结构下游的河道流量计可用来监测水库意外下泄，在河道流量出现异常峰值时可自动触发警报。结构上游的流量计用于监测入流流量的变化，以便在输水时能采取主动应对措施。美国地质调查局（USGS）管理河道流量数据网站，公众可以在其网站上访问这些数据。工程业主可以在自己的工程附近安装流量仪表。美国地质调查局在其《美国地质调查局水资源调查技术手册》的第 8 章 "流量站的流量测量" 中提供了有关流量测量的指南。

河道流量计的测量需要使用水尺来测量河流的水位，并对测站所在的横截面建立水位与流量的关系。

流速测量。市场上可以买到几种直接测量管道流量的仪器。各种流量计基于不同的传感原理和技术，包括毕托管流量计、螺旋桨式流量计、桨轮式流量计、电磁流量计、超声测速流量计、多普勒流量计、科里奥利质量流量计以及涡流式流量计。它们作为一个测流单元出售，通常安装在特定尺寸的管节中并配置了信号调制和显示模块。各种流量计都有其特有的优缺点。较成熟的两种通用流量计是超声波流量计和涡流流量计。

如图 5.22 所示的涡流式流量计适用于较宽的温度范围，结构简单，耐用且无需维护，没有活动部件，也没有和水相接触的传感器部件。

图 5.21　矩形堰

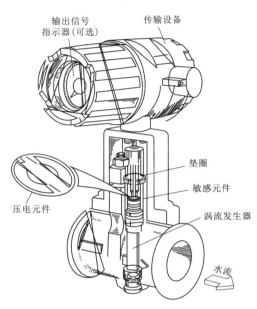

图 5.22　涡流式流量计

来源：ASCE Task Committee on Instrumentation and Monitoring Dam Performance（2000）

对于安装在管道上的流量计，如果是利用流速转换为流量（单位为 gal/min 或 L/min），则在测量时管道必须完全充满。但对于坝趾排水口之类的应用，由于其并不总是充满水，因此是具有挑战性的。这项要求适用于各种类型的流量计，不仅限于涡流式流量计。

流量计还可用于在明渠中测量流速（单位为 ft/s 等），但是必须知道渠道的尺寸和水深才能求得流量。对于断面已知的硬化渠道，采用水位测量技术确定水深可以得到流量。便携式流量计已被用于上述测量，但由于在整个水流截面中流速不均匀，因此准确度不太高。桨轮式或螺旋桨式流量计比非接触式或涡流式流量计需要更多的维护。

5.3.2.2　水位测量

所有的坝，无论大小，通常都需记录库水位和尾水位。计划外的尾水位快速上升或库水位快速下降与是否需要启动闸阀操作或应急预案（EAP）直接相关。水位测量方法有多种，通常设置静水井以减小波浪影响，在静水井中安装测量装置。水位监测仪器布置应远离溢洪道、发电站，以及其他进、出口结构的水舌的影响。布置在大坝上下游用于库水位和尾水位测量的常用设备包括：水尺、浮子式系统、起泡式测量系统或浸没式压力传感器等。如前所述，水位测量设备还用于测量量水槽和量水堰的水位，以计算流量。

小量程压力传感器。小量程压力传感器可用于测量很小的流体深度。这种仪器的主要优点是准确度高，适用于测量小流量量水槽或堰中经常遇到的很小的流体深度。一只传感器测槽底或堰底的总压力，另一只传感器测量大气压力，由此计算净水压力，然后将其转换为水深。测量气压的传感器可以布置在槽顶或堰顶，也可以安装在外部。在某些情况下，大气压力需要通过电缆进行传输，要格外小心以防止电缆损坏。有多种压力传感器可满足各种压力（即流体深度）和准确度的测量要求。

钢弦式量水堰计。如图5.23所示的钢弦式量水堰计使用钢弦式力传感器监测量水堰上游的水位。其主要部件是悬挂在钢弦式力传感器上的圆柱形配重。圆柱体部分浸没在量水堰上游的水池中。量水堰前的水位与圆柱体上的浮力有关，直接反映在钢弦的拉力和振动频率上。量水堰前的水深可用作明渠流量方程的输入，以估算通过堰的水流量。

水尺。监测库水位最简单、最常用的设备是水尺，它可以安装在任何垂直表面上，可直接用螺栓固定在混凝土、木材或钢结构上。水尺通常也用于测量帕氏量水槽和量水堰中的水位。要求水准尺的刻度和标记耐磨，不易因日照褪色，不会生锈或发生其他形式的劣化。应仔细确定水尺的位置，使其便于观察并且水面高度读数准确。水尺所在位置宜不受水位波动影响。在寒冷的季节，可能需要保护裸露的水尺免受冰荷载损坏。

图5.23　钢弦式三角量水堰自动监测

许多装有自动水位传感器的水库、量水堰和量水槽也配备了水尺，以便肉眼检查自动读取的数据，并在电子系统发生故障时用作备用系统。此外，由于水尺的可靠性和准确度，许多监管机构经常要求设置可肉眼观察的水尺。经常使用人工水尺对自动水位传感器进行校验并做好记录是必要的，还应和远程控制中心或电厂的读数进行交叉检查并做好记录。

美国垦务局所使用的标准水尺见图5.24和图5.25所示。水准尺的最小刻度为0.01ft（5mm）。水尺采用的典型材料包括玻璃纤维、层压板、316型不锈钢或瓷釉涂层钢。水准尺结构很简单，但不能进行自动化，且必须加以保护以防冰和漂浮物损坏。

手动钢尺测量。用于库水位测量的钢尺通常是定制的，并且其刻度根据水库高程精确地加以标定。常见的布置是将钢卷尺卷在圆盘上并安装在立管的顶部。立管与库水连通，可减弱波浪影响。有些钢尺水位监测设备在钢尺上通上小电流低压直流电，通过内置的电压表指示是否与水面接触。为了测量库水位高程，将钢尺沿立管放下直到与水面接触（由电压表指示），再读取钢尺上的读数。

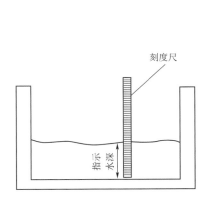

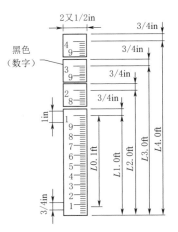

说明

采用18号（美制）金属材料，涂有厚实的瓷釉。水尺表面为白色，数字和刻度为黑色。刻度清晰，精确到所示尺寸。长度 L 代表水尺量程。任何长度的水尺均可采用类似的结构与刻度形式

图 5.24 　 标准水尺

来源：ASCE Task Committee on Instrumentation and Monitoring Dam Performance（2000）

浮子式系统。在典型的浮子式系统中，浮子系在链条上，链条通过链轮与配重相连，如图 5.26 所示。随着浮子的上升，链轮转动，带动笔在圆筒方格纸上画线或驱动用于电子测量的旋转编码器。前者的方格纸由小型电池供电马达或机械发条驱动。

图 5.25 　 量水堰的测量水尺

来源：AECOM

图 5.26 　 浮子式水位记录仪

来源：ASCE Task Committee on Instrumentation and Monitoring Dam Performance（2000）

起泡式测量系统。起泡式测量系统通常用于测量水库水位。关于这种系统，请参见本章前面的开敞式测压管部分。

浸没式压力传感器。水位可以通过使用浸没式压力传感器测量传感器安装高程之上的水头来测量。压力传感器通常安装在静水井中或顶部开口且延伸到水库的较深部位的立管中。静水井可消减大部分的波浪影响。电测传感器或钢弦式压力传感器需要进行防雷保护，在脏水中还可能结垢堵塞。传感器还可能发生腐蚀。需要的话，也可以采用具有较高的耐腐蚀性、全用钛制造的传感器。压力传感器可设置通气管以消除气压的影响，但必须防止水汽经通气管进入传感器。这就需要使用干燥剂胶囊，并应定期进行更换。也可以使

用非通气型传感器，但需单独测量大气压力。相对而言压力传感器比较脆弱，容易损坏。需慎重考虑仪器的安装位置，以避免撞击、漂浮物和环境影响而造成损坏的风险。图5.27 和图 5.28 显示了两种不同类型的传感器。

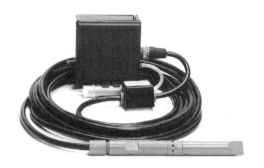

图 5.27　位于安全位置的传感器　　　图 5.28　浸没式压力传感器
来源：特乐岱因伊斯科公司（Teledyne Isco）

超声波和雷达感应技术。超声波和雷达是两种不同的电子液位传感方法，可用于连续测量液面的高度，可以是接触式（传感器与被测流体接触）或非接触式（传感器不与被测流体接触）。非接触式方法可能会因被测流体中存在泡沫或液体/液体界面（例如油水界面）而变得复杂。传感器可以连接到读数仪或自动采集系统。

最常见的接触式方法是导波雷达（GWR），也可以称为时域反射测量（TDR）或微脉冲雷达（MIR）。在导波雷达中，探头进入被测流体中，微波脉冲沿探头以光速向下发送。当脉冲到达气/水界面时，大部分微波能量会反射回发射机。该技术在表面不完全平坦的液体中应用效果很好，例如存在波浪的情况。压力和温度的变化也不会影响测量的准确度。该设备通常没有活动部件，并且几乎不需要维护。

有两种非接触式雷达液位感应技术（图 5.29）：脉冲雷达和调频连续波（FMCW）雷达。典型的测距范围约为 100ft。非接触式脉冲

图 5.29　罗斯福（Roosevelt）大坝的雷达液位传感器
来源：美国垦务局

雷达传感的原理是发出微波信号，该信号从液体表面反弹并返回到仪器，通过测得信号返回时间，机载电子设备可以计算到液面的距离。

调频连续波雷达也是向液体表面发送微波，并接收回弹的信号。但所发送的信号具有连续变化的频率。传感器中的电子设备计算发射和接收频率的差值，该差值与到液面的距离成正比。

超声波式传感器与非接触式雷达式传感器相似，不同之处在于前者的能量脉冲是超声波，因此能量以声速传播。声波传感器也是利用从液面反射回仪器的声波。声波传播的时

间与声波传播的距离成正比。已知声波传感器高程减去声波传播距离即得到液面的高程。该系统的优点是它位于液面上方，因此可抵达仪器安装位置进行维护。温度会影响脉冲的速度，但计算中可以利用传感器板载温度传感器的测值进行补偿。

在大坝工程中，液位传感器可用于实时连续测量和记录库水位。对于接触式传感器，可能需要设置防护罩或静水井，以防止漂浮物、波浪等损坏探头。非接触式传感器下方也可以设置防护罩或静水井，以最大程度地减少形成不平整水面的波浪的影响。该项技术还可用于其他需要自动测量水位或水深的仪器的组成部分（如量水堰计）。

5.3.3　水质

5.3.3.1　浑浊度

浑浊度是对光透过水柱时被悬浮颗粒散射的程度的度量。有多种浑浊度计可测量水的浑浊度。浊度计可用于探测从土石坝或坝基侵蚀出的材料的数量的突然或不那么突然的变化。

对于常规的如图 5.30 所示的浊度计，当沉积物粒径分布发生变化时，必须重新校准透光率与沉积物浓度的关系。对于高泥砂含量，采用更先进的浊度仪，可通过红外激光多角度散射（激光衍射）来获得悬移质颗粒的粒径分布，从而可以测量总悬移质浓度和悬移质平均粒径。

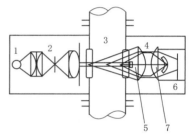

图 5.30　浊度计
来源：ASCE Task Committee on Instrumentation
and Monitoring Dam Performance（2000）
1—光源；2—光学镜片；3—被测工艺物料流；
4—聚光透镜；5—直射光信号检测器；
6—散射光信号检测器；7—光阱
注　空间过滤系统：聚光透镜 4 将从最靠近左侧窗口的区域散射的光发送到光阱 7，并将从右侧窗口附近散射的光发送到无限远处，散射光信号检测器 6 测得真正需要关注的区域的散射光，通过与直射光信号检测器 5 测得的直射光相比较，获得二者的比值。

5.3.3.2　其他水质参数

大坝水质分析通常用来间接评估大坝坝体、坝肩和坝基的状况。例如，渗透水的浑浊度的增加可表明存在内部侵蚀或管涌。在极少数情况下，水化学性质的变化可能表明渗水的路径发生了改变。渗水水质的变化通常表明需要使用其他更直接的方法进行仔细调查。

在大坝上最常见的水质测量项目包括：浑浊度、电导率（电阻率）、pH 值、总溶解固体（TDS）和盐度。当今使用的仪器通常是"多探头"仪器，如图 5.31 所示，该仪器可以同时进行多种参数的测量。当前市场上的水质仪能测量温度、溶解氧、饱和度百分比、电导率、盐度、电阻率、TDS、pH 值、氧化还原和深度。

这些参数可以通过组合的多探头仪器或单个仪器进行测量。水质仪通常配备有数字显示器，有的还具有可通过数据自动采集系统记录的模拟或数字输出。化学分析通常包括水样采集和实验室内试验。

5.3.4　应变

应变用来衡量固体材料的长度变化，定义为基本长度上的变化除以基本长度。应变是一个无量纲的值，通常以微英寸/英寸（μin/in）或微米/米（μm/m）为单位表示。这些单位通常称为"微应变单位"或"微应变"。

应变通常是所受应力或热弹性变形的结果。在土、岩石和混凝土中可能产生随时间变化的应变（蠕变），蠕变是在应力不变的情况下应变随时间增加的现象。由于通常很难直接测量到应力，因此通常是测量应变，然后使用胡克定律计算得到应力。胡克定律使用材料的杨氏模量（E）将应变（ε）与应力（σ）相关联起来（$\sigma = E\varepsilon$）。当然也有一些例外，在固体材料中可使用压力盒、应力计或刚性包体直接测量应力。

图 5.31　EXO1 多参数测量仪
（来源：YSI 公司）

用于应变测量的仪器通常称为应变仪或应变计。它们基于多种原理：有的是纯机械式，而有的则是电测式。

5.3.4.1　用于混凝土和土体的应变计

机械式应变计只能用于材料表面，如混凝土或岩石表面。机械式应变计采用两个相隔一定距离固定的基准螺柱和可移动千分尺测量两个螺柱之间的距离变化，其准确度通常为 0.004~0.0004in（0.01~0.001mm）。

电测式应变计可用于混凝土、岩石和土体的表面或内部的应变监测。最常见的是用于混凝土的光学和钢弦式应变计，被测的应变值通常不超过 1000 微应变，以及用于土体中的电位器或钢弦式仪器，被测的应变值更大（即几千个微应变）。后者通常称为土体变位计。

钢弦式应变计也可埋入混凝土中，如图 5.32 所示。钢弦式应变计的测量基长定义为

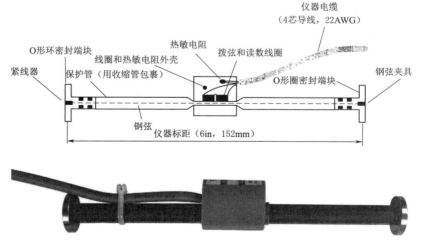

图 5.32　埋入混凝土中的钢弦式应变计
来源：RST 仪器公司

两端法兰之间的距离。通常建议该长度至少为最大骨料尺寸的 3～4 倍。因此，钢弦式应变计的制造长度通常为 4～10in（10～25cm），测量范围通常为±1500 微应变。

　　另一种常用于混凝土的埋入式应变计称为"姊妹杆"，如图 5.33 和图 5.34 所示。所谓的"姊妹杆"，是一节短而细的钢筋，通常为 3.28ft（1m）长，直径在 0.5～0.6in（12～15mm）之间，其中同轴安装了钢弦式应变计。"姊妹杆"与混凝土中正常的直径较大的钢筋平行安装，通常假定埋入混凝土中的"姊妹杆"的应变与大直径钢筋以及混凝土本身的应变相同。一般还假定小直径的"姊妹杆"对较大直径的钢筋附近的应变或应力状态的局部影响可忽略不计。

图 5.33　"姊妹杆"

来源：RST 仪器公司

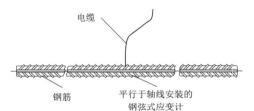

图 5.34　平行于大直径钢筋安装的
小直径"姊妹杆"

来源：ASCE Task Committee on Instrumentation
and Monitoring Dam Performance（2000）

　　图 5.35 和图 5.36 显示了用于测量土体中应变的土体变位计，在本章稍后关于沉降的部分中也将对其进行介绍。土体变位计由一根芯管组成，管中间部位有一个伸缩接头，管两端为法兰，法兰间的距离为仪器的基长。在芯管内纵向安装位移传感器、电位计、线性可变差动变压器（LVDT）或钢弦式位移传感器，将其与两端法兰相连，以测量法兰间的距离变化。当用于填筑体时，土体变位计的基长可以很长，通常为 40in（1m）左右，当然改为更大的基长也很容易。位移传感器的测量范围通常为 1～12in（25～300mm），但量程也可以更大。可以将多个土体变位计串接安装，以获得沿测量断面的应变分布情况。

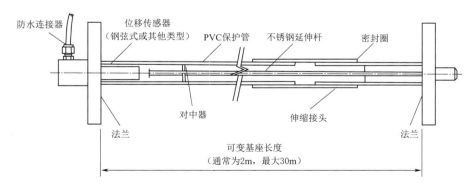

图 5.35　土体变位计示意图

来源：ASCE Task Committee on Instrumentation and Monitoring Dam Performance（2000）

图 5.36　土体变位计

来源：RST 仪器公司

5.3.4.2　应变计组

埋入混凝土的应变计可以单独埋设来测量某个方向的应变，也可以两向或多向应变计组的形式埋设，以确定主应变方向并获得两个或三个方向的全部应变状态。

在图 5.37 中，应变计组布置 A 型和 B 型适用于已知主应力是垂直和水平方向的较简单的情形。C 型和 D 型适用于确定平面内的应变状态。将三支应变计的测值代入基于莫尔圆的公式中，可计算得到平面内的两个主应变及其方向。

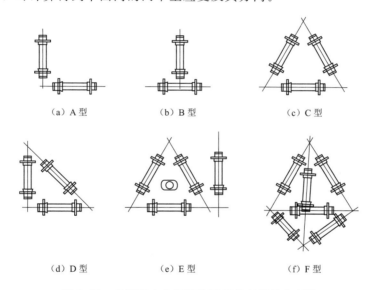

（a）A 型　　　　　　　（b）B 型　　　　　　　（c）C 型

（d）D 型　　　　　　　（e）E 型　　　　　　　（f）F 型

图 5.37　在混凝土中安装玫瑰花状布置的应变计

来源：ASCE Task Committee on Instrumentation and Monitoring Dam Performance（2000）

E 型与 C 型和 D 型类似，不同之处在于，增设一支应变计，与其他三支应变计布置在同一平面上。采用这样的冗余配置，可在其中一支应变计发生故障的情况下，仍然能够确定两个主应变及其方向。此外，如果垂直测量主平面的方向确定为主应变方向，可垂直于测量主平面安装第五支应变计。一般大坝的几何形状或估计的荷载方向使得设计工程师清楚地知道某个方向是主应变方向，例如接近大坝外表面的应变应为零就是如此。F 型布置有六个不同方向的应变计，安装成金字塔形。在不知道应变主方向时多使用此构型。六个应变测量值可用于计算得出给定位置的全部应变状态，即三个主应变及其方向。

5.3.4.3　无应力计

通常，在埋入混凝土的应变计附近宜埋设一个或数个无应力计，其目的是得到混凝土水化引起的应变而不是混凝土实际荷载产生的应变。在混凝土养护的前 28d 中，二者区别最明显，更长时段下二者的差别可能也很显著，尤其是在水泥[1]用量多、水化热持续时间超过 28d 的大坝中。

不埋设无应力计的一种替代解决方案是简单地取混凝土浇筑 28d 后的应变为基准零应变。但这样做可能有风险，可能由于施工进度快，在 28d 之内应变计所在位置已承受了较大的荷载。

图 5.38　无应力计的隔离容器
来源：RST 仪器公司

无应力计的结构并不复杂，实际上它是安装在四周带衬垫的容器中的常规应变计，衬垫起到隔离外部荷载的作用。图 5.38 显示了无应力计的隔离容器（桶）。

无应力计安装的位置通常在埋入式工作应变计附近但有适当的距离，以免改变工作应变计周围的应力场。首先将无应力计桶牢固地连接到支架上，使其在混凝土浇筑过程中不会移动。然后，用工作应变计埋设位置相同的混凝土填满无应力计桶。无应力计桶内的混凝土与外部浇筑混凝土经历相同的水化过程，但是因为衬垫的隔离，内部的无应力计不会受到工作应变计所承受的荷载作用。

从工作应变计的读数中减去最接近的无应计读数，可获得混凝土中的真实荷载应变。通常，受混凝土浇筑后最初几天水化热影响，无应力计的应变会显著增加。尽管水化作用可以持续数月甚至数年，但几周后应变速率就会降低并稳定下来。因此，从常规应变计的读数中减去无应力计的读数是恰当的做法。这种做法的一个优点是，可消除钢弦式传感器中温度修正系数引起的误差（钢弦式应变计的热膨胀系数为 $(5 \sim 10) \times 10^{-6} / ℃$[2]，与混凝土接近）。

5.3.4.4　分布式光纤应变测量

分布式光纤应变测量可以测量沿长光缆（长达数英里）上的多点的应变。该技术利用了光纤内信号对温度和应变的敏感性。简而言之，将光纤布置在待监测介质上，将已知波长的光脉冲送入光纤中。一小部分光脉冲在光纤的各个点处发生散射。散射光的性质随光纤温度和应变的局部变化而改变。对返回的散射光进行时域和频域分析，从而确定应变和温度，最终得到沿光纤的应变和温度分布。

该技术基于光纤内发生的三种类型的散射：拉曼散射、瑞利散射和布里渊散射。拉曼散射是非弹性的，是受热激励的分子振动导致的光散射，可测量光纤内的温度。当光由于光纤的折射率变化而在所有方向上发生弹性散射时，就会发生瑞利散射。局部应变和温度变化会导致光纤的折射率发生改变。布里渊光学时域分析是发射声波或引入两个反向传播的光波进行的，这些光波的频差等于布里渊频移。利用短光脉冲的传播时间可计算沿光纤

---

❶　原文误为混凝土——译者注。

❷　原文中为 5～10℃，有误——译者注。

方向的局部应变变化。

　　与应变计相似，应变传感光纤必须牢固地附着在被测介质上或嵌入到被测介质中，以确保光纤的应变与被测介质的应变相近。特种光纤能提供更高的抗压破坏和更有效的防鼠咬性能，可用于地下、海底和隧道等环境。

　　该技术能使用单个传感器精确地测量沿长纤维的多点应变和温度。一根光纤可以替代数千个离散传感器，减少了安装和维护时间，并降低了成本。与人工测量传感器相比，全套光纤测量可以在数分钟内完成，可降低成本。

　　与光纤测量系统的性能有关的术语包括测量距离、空间分辨力、采样间隔、测距精密度、测量不确定度以及测量分辨力或不重复度。

　　测量距离是在给定的性能指标下系统可以测量的最大距离。光纤测量距离可长达数千米。

　　空间分辨力反映系统能准确测量具有不同温度或应变的两个相邻位置的能力。系统能够以 100% 的精度测量间隔距离大于系统空间分辨力的温度或应变。间隔距离小于最小空间分辨力的温度或应变将无法完全准确地测量。光纤测量技术可以达到 20in（0.5m）量级的空间分辨力。

　　采样间隔是光纤上相邻两个测点之间的距离，由光纤全长的测点数决定。对于光纤测量，采样间隔可做到约为 4in（0.1m）。

　　测距精密度是测点位置的精密度，对于光纤测量，约为 39in（1m）量级或更小。

　　分辨力是系统能够分辨的最小值或其变化。分辨力与测量准确度无关。当前的测量技术可达到的温度分辨力约为 0.1℃，应变分辨力为 1～2 个微应变。光纤测量温度技术的分辨力也类似。

　　光纤技术在大坝工程中的潜在应用包括测量混凝土坝受拉面的应变，这只需将一根光纤穿过不同高度安装在在坝面上即可。其他的应用还包括：混凝土坝的温度测量，特别是在混凝土养护早期阶段的水化放热的峰值阶段；沿隧道和管道的应变测量；以及在关键运行期间（例如大坝首次蓄水或库水位超过设计水位时）的实时挠曲应变测量。

　　Inaudi 和 Glisic（2006）介绍了光纤传感技术在鲁宗内大坝（Luzzone Dam，位于瑞士）混凝土加高 56ft（17m）以及普拉威努大坝（Plavinu Dam，位于拉脱维亚）沥青接缝的温度监测中的应用案例。

5.3.5　应力和荷载

　　不同于通过先测量应变，然后乘以弹性常数来计算应力的方法，直接测量承载力或荷载应力的最常见形式的仪器包括：应力包体、土压力计和扁千斤顶。压力盒用于测量长期荷载。

5.3.5.1　应力测量

　　应力包体。应力包体用于测量岩石或混凝土的应力变化，可以测量作用在弹性岩石和混凝土上的应力。应力包体由一个刚性钢环和一根沿直径方向的钢弦组成，如图 5.39 所示。通过专用安装工具将应力包体楔入小孔径的钻孔中，钻孔直径通常为 1.5in（38mm），该工具可用于 65ft（20m）或更大的深度。楔子置于钢环一侧，而在直径的另一侧设置了荷载传递垫。楔入的应力包体监测钻孔直径在平行于直径方向的变化。

实验室测试表明，钢环的壁厚足以使楔入的包体表现为刚性包体。换言之，假设被测介质的杨氏模量在岩石和混凝土的常用值范围内，钢环的刚度足够高使得其直径的变化与周围介质中的应力变化关联起来。市面上的应力包体可与适应不同的低模量或高模量的岩石和混凝土荷载传递垫一起使用。也有适用于不同类型材料的确定应力变化的相关性曲线。

可代替刚性包体的仪器为与其设计类似但壁厚较薄的应变计。应变计也沿直径方向布置钢弦，但作用类似于软包体，用于测量因围岩

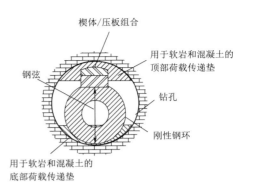

图 5.39　钢弦式应力包体示意图

来源：ASCE Task Committee on Instrumentation and Monitoring Dam Performance（2000）

应力变化而导致安装孔的直径变化。根据测得的应变和弹性介质中圆孔变形公式计算应力变化。

总压力盒和混凝土应力计。总压力盒通常用于测量填土内的压力或填土与混凝土结构间的压力。总压力盒也称为土压力计，有两种类型：膜感应式压力计或液压式压力计。外界土体和填土施加的外部压力使得膜感应式压力计四周由钢环支撑的环形钢盘挠曲变形。在钢盘内侧安装一个应变计（钢弦式或卡尔逊式电阻）测量其挠度。膜感应式压力计最适合膜片上应力均匀，无点荷载或局部拱形效应的情况，不太适合用于土石坝中的土压力监测，因为填土的粒度和压实度的变化可能会导致荷载不均匀。

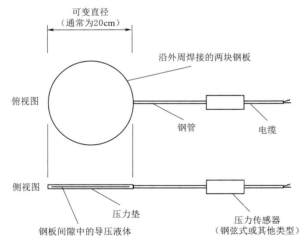

图 5.40　液压式压力计示意图

来源：ASCE Task Committee on Instrumentation and Monitoring Dam Performance（2000）

液压式压力计通常首选用于土石坝，因其受不均匀荷载影响较小，其原理图如图 5.40 所示。液压式压力计由两个直径为 8in（20cm）或更大的环形薄钢板沿周边焊接在一起，钢板间的缝隙较小，不超过约 0.008in（0.2mm），内部充满导压液体，例如油或乙二醇，以形成"压力垫"。压力垫通过同样充满导压液体的钢管连接到钢弦式或其他原理的压力计上（图 5.41）。作用在填土或混凝土中垂直于压力垫的方向的应力通过钢板传递到导压液体，进而由压力计测量。

液压式压力计可以埋入填土、岩石或混凝土中。后者通常被称为混凝土应力计，其形状可能是矩形而不是圆形。通常认为压力计测得的压力即等于作用在压力垫上的应力。尽管理论上没有问题，但经验表明，在土压

力计的设计及安装中，必须采取多种保障措施上述说法才能成立。

图 5.41   配有钢弦式压力传感器的液压式压力计
来源：RST 仪器公司

压力垫在所测应力方向上的刚度应与所埋入的介质的刚度大致相同。尤其是压力垫的刚度不应低于介质的刚度太多，否则土体会出现拱形效应，导致应力传递到压力计周围而不是作用在其上面。为此，制造商可改变钢板之间的距离，以增加或减小液体的厚度，从而改变压力计的整体刚度。对于埋入填土中的压力计来讲，其刚度不是大问题，但对于弹模较高的岩石或混凝土则非常重要。

安装时要注意压力计周围填土的压实质量。土压力计读数难以准确解读的原因是传感器周围土体的压实效果差或压实程度与大坝其他地方用机械化设备的压实程度不同。因此，必须在土压力计附近使用便携式压实设备。即便如此，仍需实现与机械设备相同的压实度，应通过适当的压实质量控制测试对其进行验证。尽管有完善的施工工艺，压力计也经常会出现奇怪且错误的读数。

如图 5.42 所示，土压力计通常成组埋设，在同一位置最多安装五支土压力计。安装时，最好的做法是准备好压实的平整表面，再按压力计的安装角度开挖出倾斜面，然后放置压力计，用原来的填土材料回填并压实（ISRM，1981）。

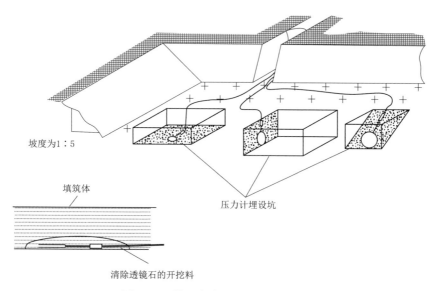

图 5.42   填土中成组埋设的土压力计
来源：ASCE Task Committee on Instrumentation and Monitoring Dam Performance（2000）

对于混凝土应力计，主要是要确保在混凝土养护和收缩后恢复压力垫与混凝土之间密切接触。为此，在制造混凝土应力计时配备了充液加压管。安装后保持加压管末端伸出混凝土。待混凝土养护完成后，利用加压管逐渐加压，将液体挤入压力计，使压力垫发生膨胀，直到与混凝土恢复完全接触为止。重新恢复接触后压力传感器会显示压力增加。

扁千斤顶。扁千斤顶是可以用液压油加压的薄囊结构。开槽插入扁千斤顶并进行接缝灌浆，可以确定原位应力、变形和抗压强度。扁千斤顶已经在岩石和已建结构（如砌石建筑和混凝土坝）的现场试验中应用了数十年。该方法首先将混凝土切槽，然后测量切槽处的位移。接下来将扁千斤顶插入槽中，如图 5.43 所示。当切槽恢复至原来的宽度后，利用油压千斤顶测值估算应力。

5.3.5.2　荷载测量

压力盒常用于测量大坝坝体、坝基和坝肩加固的固定装置、锚钉、后张锚索和锚杆中的长期荷载。荷载的增加被视为是岩体位移或大坝与坝基之间的位移（即稳定性降低）的表征，而荷载的减小可能表示锚固结构滑移，需要重新张紧加载构件，典型的压力盒结构如图 5.44 所示。压力盒有时也用于测量桩端和结构构件之间的荷载。压力盒主要采用电阻应变计传感器和钢弦式传感器，较少采用液压式压力盒。

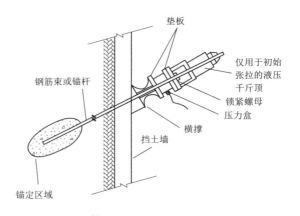

图 5.43　扁千斤顶测量装置　　　　　图 5.44　锚杆上典型压力盒结构

来源：ASCE Task Committee on Instrumentation and Monitoring Dam Performance（2000）

压力盒。

电阻式压力盒。最常见的应变计压力盒类型是环形电阻式压力盒，如图 5.45 所示。应变计粘贴在承重环或圆柱体的外侧，并用密封的保护盖保护。通过将应变计布置在剪力梁的一侧，可以得到更高的准确度（末端效应影响小），后者的另一个优点是高度可以更小。

可以将电阻应变计连接组成惠斯通全桥网络。这样做的优点是可以结合所有应变计的结果，对偏心和/或不均匀荷载自动进行均化。

通过使用遥测技术可最大程度地减少电缆的影响，也可以获得更高的准确度。应变计上的输入电压可能会因温度变化、接触电阻变化、电缆接头和其他因素引起的电缆电阻变化而波动，进而改变输出电压。遥测通过使用另一对芯线直接测量压力盒处的输入电压，从而可以消除这一问题。使用读数仪可以测量输入电压与输出电压的比值。

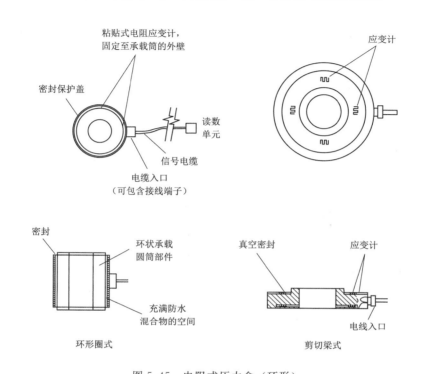

图 5.45　电阻式压力盒（环形）

来源：ASCE Task Committee on Instrumentation and Monitoring Dam Performance（2000）

钢弦式压力盒。典型的钢弦式压力盒如图 5.46 和图 5.47 所示。在环形柱壁中心钻孔布置三个或多个钢弦式应变计。测量荷载时，必须分别读取每个应变计测值并汇总读数。在实践中，由于偏心和不均匀荷载，通常各个传感器的输出差异很大。在极端情况下，一

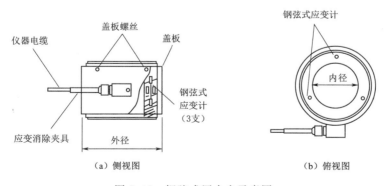

图 5.46　钢弦式压力盒示意图

来源：ASCE Task Committee on Instrumentation and Monitoring Dam Performance（2000）

个或多个传感器可能会超量程直至不能给出读数。尽管可以使用集线器，多个传感器增加了读取难度。集线器可自动在传感器之间轮询，并在读数仪上中显示平均值或读数值总和。数据采集仪使用更多的通道，使读取多个传感器的难度大大降低。钢弦式压力盒的长期稳定性好，可用于进行长达数年的荷载监测。

液压式压力盒。如图 5.48 所示，液压式压力盒中两块钢板沿周边焊接在一起，钢板之间留有缝隙以填充液压油，施加的荷载挤压钢板，在液压油中形成压力，该压力由带有刻度盘显示的包尔登管压力计和/或电子压力传感器测量。包尔登管压力计的准确度和精度远低于压力传感器。另外，刻度盘必须清晰可见。在某些情况下，直接从刻度盘读取荷载测量值是有利的。

图 5.47　钢弦式压力盒

来源：RST 仪器公司

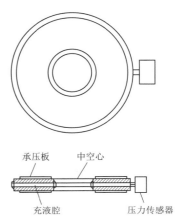

图 5.48　液压式压力盒

来源：ASCE Task Committee on Instrumentation and Monitoring Dam Performance（2000）

设计中应注意的问题。压力盒通常为环形或圆柱形。环形压力盒的内径需与锚钉、锚杆或锚索束尺寸相匹配，外径需大到足以提供必要的承载力。大坝中剪力梁形式压力盒较少采用。

超量程能力。由于偏心载荷的可能性很高，因此锚杆上压力盒的设计使最大设计载荷下的应力不超过材料屈服应力的 25%（对于钢弦式压力盒为 15%，如果荷载过大，可能会导致一个或多个钢弦式传感器完全松弛并不能读数）。

材料。用于压力盒的材料具有高强度和高弹性模量。采用的典型材料是高强度钢和铝合金。钛压力盒已测试成功，但用得不多。

高度。较短的环形或圆柱形压力盒受端部影响更大。因此，压力盒在满足空间约束和不发生屈曲的条件下应尽可能长。通常总的高宽比在 1：1～2：1 之间。对于环形压力盒，环壁的高宽比通常在 4：1～6：1 之间。

特殊的结构设计（例如剪力梁类型）允许在不降低准确度的情况下缩短高度。对于给定的承载力，这种类型的压力盒具有较大的直径。

温度影响。对于钢弦式压力盒，传感器的材料与压力盒本身的材料匹配，两者的热膨胀系数一致，因此钢弦式压力盒的温度影响达到最小。对于带有电阻应变计传感器的压

力盒，使用带温度补偿的惠斯通电桥可自动对温度影响进行修正。对于液压式压力盒，温度变化会导致液压油膨胀和收缩，对荷载读数可能有一个较小的影响。

防水性。压力盒应具备浸没水中仍能工作的能力。压力盒采用气密密封或 O 形圈密封。必须特别注意电缆入口密封套部位，即使电缆护套被割断或损坏，也应能防止水进入压力盒。有时将压力盒封闭在填满油脂的盒子里，以获得额外的防水效果。

电阻式压力盒需要最严格的防水技术，因为一点点水渗入电路都将使压力盒失效。钢弦式压力盒可以适当放宽。钢弦式传感器本身是完全密封的，并且由于其输出的是频率而不是毫伏级的电压变化，因此相对来说，基本不受线路或接头湿气侵入的影响。

输出非电信号的液压式压力盒最不容易受湿度影响。如果使用包尔登管压力计，则必须耐腐蚀。宜采用甘油填充的不锈钢制造的类型。

安装。

垫板。荷载通常通过在压力盒两端的垫板施加到压力盒上，垫板必须足够大，以覆盖压力盒的整个承压面。压力盒承压面表面平整度比光洁度重要：只要垫板平整，承压面表面光洁度达到 $160\mu m$ 就足够了。

电阻式或钢弦式压力盒的刚度较大。因此，垫板的翘曲变形会导致压力盒受压不均匀，引起严重的校准误差。用冷轧钢板切割的钢板经常是翘曲的，如果在钢板上进行焊接，则翘曲会更大，因此，最好在切割或焊接后对压力盒的承压面进行平整加工。

如果承载结构的表面不平整，垫板可能发生翘曲。出现这种情况时，应使用速凝水泥或环氧树脂或可变形材料（例如硬橡胶或塑料板）使表面变平整。如果使用可变形材料，则需要在实验室进行校准。如果承压面不平行，需使用球形座或楔形垫片。

校准。校准在很大程度上取决于加载方式。在实验室中，荷载是通过平整、平行的压板均匀施加的。在现场，荷载通过既不平整也不平行的表面以及液压千斤顶施加，由于与压力盒的尺寸不匹配，液压千斤顶可能导致承压板包裹在压力盒上或被挤入压力盒中间。可使用球形底座、润滑层或诸如铜或塑料之类的可变形材料的薄片使加载更均匀。即便如此，这些因素还是会影响校准，导致现场的荷载值与实验室校准测值相差可能多达 20%。为避免这些问题，建议在实验室也采用与现场相同的垫板和千斤顶来模拟现场条件，或者使用尺寸与千斤顶相同的钢环。

5.3.6 温度

温度测量在大坝性态监测方面可发挥多种作用。本章中介绍的仪器许多在其内部均配有温度传感器，可对仪器的输出量进行温度修正。混凝土坝的变形与自身的热膨胀系数直接相关。温度变化将造成混凝土坝及其附属结构发生转动和平移，这些温度变化源于与大坝接触的库水和空气的热传递以及混凝土外露面的太阳辐射热。

各种温度测量设备见表 5.2。施工期间在混凝土坝内埋设温度测量设备有几个原因。浇筑过程中监测混凝土的温度可显示其硬化速度和冷却效果，特别是当设计中采用了冷水水管或加冰进行冷却降温时。当混凝土冷却至封拱温度，接缝张开具备灌浆条件时，对拱坝的收缩缝进行封拱灌浆。对重力坝进行收缩缝灌浆也可能需要了解坝体内部的温度。将温度与结构的性态联系起来有助于理解其季节性变形。

应变计和温度传感器相结合，除了能测量混凝土的温度外，还可对应变进行温度修正。温度传感器还可应用于确定堆石体、坝基和混凝土坝发生渗漏的位置。渗压计中内置的温度传感器（热敏电阻）可监测相对库水温季节性的变化的响应时间，进而探查堆石体和水库渗流路径的连续性。

表 5.2　温 度 测 量 设 备

设备类型	应用位置及方式	相对准确度	设备是否可互换	信号调制方式
热敏电阻	①仪器内置，用于温度补偿 ②土石坝渗流路径探查	中	是	两线制电阻测量
电阻温度探测器（RTD）	①混凝土坝施工期及长期监测 ②仪器内置，用于温度补偿	高	是	四线制电阻测量或四分之一补偿电桥
卡尔逊式仪器	混凝土坝施工期及长期监测	中	否	四线制电阻测量或补偿半桥
热电偶	碾压混凝土坝的施工期监测	低	是	低电平电压与合适的热电偶基准结

最常见的温度传感器包括热敏电阻、电阻温度探测器（RTD）、卡尔逊式仪器、热电偶，另外钢弦式和集成电路温度传感器也有使用，但使用频率较低。表 5.2 中列出了各种温度传感器的典型应用、相对准确度、可否与具有相同零件号的设备互换而不需进行专门的校准，以及测量时所需的信号调制方式。

每种通用类型仪器都有不同准确度的设备可供选择。表 5.2 中列出的设备准确度是相对准确度，但每种通用类型的设备均有其固有的准确度限值。

5.3.6.1　热敏电阻

热敏电阻如图 5.49 和图 5.50 所示，其突出的特征是电阻温度系数大、灵敏度高，该特征使热敏电阻的输出量易于使用二芯线连接的标准欧姆表电路进行测量。在环境温度下，热敏电阻的名义电阻比引线电阻高，且温度变化引起的电阻变化也大，因此引线的初始电阻和温度系数的误差贡献通常是不大的。热敏电阻的另一个特征是无需特殊的信号调制电路，增加了其鲁棒性和经济性。

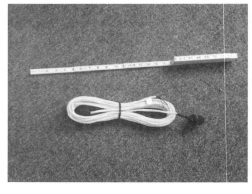

图 5.49　热敏电阻

图 5.50　混凝土坝内埋设的热敏电阻

表 5.2 表明，具有相同零件号的热敏电阻可互换，其相对准确度为中等。这意味着对

于特定的热敏电阻型号，基本上均具有给定的准确度规格（0.18°F、0.19°F、1.8°F 或 0.1℃、0.5℃、1.0℃），不必再单独校准以达到厂家规定的准确度。钢弦式渗压计的厂家通常在渗压计中内置热敏电阻，以测量周围地下水的温度或与对仪器读数进行温度修正。热敏电阻的成本非常低，并且渗压计厂家不必进行温度校准即可标注热敏电阻厂家给出的温度准确度，因此对于这种情况热敏电阻是很理想的设备。

图 5.51　多测点热敏电阻电缆

多个热敏电阻也可以装配在同一根多芯电缆上，如图 5.51 所示。这种多测点热敏电阻电缆也称为热敏电阻串。最近开发成功的数字热敏电阻串，可在一根 4 芯电缆上安装多达 256 个热敏电阻节点。

5.3.6.2　电阻温度探测器（RTD）

RTD 是通过测量材料的电阻来监测温度变化的设备的总称。RTD 这个术语可能引起一定的混淆，因为可以合理地假设任何具有稳定电阻温度关系的设备均称为 RTD。然而，在业界 RTD 通常基于缠绕在陶瓷芯轴上或激光喷射在陶瓷基底上的金属。RTD 在制造过程中经过精密控制，在参考温度下具有特定的电阻。金属的纯度影响其特性和长期稳定性。

在本节介绍的 4 种测温设备中，RTD 的准确度是最高的。相对其他温度传感器，铂 RTD 具有极佳的可互换性，其量程也适用于任何大坝监测应用。铂 RTD 还具有很好的长期稳定性。它的主要缺点是因其信号调制对自动测量系统的需求使得监测系统的价格较为昂贵。与热敏电阻不同，RTD 的电阻相对较低，必须消除引线电阻引起的误差，可通过采用对引线电阻进行补偿的桥接完成电路或四线制电阻测量来实现。对于上述两个信号调制方式，对每个 RTD 均需要一个以上的 2 芯数据记录仪测量通道或者传感器上应有信号调制电子电路。

5.3.6.3　卡尔逊式仪器

卡尔逊式仪器同时测量温度和应变，在混凝土坝中已经应用多年。相对于粘接式电阻式应变计，卡尔逊式仪器的应变测量范围更大。过去大多数混凝土坝建设中使用卡尔逊式仪器，如今更倾向于安装钢弦式应变计。然而在发展中国家，特别是在本地工业能以较低的价格生产仪器的地方，许多新建大坝仍在使用卡尔逊式仪器。

与上节介绍的 RTD 相同，卡尔逊式仪器采用镍铬合金丝，具有相对稳定的电阻温度系数，但是不如铂稳定。此外，卡尔逊式仪器没有设置成在特定的参考温度下具有特定的电阻。为了将卡尔逊式仪器用作温度传感器，每支仪器都提供了温度校准常数。因此，需要修改数据处理过程中使用的校准常数，卡尔逊式仪器在数据记录系统的测量通道上才可互换。

如上节对 RTD 的介绍，卡尔逊式仪器在信号调制上也有类似的复杂性，造成实现自动化数据采集更加昂贵。

5.3.6.4　热电偶

与上述 3 种基于电阻的温度系数监测温度的设备不同，热电偶中两种不同金属的结合点产生电压差，该电压差是结合点处温度的函数。热电偶满量程电压是毫伏范围内的双极性电压。为了达到规定的准确度，测量电路必须能够精准测量 10mV 以下电压。此外，测量电路必须包括已知温度的热电偶参考结以及计算补偿的电路和软件。虽然热电偶相对便宜且可互换，但其信号调制需包括一个热电偶参考结点，对精密测量的性能要求更高，尤其是当测量装置必须在室外工作时。

大坝仪器监测中，热电偶的主要用途是在施工期监测碾压混凝土坝的温度。因不同类型的热电偶的测温度范围宽，更具体地说，许多热电偶可适用于测量非常高的温度，因此热电偶是应用最广泛的温度传感器。然而，这并不是用来监测碾压混凝土硬化温度的理由。用于碾压混凝土监测的热电偶类型为 T 型（铜–康铜）❶。T 型热电偶的互换性准确度通常为±1.8℉（±1.0℃）。最大的误差来源是参考结电模拟，决定了测量系统的性能指标。

5.3.6.5　其他装置

其他的钢弦式装置和集成电路（IC）温度传感器仅在有限的范围内应用于大坝监测。这些装置的特征如下。

钢弦式装置。有的厂家使用钢弦式应变计和渗压计来测量其周围的温度，其实质是利用电阻温度系数将仪器的激励或读数线圈绕组作为电阻温度探测器（但不可与前述的标准铂电阻温度探测器等量齐观）。这种温度测量方法独立于钢弦式仪器的频率测量，需要精确的电阻值以计算温度。

尽管在实际工程中应用较少，采用了完全不同技术的钢弦式温度计，利用隔离在外壳内的金属圆柱体的热膨胀，以可预测的方式改变钢弦的张力，从而改变其共振频率。厂家提供标定的频率与温度的函数式。此装置中感应元件与外力隔离，显然不能用于测量压力或应变。

钢弦式装置无论是通过 RTD 法还是振弦法来测量温度，每个传感器通常都是由厂家提供唯一的校准系数或曲线。用户必须从厂家处获取装置的温度准确度报告。

IC 温度传感器。基于微芯片的 IC 传感器利用微电路和硅半导体的温度系数输出与温度成正比的电压。一些 IC 温度传感器包含更高水平的集成电路，将温度以数字信号的形式直接连接至微处理输入/输出端口进行传输。

这些传感器应用于现代"智能仪器"，特别是为降低仪器输出量的误差需要自动进行温度修正的仪器中。除了用于温度修正外，配有 IC 温度传感器的监测仪器还可以进行仪器及其周围环境温度的遥测。因此，这些传感器通常在岩土或结构工程监测仪器中具有双重用途。

这种仪器有多种样式，其性能在一定程度上取决于它们在监测仪器电路设计中的应用方式。一般来说，它们的准确度类似于热敏电阻。但这些装置是厂家使用的"嵌入式"组件，因此用户通常不直接与它们打交道。因此，温度的准确度应来自监测仪器厂家，而不是 IC 温度传感器率定表。

---

❶　原文误为"copper–constant"——译者注。

5.3.7　位移（无应变）

所有结构在内外部荷载作用下均会产生位移。本节讨论的位移是指相对较大的运动，可以高达数英尺。本章前面介绍的应变是小变形。为评价大坝性态需进行位移监测。用于监测位移的仪器如测斜仪、倾角计测量的是角度的变化。相对垂直位移（沉降或上抬）也可以采用各种仪器包括水准装置和变位计进行测量；相对水平位移可以采用收敛计和裂缝计进行测量。绝对水平和垂直位移则使用第 6 章中讨论的大地测量方法进行测量和监控。

5.3.7.1　测斜仪

测斜仪有两种基本类型：活动测斜仪和固定测斜仪。两种测斜仪都需要安装专用的护管（测斜管）。测斜管在内表面有互相垂直的两对纵向滑槽。滑槽可防止倾角计（测斜仪探头）放入管道中时发生扭旋。滑槽的方向决定了挠度变形的方位角。测斜管每段的长度通常为 10ft（3m），利用管接头连接在一起。有多种形式的管接头，包括铆钉滑动接头到专用的自锁接头。

测斜管安装。如图 5.52 和图 5.53 所示，岩土工程中使用的测斜仪基于具有固定标距的倾角计，用于监测钻孔中测斜管的横向变形。虽然测斜管可以竖直、水平或倾斜安装，但大多数测斜仪都是在竖直护管中进行测量。水平护管用于测量沉降。通常，一旦护管安装完成，就需进行基准测量，之后的测量可确定钻孔的渐进侧向变形。测斜仪已应用于边坡、堤防（填筑体）、开挖边坡和混凝土坝中，通常用来监测天然边坡和土石坝沿软弱结构面的滑动，也可用于监测库岸边坡滑坡。

图 5.52　带自锁接头的测斜管
来源：RST 仪器公司

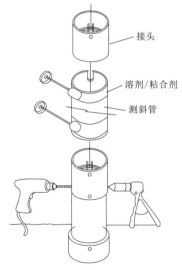

图 5.53　带外接头的测斜管
来源：ASCE Task Committee on
Instrumentation and Monitoring
Dam Performance（2000）

测斜管通常安装在竖直的钻孔中，其中的一组径向滑槽指向临空面。当然，测斜管可以安装在倾斜的钻孔中以测量侧向位移，或安装在水平的浅槽中以测量沉降；也可以安装在大坝表面，浇筑在混凝土中，或者在土体填筑时随着高程上升逐节安装在填土中。竖直安装的测斜管通常应延伸至坝基以下不太可能移动的位置。测斜管相对不动的部分将作为基准点，作为后续测量的基点，从而无需从测斜管顶部开始进行测量。

为了防止测斜管在沉降可能超过 1% 的地方发生屈曲破坏，可使用伸缩接头（图 5.54）使测斜管与周围土体能一起移动。通常测斜管各节之间的伸缩接头可适应 5%～10% 的沉降。特殊设计的伸缩式测斜管可以承受 10%～30% 的沉降。

承受较大水平变形的竖直测斜仪可能因剪切变形过大而无法继续测量。在剪切受损前，通常测斜仪测斜管允许的曲率半径为 6.5～10.5ft，这取决于测斜管的设计。相应的水平位移取决于变形区的高度。

图 5.54　伸缩式测斜管
来源：RST 仪器公司

为防止水平安装在槽中的测斜管损坏，必须精选填土且小心进行回填。如果使用活动测斜仪探头，因探头必须穿过测斜管，水平向安装长度通常最大为 500ft（约 150m）。

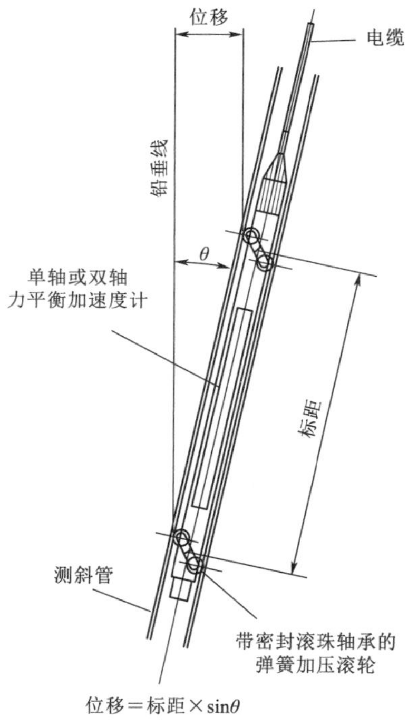

在混凝土面板堆石坝和碾压混凝土坝的上游面安装测斜管，可以测量上游面的挠度变形。在这种情况下，测斜管贴在大坝表面或埋入表面混凝土内，有时为了适应热胀冷缩，测斜管可设置伸缩接头或其他装置。

活动测斜仪。如图 5.55 所示，测斜仪探头包括以重力为基准的两个倾斜传感器，二者方向相隔 90°，每个传感器测量钻孔内测斜管相对于竖直方向的夹角。测斜仪探头有两组滑轮，沿测斜管内壁上的滑槽滑动。滑轮的标准间距为 2ft（0.5m），被称为"标距"。

活动测斜仪探头内的倾角传感器通常为微机电系统（MEMS）或力平衡加速度计，有的使用磁致收缩和电解液传感器。传感器较脆弱，容易损坏，需要定期进行重新率定。厂家的建议是，在合理使用的前提下，每 12 个月重新率定一次。与其他类型的传感器相比，由固态元件组成的 MEMS 传感器（图 5.56）不易因冲击的影响导致精度下降。

将测斜仪探头连接到控制电缆上，电缆用来激励

位移
电缆
铅垂线
θ
单轴或双轴力平衡加速度计
标距
测斜管
带密封滚珠轴承的弹簧加压滚轮
位移＝标距×sinθ

图 5.55　活动测斜仪探头
来源：ASCE Task Committee on
Instrumentation and Monitoring
Dam Performance（2000）

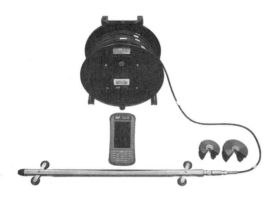

图 5.56　数字式 MEMS 测斜仪探头
来源：RST 仪器公司

倾角传感器并将信号传输至读数仪。电缆上每隔 2ft（0.5m）有一个刻度，以便在测量过程中连续读数时，可以通过其标距长度来快速升降探头。电缆的另一端接入读数仪。老款的仪器仅显示读数，需要用户手动记录每个读数。现在的读数仪将数据记录存储在内存中，不再需要手写记录，甚至可以在现场显示纵断面位移分布图，还可识别可能的错误读数。这样可以加快测量进程，消除读写错误，并将监测数据自动传输至计算机。

采用活动测斜仪测量，劳动强度大、速度慢，而且得到的数据需要进行进一步的处理。在超过阈值时活动测斜仪不能自动激活报警系统，因此不适用于进行实时监测。在预计位移很小或几乎没有，以及读取间隔很长情况下，完全可以采用活动测斜仪。而对于将变形作为性态监控指标的工程，最好不要采用活动测斜仪。

固定测斜仪。如图 5.57 所示，固定测斜仪由一组串联安装的倾角传感器组成，这些传感器安装在钻孔中的测斜管内，并采用杆连接，连接杆的长度通常为 1.65ft、3.3ft、6.5ft 或 10ft（0.5m、1m、2m 或 3m），覆盖钻孔全长，可提供测斜管纵断面的连续分布位移。固定测斜仪传感器串也可以悬挂在测斜管中至需要重要关注的深度（例如，使用活动测斜仪探头已经确定的剪切面的深度）。固定测斜仪可以分为单轴固定测斜仪（测量一个平面内的倾斜）和双轴固定测斜仪（测量两个正交垂直平面内的倾斜）。固定测斜仪可以水平、竖直或倾斜安装。

固定测斜仪串无论是置于测斜管内或还是悬挂在管口，均可定期拆卸下来（例如，每年 1 次），再利用活动测斜仪得到测斜仪纵断面的变形来对其测量结果进行校验。固定测斜仪传感器拆除后在可其他地方重复使用。

固定测斜仪使用的传感器包括 MEMS、力平衡加速度计、电解液式传感器和钢弦式传感器。其中 MEMS 是最常见的，这种传感器有数字式型号，同一钻孔中的多个传感器可按总线方式共用一根信号电缆，安装和拆卸非常方便。

除了大大减少了测量中的劳动外，固定测斜仪还可以接入 ADAS 以减少数据采集误差，并提供获取可靠的断面分布位移的可能性。ADAS 还可以远程检索数据，通过对系统进行编程，在超过某个阈值或达到某个行动级别时，可自动发出报警。

$D = \sum L \times \Delta \alpha_i$
D—累积水平位移

图 5.57　固定测斜仪
来源：RST 仪器公司

5.3.7.2　加速度计阵列位移计

如图 5.58 所示，加速度计阵列位移计（shape accelerometer array，SAA）类似于固定测斜仪。它由一串 1.65ft（0.5m）长的细长刚性杆件铰接而成，这些杆件的接头是特制的，可沿任何方向弯曲变形。这些杆件中装有三轴 MEMS 传感器以测量倾斜和加速度。从 SAA 获得的倾斜数据与双轴测斜仪的类似，但是 SAA 能够适应比测斜仪大得多的变形。加速度计阵列位移计通常安装在直径为 1in（25mm）的 PVC 导管内。导管可以安装在类似于测斜管的钻孔中，或者固定在结构构件上。如果变形在允许范围内，可以拆下导管内的 SAA 组件，并在其他地方重复使用。SAA 很容易接入数据采集仪，无线传输测量结果。

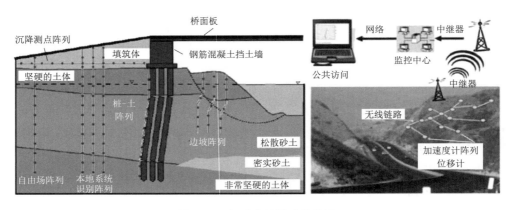

图 5.58　加速度计阵列位移计

来源：Bennett et al.（2007）

　　SAA 可以水平、竖直或倾斜安装。SAA 不能适应拉伸或收缩，因此应垂直于预期的位移方向安装。

　　SAA 已开始逐渐取代固定测斜仪以监测填筑体边坡的位移。SAA 具有多个优点。它是一种适应性强、性价比高的监测位移的方法。然而，安装数个固定式阵列位移计将会非常昂贵。与活动式或固定式测斜仪相比，其优势包括更高的分辨力、可适应更大的剪切变形、自动采集数据和易于率定、护管价格低廉且可重复使用、安装维护成本低以及完全自动化。

5.3.7.3　时域反射测量（TDR）

　　近年来，如图 5.59 所示的时域反射测量（TDR）越来越多地用于监测沉降和边坡稳定，但在大坝监测中的应用很少。时域反射测量最初是用于定位通信和电力线路中的故障，通过将电缆测试仪连接到埋入钻孔并灌浆的同轴电缆上读取读数，其基本原理与雷达相似。电脉冲通过同轴电缆传输，当脉冲遇到断路或颈缩（导致电阻抗变化）时，会被反射回来，在反射信号的时程线上会出现一个"峰值"（Kane，1998）。已知电缆中的脉冲速度，可以确定变形区的深度，如图 5.59 所示（Thuro et al.，2007）。

　　TDR 通常用于重要边坡的监测，以确定剪切面的位置，并且接入可由监测程序进行配置的警告或报警系统。电缆采用不同的布置方式，可用于监测侧向位移、沉降或上抬。目前，TDR 无法轻易识别变形的方向或大小，只能识别在电缆上的位置。影响实测阻抗与剪切变形相关性的因素包括：电缆的强度、结构组成及直径，土体和灌浆体的相互作用以及信号衰减。正在开展相关研究以得到可靠的相关关系。如果可能的话，在同一个监测

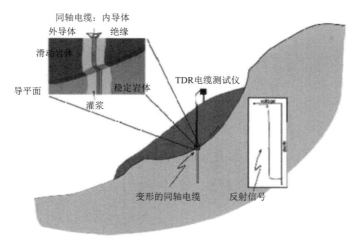

图 5.59   TDR 观测站基本设置

来源：Thuro et al.（2007）

项目中，所有钻孔使用相同类型和相同长度的 TDR 电缆，以便于比较反射信号的大小，这样至少能对不同钻孔中的变形大小进行定性的排序。

只要电缆的外护套没有损坏并且没有水侵入，TDR 电缆可以呈现几个反射信号，这些信号代表多个变形区域。在有水侵入的位置，反射信号非常强而无法使用。同轴电缆在截断的位置反射信号也很强。TDR 的优点是简单、成本低、数据采集快。无论电缆长度多长，只需要几分钟即完成信号读取。可以使用小直径钻孔和同轴电缆。强烈推荐使用直径为 0.5in（12.7mm）的同轴电缆，其信号衰减相对较低。可在无套管情况下对钻孔进行灌浆。与其他监测仪器相结合，对常规的大坝和斜坡的监测项目而言，TDR 变形监测系统是一种经济有效的补充。

5.3.7.4　倾角计

倾角计的原理是以重力作为基准来测量转动位移。倾角计（图 5.60）的组件包括：安装用的支架或板，以及外壳中的倾斜传感器。外壳安装在支架或板上。倾斜传感器和外壳组件称为倾角计，通过与大坝牢固相连，可监测埋设位置附近的坝的转角。大坝受到由库水压力、热弹性膨胀和收缩、碱骨料反应导致的体积变化以及其他因素引起的外加应力、弯矩或剪力时，将会发生转动。

倾角计有单轴倾角计和双轴倾角计。单轴倾角计通常监测沿大坝某个主方向的立面内的转角，如大坝上下

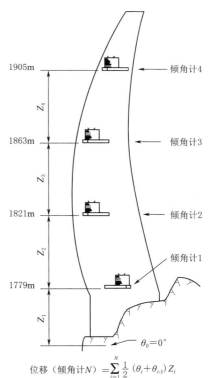

$$位移（倾角计N）= \sum_{i=1}^{N} \frac{1}{2}(\theta_i + \theta_{i-1})Z_i$$

图 5.60   倾角计

来源：ASCE Task Committee on Instrumentation and Monitoring Dam Performance（2000）

游向的转角。双轴倾角计可同时监测纵向和横向两个正交的立面内的转动。

基于传感器的工作原理，倾角计包括力平衡式、电解液式、陶瓷式、MEMS 以及正倒垂系统；按使用方式不同，可分为便携式倾角计、表面安装倾角计、钻孔内倾角计和水下安装倾角计。在以下各节将分别进行介绍。

图 5.61　双轴表面安装倾角计
（带垂直安装支架）
来源：RST 仪器公司

倾角计可直接用于监测由沉降引起的弯曲和转动，并估算倾覆力。根据倾角计数据计算出位移，其计算方式与测斜仪类似。将沿垂向安装在廊道或坝面上的多个倾角计的测值进行累加求和，可以得到横向位移分布（Dienum，1987）。同样的计算方法也适用于水平安装的倾角计组，可获得由沉降或其他原因引起的垂直位移。

倾角计具有高精密度的特点，可用于监测或跟踪低于大地测量技术分辨率阈值的微小转动。大坝中采用的倾角计分辨力能达到 1μrad（0.2″）或更高。

表面安装倾角计。表面安装倾角计（图 5.61）由底板、传感器、读数仪组成，安装在结构构件或其表面上，用于测量表面垂直方向的转动。

表面安装倾角计的传感器大多采用 MEMS、电解液式、力平衡加速度计或钢弦式。下面将介绍这些类型的传感器。

近年来，MEMS 倾角计获得了广泛的应用，其优点包括低热敏感性、高重复性（7″）、大量程（±15°），这使得倾角计在安装时不需要进行调平，输出数字信号，多个倾角计可共享一根信号电缆。

电解液式倾角计没有可移动的机械组件，结构最坚固，精密度最高（<0.1″ = 0.5μrad），并具有良好的长期稳定性。

力平衡加速度计倾角计输出与倾角正弦成比例的电压信号。高增益倾角计的分辨力约为 0.5″，精密度为 5″～8″，量程为 ±1°。与其他类型的倾角计相比，此种倾角计的功耗最高，如果倾角计采用电池供电，需加以重视。另外此种倾角计比同类产品昂贵得多。

灵敏的倾角计安装在结构构件上易监测到由热膨胀和收缩引起的结构变形。如果结构混凝土或钢的预期热弹性应变和倾角与所测量的倾角为同一量级，则热弹性变形是重要的影响因素。

由温度引起的倾角计自身输出的变化可以采取以下方法加以控制。应选择温度系数与安装位置温度变化最适宜的倾角计。通过在阴凉处安装倾角计或在仪器上安装浅色遮阳罩，以最大限度地减少温度波动。安装的螺柱应尽可能短且等长，以减少不均匀的热胀冷缩影响。若采用安装支架，需尽可能坚固和紧凑。如倾角计安装在坝面上，其温度变幅很大，应重点考虑以上因素。

水下安装倾角计。如图 5.62 所示，水下安装倾角计的功能类似于表面安装倾角计，但其设计和构造考虑了水下环境需承受极端静水压力。水下安装倾角计的坚固性在于其外壳与接头的设计和构造。仪器外壳通常由实心的铝、不锈钢或钛金属块加工而成。

接头通常由氯丁橡胶制成，可承受的压力高达
10000psi（70MPa）。

水下安装倾角计的传感器包括电解液式、陶
瓷式或 MEMS，分为单轴和双轴两种。倾角计外
壳尺寸有不同选择，可适用于孔下或管道上安装。
这些仪器均配有温度传感器。

水下安装倾角计适用于监测土石坝底高程部
位、混凝土坝上游面、永久或临时围堰、海上结
构的基础或下部结构或水下管道的倾角的变化。

钻孔内倾角计。钻孔内倾角计（图 5.63）安装
在混凝土、岩石和土体的钻孔中，可用于大坝坝
体、坝肩和库岸边坡监测。钻孔内倾角计的外形是
长圆柱体，填沙（半永久）或灌浆（永久）安装在
钻孔中。填沙是指在倾角计的周围回填和压实沙

图 5.62　双轴水下安装 MEMS 倾角计
（附带水平安装支架）
来源：RST 仪器公司

子，这种方法简单快速，后期还可取出。经过几天到几周的初期沉降后，倾角计达到稳定。
由孔内水位变化、振动（地震）或人为干扰对沙子造成扰动是始终可能的。如果担心这个问
题，可在钻孔中对倾角计进行灌浆。钻孔内倾角计必须配有信号调节电路，以获得高输出稳
定性和信号质量。由于孔内温度相对恒定，与表面安装倾角计相比，钻孔内倾角计的温度效
应可不必考虑。在实际工程中，目前多数钻孔内倾角计采用电解液传感器。

便携式倾角计　便携式倾角计（图 5.64）在装置位置并不进行固定，而是利用环氧

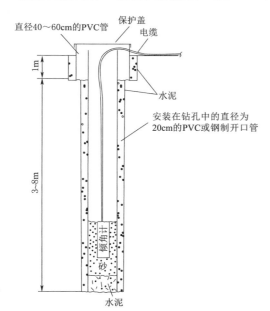

图 5.63　安装于土体中的钻孔内倾角计
来源：ASCE Task Committee on Instrumentation
and Monitoring Dam Performance（2000）

图 5.64　便携式 MEMS 倾角计和倾斜板
来源：RST 仪器公司

树脂水泥或螺钉将数个倾斜板与结构连接，再将便携式倾角计放置在倾斜板上，每个倾斜板对应一组读数。目前，便携式倾角计采用力平衡加速度计和电解液式传感器。这种测量方式具有设备成本低的优点，但数据采集需更多的人工。但由于其传感器反复手动重新定位产生的误差，测量精确度比固定安装倾角计低。

梁式倾角计。梁式倾角计（图 5.65）是一种特殊类型的倾角计，采用的单轴传感器安装在方形铝管所制的长梁上。梁的两端连接到所需监测的结构上。梁式倾角计监测梁两端所在垂直平面发生的转动。横梁水平安装可监测一端相对于另一端的垂直位移，竖直安装可监测一端相对于另一端的水平位移。多个梁式倾角计首尾相连可用于监测结构沿水平或竖直剖面的侧向变形分布。

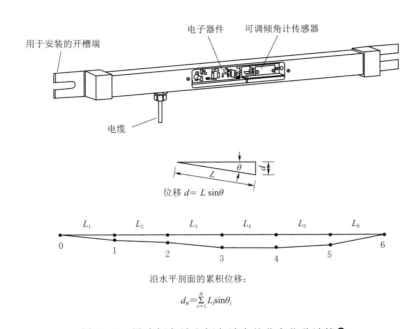

图 5.65　梁式倾角计和倾角计串的分布位移计算❶

来源：ASCE Task Committee on Instrumentation and Monitoring Dam Performance（2000）

目前采用的大多数梁式倾角计包括电解液式或 MEMS 传感器，相较于力平衡加速度计，其成本相对较低。

正倒垂线。正垂线以重力铅垂线为基准，通常由固定在固定点上的一根垂线、重锤和阻尼箱组成。阻尼箱内充满阻尼液，通常是油，使得重锤因风、振动和空气循环而引起的摆动衰减。正垂线（图 5.66）和倒垂线通常应用于混凝土坝的水平位移监测。

倒垂线（图 5.67）与正垂线的不同之处在于，其锚固在坝基内的钻孔中，因此需要在锚固点上方设浮子和阻尼桶。

---

❶　原文中 L 的位置标记有误，已标记在正确位置——译者注。

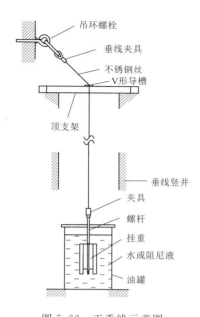

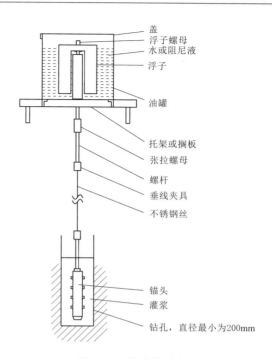

图 5.66　正垂线示意图

来源：ASCE Task Committee on Instrumentation and Monitoring Dam Performance（2000）

图 5.67　倒垂线示意图

来源：ASCE Task Committee on Instrumentation and Monitoring Dam Performance（2000）

　　垂线通常安装在大坝混凝土内部预留的竖井中，竖井将上下层廊道连通。混凝土坝中垂线的长度通常不超过 165～260ft（50～80m）。实际工程中虽已使用过更长的垂线，但考虑到竖井内的风和空气循环引起的垂线振动过大，因此不推荐使用。对于较高的大坝，可以安装几条垂线（图 5.68），上下衔接，最下面是锚固在坝基的倒垂线，可获得垂线组完整的挠度变形分布。

　　针对垂线测量的大坝水平位移，无论是在上下游方向或左右岸方向，传统上是采用机械式测量台或读数台进行测量。如今正倒垂系统可通过机电式垂线坐标仪连接到 ADAS，实现实时远程读数。

　　机械式测量台的设计形式有多种，其中一种如图 5.69 所示，由一个水平的金属控制台组成，控制台固定安装在垂线穿过的观测间的混凝土墙壁上。控制台配有两组 3 点基座，用

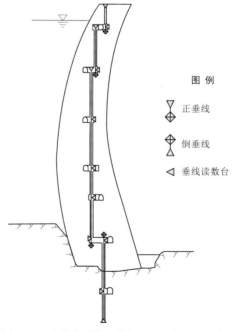

图 5.68　安装在混凝土拱坝中的正倒垂线示意图

来源：ASCE Task Committee on Instrumentation and Monitoring Dam Performance（2000）

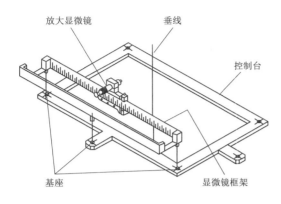

图 5.69　带有可拆卸显微镜架的铅垂线
机械式测量台

来源：ASCE Task Committee on Instrumentation
and Monitoring Dam Performance（2000）

于安装可移动的显微镜框架，每组测量一个方向的水平位移。安装在移动滑轨上的显微镜将垂线定位到刻度尺上。大坝性态监控通常只需达到十分之一英寸的准确度，但此类型仪器的测量可达到 0.0008in（0.02mm）的分辨力和 0.004in（0.1mm）的准确度。

远程读数台通常称为遥测垂线坐标仪，是非接触式的，即读数时不会与垂线发生接触，不会干扰垂线的移动。如今大多数遥测垂线坐标仪（图 5.70）基于感应频率输出、电容或光学原理，将垂线相对于框架的位移转换成与两个水平方向上的位移成比例的电信号或数字信号。有的读数台也可读取垂线的垂直位移。

图 5.70　采用光学遥测垂线坐标仪的正倒垂系统

基于光学原理的遥测垂线坐标仪在垂线的一侧装有光源，对面的一侧连接多个线性二极管，光源将垂线的影子投射到二极管阵列上。然后使用平均技术来识别接收最大光或最小光的光电二极管像素，从而获得垂线相对于阵列的位置。光学遥测垂线坐标仪的精度可达到 0.0004～0.002in（0.01～0.05mm）。这种类型的遥测垂线坐标仪可能会因湿度、垂线或光电二极管阵列上的凝露影响读数的准确度，需小心使用。为了正确使用这种遥测垂线坐标仪，推荐使用加热箱。

5.3.7.5　沉降仪

钻孔变位计。最简形式的钻孔变位计的基本部件包括：锚头、传递杆、柔性套筒、基准板和水泥浆。先把锚头、传递杆、套筒组装好，钻孔后将组件放入孔内，对锚头进行灌浆定位。之后，再安装基准板，并测量传递杆顶部和基准板间的距离。随着锚头与土体或岩石一起沉降，管内的传递杆也向下移动，将改变基准板和传递杆顶部间的距离。采用人工读数时，可以使用百分表读取距离。更先进的设计采用了钢弦式位移传感器或线性电位计，以实现自动读数并可以接入实时 ADAS。在一个钻孔中布置多根传递杆，在不同高度设置锚头，可以确定多个点的沉降。

可供使用的锚头包括灌浆锚头、液压锚头和 Borros 锚头三种类型。液压锚头无需灌浆，因此，也可以安装在向上的钻孔中，如岩石隧洞的顶部。通过液压膨胀胶囊将液压锚头固定在钻孔孔壁上。

在坝基和坝肩，可采用钻孔变位计测量压缩和拉伸变形。该变形可能是由大坝的自重、水库蓄水时的应力、沿特定地质构造的滑动以及其他因素引起的。

钻孔变位计可用于评估大坝荷载引起的地基压缩，或监测特定节理、层面或地质构造的拉伸或压缩位移。在特殊情况下，可以安装在现有混凝土大坝的钻孔中。钻孔变位计也可监测土石坝的沉降。

钻孔变位计可以是单点的，测量单个锚头和孔口参考点的距离变化，也可以是多点的，钻孔中包含多个锚固点。在钻孔多点变位计（MPBX）❶ 中，每个锚固点分别连接到孔口参考点，从而可测量每个锚固点和孔口参考点之间的距离变化。有的钻孔多点变位计被称为单杆式、增量式或串联式，其特点是通过单根传递杆可以测量多个锚头的位移，而多杆式钻孔多点变位计的每个锚头有独立的传递杆连接。下面进一步介绍这两种类型的钻孔多点变位计。

多杆式钻孔多点变位计。如图 5.71 所示，多杆式钻孔多点变位计可以采用机械式或电测方式读数。典型的机械式读数利用百分表测量延长杆末端和不锈钢基准板之间的距离。

对于数字式读数，将电子位移传感器一端与传递杆相连，一端固定在孔口处的参考点上。钻孔多点变位计也可以设计成机械和电子双读数（图 5.72），这种钻孔多点变位计是在位移传感器上增加一个参考尖点，在测头添加一个参考面。设置在参考面上的百分表用于测量参考尖点的位移。

单杆式（增量式）钻孔多点变位计。单杆式钻孔多点变位计设计有所不同，多个位移传感器位于同一个钻孔中，每个传感器与下一个传感器相隔一段传递杆或管。该设计的主要优点是，没有多杆式钻孔多点变位计那样的伸出钻孔孔口的测量头。在狭小的区域，如小尺寸的廊道，或者出于美学或功能方面的考虑，这种设计是有优势的。通常，单杆式钻孔多点变位计被称为增量式或串联式变位计，这是因为孔底部锚头和孔口之间的总位移等于各个锚头之间的相对位移之和。

单杆式钻孔多点变位计有几种设计形式。其中一种设计如图 5.73 所示，它将水下安装的位移传感器与不锈钢杆组装在一条直线上并置于 PVC 管内。多个传感器可以预先组装在一条直线上，插入钻孔内，然后在钻孔中进行灌浆。在强破碎地段或灌浆不是首选的锚固方法的情况下，也可以使用液压锚，如图 5.74 所示。这种类型的变位计可以使用直径为 3/8in（9.5mm）或更大的中心钢杆，适用于监测压缩和拉伸位移。变位计的测量范围是各个传感器的测量范围之和。

---

❶ 国内一般习称多点位移计——译者注。

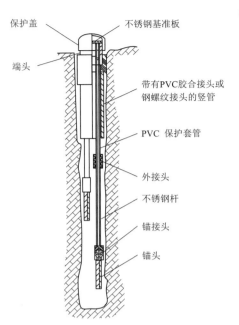

图 5.71　机械式多杆式钻孔多点变位计
来源：ASCE Task Committee on Instrumentation and Monitoring Dam Performance（2000）

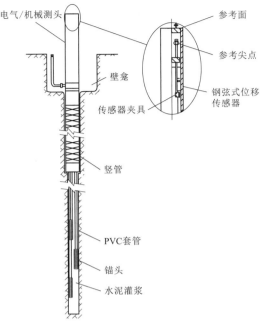

图 5.72　机电结合的多杆式钻孔多点变位计
来源：ASCE Task Committee on Instrumentation and Monitoring Dam Performance（2000）

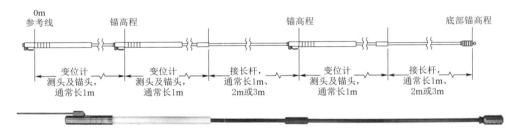

图 5.73　带灌浆锚头的单杆式（增量式）钻孔多点变位计
来源：RST 仪器公司

图 5.74　用于强破碎地段的
液压胶囊锚头
来源：RST 仪器公司

另一种用于混凝土或岩石的增量式钻孔多点变位计，如图 5.75 所示。它由一系列依次安装在钻孔中的机械锚头、连接管和对中器组成。安装时，使用插入钻孔的安装工具将锚用螺丝拧紧。三个锚靴沿径向张开，将锚头固定在孔壁上。采用这种锚定方法，之后可完整取回钻孔多点变位计，重新安装到其他位置。每个连接管都内置一个纵向安装的位移传感器（LVDT 或电位计），并在其弹簧加载的触臂末端有一个平面。在安装过程中，该平面与机械锚接触，然后将触臂稍向后压缩，使传感器能够测量钻孔中的压缩和拉伸位移（Thompson et al.，1990）。

探头式变位计　对于探头式变位计，沿沉降管纵向布置

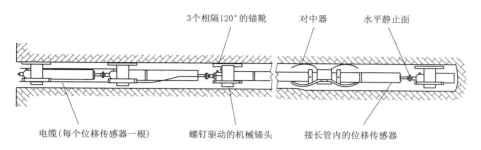

图 5.75　可回收的增量式钻孔多点变位计

来源：ASCE Task Committee on Instrumentation and Monitoring Dam Performance（2000）

一系列测点，探头可沿沉降管测量各测点的位置。沉降管可以埋设在钻孔中，也可以在堆石体或填土中预埋。手动记录探头式变位计测量的深度读数。读数方式与 ADAS 不兼容。

前面介绍的杆式钻孔多点变位计一般是永久安装在钻孔中，探头式变位计的传感器探头可以用于多个钻孔。固定式变位计的测量范围通常为 2～4in（5～10cm），但在某些系统的测量范围可达到 8in（20cm），探头式变位计可以测量大于 3ft（1m）的沉降。

由于分辨力低，磁力和电感式探头式变位计一般不用于大坝的岩石地基和坝肩或混凝土大坝监测。

探头式变位计通常是基于磁力或电感应的原理。电磁探头和电感应探头的工作方式相似，探头都位于测尺的末端，通过卷轴下降到沉降管中。当传感元件接近测点时，卷轴内发出鸣叫，告知操作者记录锚头的深度。对于电磁式系统，测点内有磁铁，磁铁可激活探头中的簧片开关，如图 5.76 所示。对于电感式系统，测点是不锈钢丝环或板，探头中有感应线圈。

图 5.76　电磁沉降系统的组件：蜘蛛形测点、平板测点、基点装置和簧片开关探头

来源：RST 仪器公司

Borros 上抬/沉降测点。如图 5.77 所示，Borros 上抬/沉降测点是用于测量土壤和填土中垂直运动的机械装置。上抬/沉降测点由一个三叉锚、一根内径为 0.25in（6mm）的立管和一根直径为 1in（25mm）的护管组成。

Borros 测点可安装在钻孔中，或者在填土施工过程中随填筑过程埋设锚头和接长立管和护管。与钻孔变位计类似，通过观察或测量内外管顶端之间的距离变化来测量沉降。

USBR 沉降仪。USBR 沉降仪由伸缩钢管段和横臂组成，将系统锚固在土壤中。通过将带弹簧翼片的探头（图 5.78）放入沉降管来获取读数。翼片卡在较小直径钢管的底端，通过与探头相连的测绳的刻度确定距离孔口的深度。当探头顶端碰到孔的底部时，缩回翼片取出探头。该系统如今用得很少了。

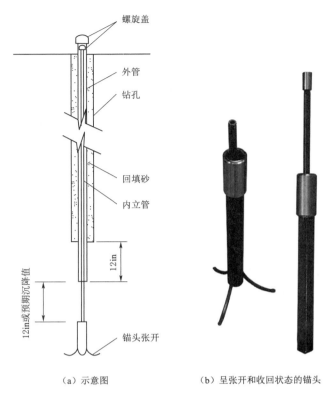

（a）示意图　　　　（b）呈张开和收回状态的锚头

图 5.77　Borros 上抬/沉降测点

来源：RST 仪器公司

图 5.78　USBR 沉降仪探头

来源：ASCE Task Committee on Instrumentation
and Monitoring Dam Performance（2000）

埋入式土体应变计或变位计。长标距的应变计或变位计，如图 5.79 和图 5.80 所示，用于测量堆石体和碾压混凝土坝中的大变形和裂缝。在可伸缩的塑料管内设置钢弦式位移传感器、线性电位计或 LVDT，可以测量管端两个法兰的相对位移。变位计的长度可达 30ft（10m），将变位计首尾串连可用于监测土石坝和堆石坝的坝肩附近以及沿纵轴和横轴的分布位移。利用变位计串接也可以获得碾压混凝土坝轴线上的裂缝分布。这些内容在本章关于应变监测的部分进行了介绍。

不均匀沉降与静力水准仪。堆石坝和坝基相对于稳定基点的沉降以及坝体内部的不均匀沉降，可通过各种液压传感器进行测量。不均匀沉降也可以应用水平测斜仪和串接的梁式倾角计来测量。基于液压传感器的沉降测量技术主要包括三种：

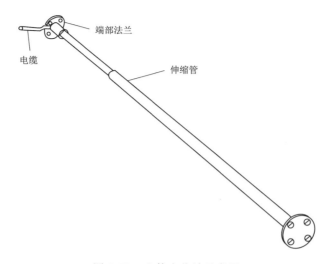

图 5.79　土体变位计示意图

来源：ASCE Task Committee on Instrumentation and Monitoring Dam Performance（2000）

图 5.80　土体变位计

来源：RST 仪器公司

• 溢流测量技术，使得压力表的两条分支管路中的水位齐平，从而可测量远端测头的水面高度。

• 液压测量技术，可通过测量测头的水压力计算得到传感器低于已知水位的深度。

• 静力水准测量技术，各测头大致位于同一水平面上，可测量其相对于相同水位的高度。

溢流测量技术。为了使用溢流测量技术，如图 5.81 和图 5.82 所示，将密封容器（测头）安装在填土或混凝土中，并通过三根尼龙管连接到观测站。其中一根管子用作排水管，一根用作通气管，第三根管子充满脱气水或防冻液，并与观测站带刻度的透明竖管相连。操作时将水注入竖管内，直至水流过测头内的溢流堰。多余的水通过排水管排出测头。通气管确保液柱两端的气压相等。形成溢流后，在竖管上读取管内水位刻度。随着测头的沉降，竖管中的水位将相应下降。

使用此技术，精度可达到 0.02in（5mm）左右。该系统的优点是其固有的简单性。然而，可能会有一些困难之处：

• 测头的高度必须与读数端大致相同，尽管可以使用压力计和反压设备来扩大量程，竖管的长度决定了沉降范围。

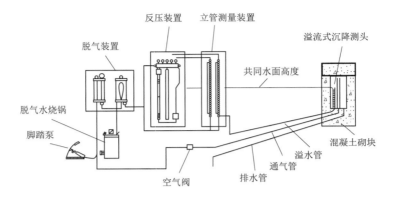

（a）溢流式沉降设备

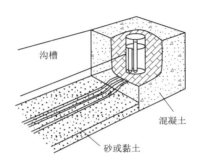

（b）溢流式沉降测头安装

图 5.81　溢流式沉降测量系统
来源：ASCE Task Committee on Instrumentation and Monitoring Dam Performance（2000）

图 5.82　某面板堆石坝的溢流式沉降测量系统安装
来源：RST 仪器公司

- 必须注意使管道保持恒定的坡度，可自由排水，并防止出现扭结或虹吸造成气泡滞留。
- 尽管过滤水（通过反渗透或其他手段）或防冻液成功使用过，但通常仍需要使脱气液。如果水变脏了，可能需要定期进行冲洗。

- 温度会影响读数。
- 系统难以实现自动化。

液压测量技术。典型的液压沉降测量系统如图 5.83 所示。储液罐位于稳定的地面上或易于测量其高程的位置。它通过两根塑料管与沉降测点的压力传感器（电测或气动压力传感器）相连。管内充满脱气水或防冻液。随着传感器的沉降，液柱高度增加，压力的变化由传感器测量。当使用电测压力传感器时，这种系统的测读很容易实现自动化。利用双管管路可对系统进行冲洗以排除可能积聚的气泡。

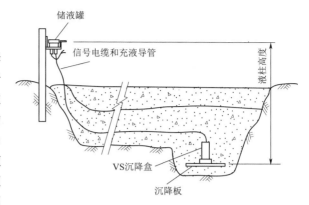

图 5.83　液压沉降测量系统——标准型

来源：ASCE Task Committee on Instrumentation and Monitoring Dam Performance（2000）

液压沉降测量系统的优点之一是可以进行传感器原位率定，这可通过升降储液罐来实现。零压力读数可以通过将液体吹出管路来率定。液压沉降测量系统的典型精度为 0.4～0.8in（10～20mm），经过精心维护，也可获得 0.2in（5mm）的精度。其缺点是管道水平线较长，必须以相对恒定的坡度铺设以避免气泡积聚，必须定期对管道进行反压或冲洗以去除气泡。伸出地面的竖直管道中液体温度的变化也会影响读数。如果使用水，必须采取措施防止管路中出现藻类。

标准的液压沉降测量系统的一种变体是将压力传感器直接埋设在基岩中或在基岩上的管道上面（图 5.84）。它通过充液管连接到储液罐，储液罐直接位于传感器上方，并位于需关注的位置。该系统的优点是，它不需要很长的水平管路，也不需要冲洗。缺

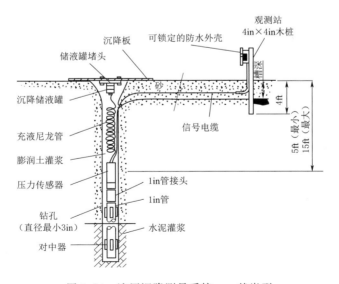

图 5.84　液压沉降测量系统——基岩型

来源：ASCE Task Committee on Instrumentation and Monitoring Dam Performance（2000）

点是需要稳定的基岩，并且通常需要钻孔。当使用电测压力传感器时，可以进行自动读数。

液压沉降剖面仪——标准型。标准液压沉降测量系统的另一种变体是液压沉降剖面仪，如图 5.85 所示。鱼雷形装置内的压力传感器通过充液管与储液罐相连。使用时，利用拉绳将鱼雷形装置通过埋在地基或堆石体中的导管拉进拉出。传感器记录其和储液罐之间的水柱高度差，从而可得到沿导管长度方向的任意点的高度。

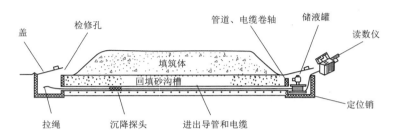

图 5.85　液压沉降剖面仪

来源：ASCE Task Committee on Instrumentation and Monitoring Dam Performance（2000）

导管两端均敞开。如果堆石体中导管的一端封闭，则其远端通过一个 U 形接头连接到包含拉绳的另一根平行的导管。

该系统的一种变体是在导管中充满水，拉动传感器从其中穿过，从而省去了充液管。这种系统的硬件较为简单，但如果导管出现渗漏，可能无法再注水。

静力水准测量技术。与本节介绍的其他技术相比，使用静力水准沉降测量系统可以获得更高的准确度和精密度（图 5.86）。在同一高程的一系列测头由一根充液管连通，各测头内的水面处于相同高度。理想情况下，其中一个测头应位于不会发生沉降的坚实地面上。测头沉降时会导致其中的液面相对上升，这可以利用与浮子相连的电测位移传感器来测量。通气管连通所有测头上部，确保液体上方的气压达到平衡。这种系统的精

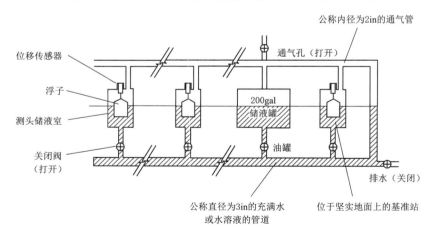

图 5.86　静力水准沉降测量系统

来源：ASCE Task Committee on Instrumentation and Monitoring Dam Performance（2000）

度可以达到 0.04in（1mm）且可以接入 ADAS。

使用图 5.87 所示的另一种水位测量技术的沉降监测系统可获得更高的精密度。该系统使用直径为 3in（76.2mm）的水平管，其中装有一半的水或防冻液。管道可固定在土石坝内廊道的墙壁上。管道每隔一段距离就设置一个与管道水力连接的测头，测头内的水位与管道内的水位相同。通过钢弦式力传感器测量测头中的水位，力传感器中重物悬挂在钢弦上且部分浸入水中。水位的变化会改变重物上的浮力和钢弦中的张力。测头的沉降都会使其中的液面相对上升。这种系统可以测量小到 0.001in（0.025mm）的沉降。

静力水准测量系统的维护。液压测量系统主要受到充液管道中气泡的影响，其次是藻类和细菌生长造成的管道堵塞。为了尽量减少这些问题，建议采取以下措施：

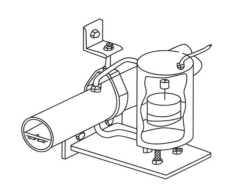

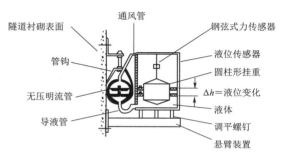

图 5.87　精密沉降测量系统——水位式
来源：ASCE Task Committee on Instrumentation and Monitoring Dam Performance（2000）

- 使用脱气水或防冻液。
- 使用蒸馏水，而不是自来水。
- 在水中溶解氯漂白剂或少量硫酸铜（每 10L 一块 6mm 的晶体）以抑制细菌和藻类的生长（防冻液本身对细菌和藻类有毒）。
- 使用润湿剂（非泡沫）降低表面张力。
- 使用双管而非单管管路，以便对系统进行冲洗。
- 对液压沉降测量系统施加反压，使气泡保持悬浮，减少脱气的需要。然后应测量反压的大小，并从读数中扣除。

5.3.7.6　收敛计

收敛计通常用于测量地下洞室墙壁上两点或混凝土、岩石结构表面上两点之间的距离变化。收敛计可以是可拆卸的或不可拆卸的。可拆卸的收敛计通常称为钢尺式收敛计，如图 5.88 所示，其组件包括：可施加恒定张力、带刻度为 0.0004in（0.01mm）的百分表的收敛计头，与收敛计头连接的钢尺和锚固的基点。然而，实际上，在钢尺式收敛计重复使用过程中，由于每次测量时钢尺的拉力的变化以及将钢尺连接到吊环栓锚和拆下的变化，导致可重复性降低到大约 0.01in。

激光测距技术已应用于制造激光收敛计，如图 5.89 所示，它测量从临时安装激光的参考锚固点到周边多个反射监测点之间的距离的可重复性很高，通常为 0.0125in（0.3mm）。与钢尺式收敛计相比，激光收敛计的主要优点是无需手动操作。

固定式收敛计（图 5.90）支撑在需测量收敛的两个表面之间。

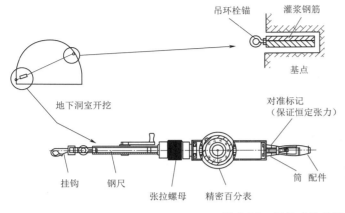

图 5.88　钢尺式收敛计

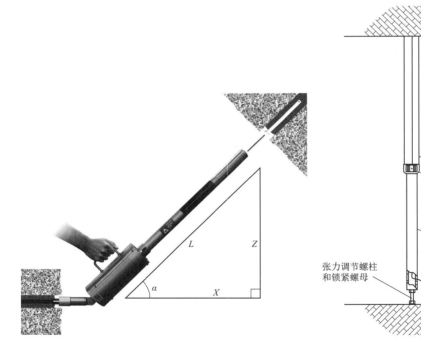

图 5.89　激光收敛计
来源：RST 仪器公司

图 5.90　固定式收敛计
来源：ASCE Task Committee on Instrumentation
and Monitoring Dam Performance（2000）

5.3.7.7　测缝计和裂缝计

引起混凝土坝开裂的因素包括：地基的不均匀沉降、混凝土养护期间的高温、含水量变化引起的收缩和膨胀、碱骨料反应（AAR）以及库水位变化。控制开裂的措施包括使大坝沿着施工缝产生位移，施工接缝可以布置止水或之后进行灌浆封闭。在土坝中，由于不均匀沉降，在剪切力或拉力大的区域易发生开裂，尤其是在坝肩。有多种类型的裂缝计，用于手动或远程监测表面和内部裂缝的一维、二维或三维位移。测缝计一般用于监测建筑物接缝的开合度。

手动式裂缝计。艾凡嘉德公司（Avongard）制造的一种简单的裂缝计如图 5.91 所示。两块板沿长度方向有搭接。下面的那块板固定在裂缝的一侧，板上刻有毫米刻度的网格。上面的板是透明的且中间刻有十字丝，固定在裂缝的另一侧。当裂缝发生开合或剪切时，观察十字丝相对于网格的位置即可确定位移的大小。

可以采用百分表和方块组监测表面裂缝或接缝三个维度的位移。将便携式百分表插入方块中的孔洞以测量方块间三个正交方向上的间隔。手动式裂缝计的优点是结构简单、成本低、易于使用，缺点是缺乏实时性、连续性和无法自动读数。图 5.92 所示的手动式 3D 裂缝计，通过增加位移传感器实现自动化，改善了简单手动式裂缝计的缺点。可使用钢弦式、线性电位器或线性可变差动变压器（LVDT）等传感器。实施自动化可以实现连续、实时、遥测和自动记录。

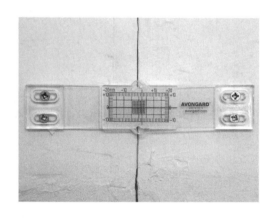

图 5.91　网格式裂缝计

来源：艾凡嘉德公司官网

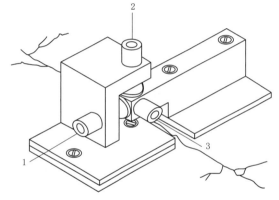

图 5.92　手动式 3D 裂缝计

来源：ASCE Task Committee on Instrumentation and Monitoring Dam Performance（2000）

1、2 和 3—千分表端口

电测裂缝计。简单的单向电测裂缝计是在混凝土或砌石体裂缝的两侧钻孔埋设方头螺栓或锚钉作为锚点，传感器两端连接到锚点上，图 5.93 所示为装有钢弦式传感器的裂缝计，类似的裂缝计也可使用 LVDT 传感器（图 5.94）。

水下安装裂缝计。水下安装裂缝计（图 5.95）用于监测混凝土大坝、隧道和储罐中水下接缝和裂缝的开合度，采用钢弦式或电位计传感器，包括单向、双向和三向裂缝计，仪器工作的额定水压高达 820ft（250m）。可采用手动或自动方式进行数据读取。有的数据采集仪可对裂缝计阵列进行数据采集。

水下安装裂缝计可用于监测水下混凝土或岩石中，如在大坝表面、坝肩处或坝体与坝肩接缝处裂缝的扩展。

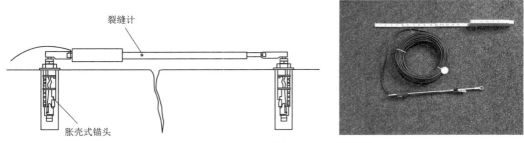

图 5.93　采用钢弦式传感器的电测裂缝计

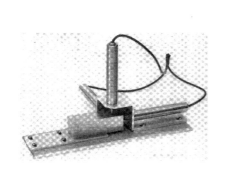

图 5.94　采用线性电位器传感器的
3D 电测裂缝计

来源：ASCE Task Committee on Instrumentation
and Monitoring Dam Performance（2000）

图 5.95　水下安装的 3D 钢弦式裂缝计
来源：RST 仪器公司

埋入式测缝计。混凝土坝的相邻坝段之设置收缩缝。混凝土浇筑层之间会形成接缝。采用埋入式测缝计以监测大坝内接缝上各测点的开合情况。测缝计通常采用钢弦式传感器，也可采用基于电阻原理的卡尔逊式传感器。安装示意图如图 5.96 和图 5.97 所示。

5.3.8　地震响应（位移、压力和荷载）

地面运动测量对地震响应进行记录，但不能在地震发生前提供任何警告，因此不作为预测性监测。测量地面运动的装置有多种，可记录加速度、速度和/或位移随时间的变化。这些装置的记录可能会触发对现场其他地方进行巡视检查或监测以评估地震响应的需求。通过对地震现场或附近的地震测量数据进行分析，并将大坝在地震中的性态与预测的性态进行对比。本节介绍的地震响应测量仅限于强震仪，不讨论机械式地震记录仪。

强震仪内设一个或多个加速度计和数据记录仪，可以在发生大地震时进行测量，记录地面运动加速度。监测数据可用于评价大坝的工作性态，并为未来的大坝设计提供时程记录作为参考。

理想情况下，地震仪器应布置在自由场（不受大坝或其他大型结构影响的位置），以及坝顶或其他相关结构上。自由场中仪器的响应代表基准地震运动，坝顶的仪器显示大坝对地震的响应。

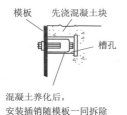
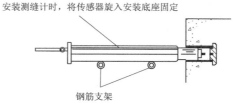

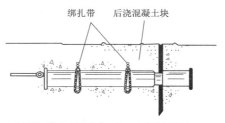

图 5.96　埋入式测缝计

来源：ASCE Task Committee on Instrumentation
and Monitoring Dam Performance（2000）

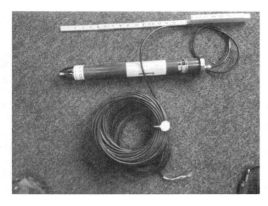

图 5.97　安装前后的测缝计

　　加速度计（图 5.98）会持续监测加速度数据，直到达到或超过用户设定的阈值。当数据超过了阈值时，将数据按 2～3min 长的片段进行存储，包括时间发生前的 30s。标准加速度计的采样频次为 200 次/s 或更高。标准的做法是在加速度计上加装一个全球定位系统（GPS）接收机，以获得准确而可靠的时间戳。现有一种地震大地测量系统，通过增加全球导航卫星系统（GNSS）位置记录来显著增强加速度计记录的信息。与仅集成加速度数据相比，这将获得更精确的速度和位置数据的历史记录。

　　强震仪通常配备至少三个通道，并包括一个内部三轴力平衡加速度计（两个水平正交的加速度计，一个垂直向加速度计）。强震仪可以单独工作，监测数据可以通过调制解调器自动下载，也可以通过笔记本电脑或收集可移动存储卡手动获取。或者，强震仪可以连接至光纤网络，再连接至外部局域网。大部分强震仪都配有绘制过程线图并生成 ASCII

图 5.98　数字加速度计

图 5.99　可通过 GNSS 传送数据的
实时数字加速度计
来源：天宝公司（Trimble）

格式文件以进行数据分析的软件。强震仪通常具有中继输出，以在达到用户设定的阈值时触发动作。地震大地测量系统将加速度计和 GNSS 接收机相结合（图 5.99），并使用相同的 GNSS 网络传送数据。

为了准确记录地面震动规律，地震测量需要高频次采样和记录数据。大多数通用型数据采集系统不支持所需的高频次和高分辨力，因此强震仪通常本身具有数据记录功能。为了准确记录地震事件，加速度计必须牢固地固定在：①岩石上以准确捕捉坝基的基础运动；②大坝需重点关注的部位，通常是坝顶。通过使用地脚螺栓将加速度计安装到混凝土地板或整平的岩石表面。

为监测爆破、振动压实或其他会引起强震动的活动所造成的振动，可以在施工期安装临时地震仪。地震仪测量压力波速度，以此评估损坏结构或触发大坝在施工中失事的可能性。

广泛使用的强震仪基本可分为两大类：模拟加速度计和数字加速度计。具体将在下一节进行介绍（Shakal et al.，1996）。

5.3.8.1　模拟加速度计

最早的模拟加速度计始于 20 世纪 30 年代，是因为地震监测的需要，利用胶片记录时间和加速度的关系。这些设备不是总是可靠，而且由于 x、y 和 z 分量的不一致导致结果难以解释。模拟记录可能也需要数字化，这又既昂贵又耗时。这种仪器目前仅适用于地震可能性较低的区域，仪器在整个使用寿命期内需要记录的时候很少。

由于需要冲洗胶片，然后将其数字化，因此无法快速分析数据。模拟加速度计已成为古董式装置，目前一般已不再使用。

5.3.8.2　早期数字加速度计

数字加速度计最早出现在 20 世纪 70 年代，在磁带上以数字形式记录地震信息。早期的数字加速度计需要大量维护工作以保证其功能，并且磁带很难用于开发计算机接口。目前已被改进的加速度计所取代。

5.3.8.3   中期数字加速度计

中期数字加速度计出现于 20 世纪 80 年代，比早期数字加速度计更可靠、更易于使用。其缺点是电力需求大，无法使用电池，因此只适用于有电力供应的大坝。地震期间，电力服务通常会中断，备用发电机需要几秒钟才能输送电力，造成断电时数据有间断。与早期的胶片记录相比，中期数字加速度计以 12 位格式记录，具有更大的动态监测范围。

5.3.8.4   现代高分辨力数字加速度计

最新的加速度计采用 24 位格式记录，且其分辨力比中期数字加速度计高得多。在远程监测中，电力消耗仍然是一个问题。有关仪器的比较，请参见本章末尾的表 5.3。

5.3.9   天气（降雨和风）

在大坝、溢洪道和泄水口工程的规划、设计和运行阶段，降水总量与降水强度（即每小时降水量）是需要加以考虑的重要水文参数。降雨监测有助于了解区域水文条件，进一步确定大坝的预期设计洪水荷载。在对渗压计和量水堰、库水位数据等进行分析时，降雨量会影响其峰值和趋势，因此同样起着重要作用。对于确定大坝的波浪爬高，风速和风向监测非常重要。这些参数对于评价库岸边坡的稳定性或滑坡风险也很重要。

5.3.9.1   设计中的考虑因素

并不是每个大坝都需要气象站。通常，气象数据可以就近利用资源获取。如果需要设置气象站，应注意以下事项。

为保障获得的测量样本的代表性，气象站的选址非常重要。美国国家海洋和大气管理局（NOAA）和气象站厂家制定了布置气象监测仪器的指南和规范；但是，根据用户的目标、电缆长度限制、无线电传输距离限制或其他因素，对指南和规范中的规定作出适当的调整是必要的。风会引起降水测量的误差，雪和冰冻降水带来的误差会更大。树木、建筑物或其他仪表附近的高大物体可能会因风的湍流而使降水发生偏斜。为了避免风和由此产生的湍流问题，雨量计应布置在开阔的空间或高处，如建筑物顶部。最理想的地点是在全方位受到保护的地方，比如树林中的空地。保护设施的高度不应超过其与仪器的距离的两倍。雪地挡风设施的优化研究工作正在进行中，但诸如 Alter 挡风设施等公认的设计已经用了很多年。

NOAA 合作观测者项目指南中有有用的建议。

从积雪调查中获得的雪深和含水量有助于估算季节性径流量，从而为洪水管理工作提供依据。

测量风力大小和方向的风速仪最佳的安装位置是屋顶或高杆上。为获得最佳观测效果，风速仪应安装在屋顶以上至少 6ft 的位置；若在地面安装，应安装在开阔区域不受风影响的杆上，并至少高出地面 5ft。

表 5.3　仪器各项指标对比

变形和位移 测斜仪，见 5.3.7.1 节

项目	仪器名称					
	活动测斜仪（见 5.3.7.1 节）	固定测斜仪（MEMS 传感器）		测斜管	加速度计 阵列位移计	时域反射测量（TDR）见 5.3.7.3 节
		多段	多测点			
测量参数	钻孔中测斜管的横向变形	钻孔中测斜管的横向变形	钻孔中测斜管的横向变形	活动测斜仪和固定测斜仪需要	钻孔中测斜管或 PVC 导管的横向变形	确定钻孔中活动剪切面的位置
常见应用	堆石坝和坝肩，库岸边坡的边坡稳定性	堆石坝和坝肩，库岸边坡的边坡稳定性	堆石坝和坝肩，库岸边坡的边坡稳定性	用于测斜仪监测的测斜管	堆石坝和坝肩，库岸边坡的边坡稳定性	堆石坝和库岸边坡稳定性
当前仍在使用或是否已不再使用古董式仪器?[a]	当前	当前	古董式/当前	当前	当前	当前
安装细节/是否易于安装	需要测斜管。测斜仪探头，长有刻度 2ft，使用有刻度的信号电缆下放至测斜管底部，并以固定间隔（通常为 2ft）提升以获取读数	需要测斜管。传感器串轮之间有 2～10ft 刚性延长杆	需要测斜管。传感器串由 2～10ft 间隔的柔性杆连接式传感器串	放下测斜管并在钻孔中进行灌浆。地下水位高时必须控制钻孔内的浮力，或在新建大坝施工过程中逐步提升套管。可能会在滑动面处断裂	预组装 1.6ft 长器段节点串，可插入测斜管或导管灌浆	同轴电缆放置在钻孔或测斜管或导管中并进行灌浆
一般的考虑[b]	为保障读数的可重复性，需要熟练人员手动在测斜管中提升探头来采集读数灵巧	传感器串可以下放到预期位移的深度。也可以移除并在另一个钻孔中重复使用	传感器串可以下放到预期位移的深度。可以移除并在另一钻孔中重复使用	ABS 测斜管，直径为 2.75in 或 3.34in。导槽的扭矩必须尽可能小，不设伸缩节可承受的最大沉降为 1%	传感器串可以下放到预期位移的深度。也可以移除并在另一钻孔中重复使用	直径为 12.7mm（0.5in）的同轴电缆，可获得更强的信号
读取输出量的常用方法[b]	便携式读数仪，用于在测斜管中手动提升探头来采集读数	便携式读数仪，数据自动采集系统	便携式读数仪，数据自动采集系统	不适用	便携式读数仪，配有专用接口的数据自动采集系统	便携式时域反射读数仪或配有专用时域反射仪接口的数据自动采集系统
传感器类型	MEMS 加速度计，伺服加速度计	MEMS 加速度计，电解液式传感器	MEMS 加速度计，电解液式传感器	不适用	MEMS 加速度计	时域反射测量

续表

项目	仪 器 名 称					
	活动测斜仪	固定测斜仪（MEMS 传感器）		测斜管	加速度计阵列位移计	时域反射测量（TDR）见5.3.7.3节
		多段	多测点			
灵敏度	通常为 0.0006°（MEMS 数字式）	通常为 0.0006°（MEMS 数字式）	通常为 0.0006°（MEMS 数字式）	不适用	不适用	仪提供供剪切面的位置，而非位移大小
准确度	通常为±0.002°（MEMS 数字式）	通常为±0.002°（MEMS 数字式）	通常为±0.002°（MEMS 数字式）	不适用	±0.029°	根据电缆长度，电缆剪切位置在 2～5ft 范围内
可重复性	±1～3mm/30m（MEMS 数字式的系统准确度）	典型的是±0.002°（MEMS 数字式）	典型的是±0.002°（MEMS 数字式）	不适用	±1.5mm/32m	2～5ft
准确度/可重复性c	探头每年校准一次，或者在"校验和"过高时进行校准	确保传感器串在测斜管中的稳定定位。传感器之间的连接器必须防水	确保传感器串在测斜管中的稳定定位。传感器之间的连接器必须防水	保护测斜管口不受损坏	确保传感器串在导管中的稳定定位	如果同轴电缆护套受损，进水将破坏 TDR 信号
寿命d	探头：YYYYY 电缆：YYY	YYYY	YYYY	YYYYY	YYYY	YYYY
维护要求	探头定期校准。电缆定期检查	验证电缆表面完整性，可以考虑移除或提升传感器串	验证电缆表面完整性，可以考虑移除或提升传感器串	验证测斜管管完整性，淤泥和灰尘会积聚在测斜管滑槽中	验证电缆表面完整性，可以考虑移除或提升传感器串	验证电缆表面完整性
相关费用e	仪器：$$$$ 读数仪：$$$ 数据自动采集系统：不适用	仪器：$$ 读数仪：$$$ 数据自动采集系统到：$$$$	仪器：$ 读数仪：不适用 数据自动采集系统：适用	仪器：$ 读数仪：不适用 数据自动采集系统：不适用	仪器：$$$$ 读数仪：不适用 数据自动采集系统：$$$$	仪器：$ 读数仪：$$$ 数据自动采集系统：$$$$

项目	仪 器 名 称				
倾角计，见 5.3.7.4 节	表面安装倾角计	水下安装倾角计	钻孔内倾角计	便携式倾角计	梁式倾角计
测量参数	以重力作为参考基准的转动位移	以重力作为参考基准的转动位移	以重力作为参考基准的转动位移	以重力作为参考基准的转动位移	以重力作为参考基准的转动位移

续表

项目	仪器名称				
	表面安装倾角计	水下安装倾角计	钻孔内倾角计	便携式倾角计	梁式倾角计
常见应用	重力坝、附属混凝土结构的倾斜	混凝土面板堆石坝由沉降引起的混凝土面板的倾斜,其他水下环境(通常深度达700ft)	堆石坝、表层覆盖层的局部倾斜	重力坝的倾斜	检查廊道、坝顶的水平沉降剖面图
当前仍在使用或古董式仪器?[a]	当前	当前	当前	当前	当前
安装细节/是否容易于安装	垂直或水平安装支架	垂直或水平安装支架,建议使用防护罩	钻孔内灌浆	使用便携式倾角计测量固定的水平或垂直基准倾斜板的倾角	多个梁式倾角计串接
一般性的考虑[b]	混凝土或钢结构上安装的倾角计也可以显示与温度相关的倾斜位移。倾斜的温度测量有助于评估温度影响	混凝土或钢结构上安装的倾角计也可以显示与温度相关的倾斜位移。倾斜的温度测量有助于评估温度影响	混凝土或钢结构上安装的倾角计也可以显示与温度相关的倾斜位移。倾斜的温度测量有助于评估温度影响	混凝土或钢结构上安装的倾角计也可以显示与温度相关的倾斜位移。倾斜的温度测量有助于评估温度影响	混凝土或钢结构上安装的倾角计也可以显示与温度相关的倾斜位移。倾斜的温度测量有助于评估温度影响
读取输出量的常用方法	便携式读取仪、数据自动采集系统	便携式读取仪、数据自动采集系统	便携式读取仪、数据自动采集系统	便携式读取仪、数据自动采集系统	便携式读取仪、数据自动采集系统
传感器类型	MEMS加速度计、电解液式传感器	MEMS加速度计、电解液式传感器	MEMS加速度计、电解液式传感器	MEMS加速度计、电解液式传感器	MEMS加速度计、电解液式传感器
灵敏度	通常为0.0006°(MEMS数字式)	通常为0.0006°(MEMS数字式)	通常为0.0006°(MEMS数字式)	通常为0.0006°(MEMS数字式)	通常为0.0006°(MEMS数字式)
准确度	通常为±0.002°(MEMS数字式)	通常为±0.002°(MEMS数字式)	通常为±0.002°(MEMS数字式)	通常为±0.002°(MEMS数字式)	通常为±0.002°(MEMS数字式)
可重复性	通常为±0.002°(MEMS数字式)	通常为±0.002°(MEMS数字式)	通常为±0.002°(MEMS数字式)	±0.01°(MEMS数字式的系统准确度)	±0.01°(MEMS数字式的系统准确度)
准确度/可重复性[c]	严禁阳光直射	防止振动和外部冲击	防止振动和外部冲击	为保障读数的可重复性,需要操作人员灵巧	防止振动和外部冲击

续表

项目	表面安装倾角计	水下安装倾角计	钻孔内倾角计	便携式倾角计	梁式倾角计
		仪　器　名　称			
寿命[d]	YYYY	YYYYY	YYYYY	YYY	YYY
维护要求	防止任何接触或冲击。请考虑置于另一机箱内	防止任何接触或冲击。请考虑置于另一机箱内	验证电缆表面完整性	定期校准倾角计	防止任何接触或冲击。定期校准
相关费用[e]	仪器：$$ 读数仪：$$ 数据自动采集系统：$$$ 到 $$$$	仪器：$$ 读数仪：$$ 数据自动采集系统：$$$ 到 $$$$	仪器：$$$ 读数仪：$$ 数据自动采集系统：不到 $$$$	仪器：$$$ 读数仪：$$ 和 $$$ 数据自动采集系统：不适用	仪器：$$$ 读数仪：$$ 数据自动采集系统：$$$ 到 $$$$

正倒垂线，见 5.3.7.4 节（倾角计）

项目	正垂线	倒垂线
	仪　器　名　称	
测量参数	以重力作为参基准的转动位移	以重力作为参基准的转动位移
常见应用	混凝土重力坝和拱坝的总倾角	混凝土重力坝相对于基础的总倾角。安装后不方便进入孔底时使用
当前仍在使用或古董式仪器?[a]	当前	当前
安装细节/是否易于安装[b]	需要从坝顶延伸至坝基础的垂直竖井，直径通常为 8～12in	需要在地基中钻直径为 8～12in 的垂直钻孔
一般性的考虑	垂线长度不应超过 200ft。需要防止竖井滴水。比倒垂线简单	垂线长度不应超过 200ft。需要防止竖井滴水
读取输出量的常用方法[b]	机械式读数台，或接入 ADAS 的机电式或光学自动读数仪	机械式读数台，或接入 ADAS 的机电或光学自动读数仪
传感器类型	机械式、机电式或光学式	机械式、机电式或光学式
灵敏度	光学式读数仪通常为 0.01mm (0.0004in)	光学式读数仪通常为 0.01mm (0.0004in)
准确度	光学式读数仪通常为 0.05mm (0.002in)	光学式读数仪通常为 0.05mm (0.002in)
可重复性	光学式读数仪通常为 0.05mm (0.002in)	光学式读数仪通常为 0.05mm (0.002in)

续表

项目	仪器名称	
	正垂线	倒垂线
准确度/可重复性[c]	必须定期检查阻尼液。与油箱和竖井无接触。竖井中无气流	必须定期检查阻尼液。与油箱和竖井无接触。竖井中无气流
寿命[d]	YYYY	YYYY
维护要求	定期更换阻尼液和检查组件。确认无阻挡	定期更换阻尼液和检查各组件。确认无阻挡
相关费用[e]	仪器：$$$　读数仪：$$$$　数据自动采集系统：$$$$$	仪器：$$$$　读数仪：$$$$　数据自动采集系统：$$$$$

钻孔变位计，见 5.3.7.5 节（沉降仪）

项目	仪器名称					
	多杆式钻孔多点变位计	单杆式（增量式）钻孔多点变位计	探头式变位计	Borros 上拾/沉降测点（Geonor 沉降仪探头）	USBR 沉降仪	收敛计，见 5.3.7.6 节
测量参数	沿钻孔轴线的压缩和拉伸变形	沿钻孔轴线的压缩和拉伸变形	沿钻孔轴线的压缩和拉伸变形	沿钻孔轴线的压缩和拉伸变形	沿钻孔轴线的压缩和拉伸变形	两点之间的距离变化
常见应用	混凝土坝基的压缩。坝肩地质构造的位移	混凝土坝基的压缩。坝肩地质构造的位移	土坝中的沉降	土坝中的沉降	土坝中的沉降	地下厂房、导流洞
当前仍在使用或是否置换古董式仪器？[a]	当前	当前	当前	当前	古董式	当前
安装细节/是否易于安装	需要直径 75～100mm 的钻孔、灌浆锚头或其他类型（液压胶囊锚……）	需要直径 75～100mm 的钻孔、灌浆锚头或其他类型（液压胶囊锚……）	需要垂直的沉降管（直径 25～35mm）或测斜管，以及沿管道的电磁沉降板或测点	立管和同心内部刚性杆连接到底部锚头	带横臂的伸缩钢管段	在基准锚固点见用钢尺或激光测量
一般性的考虑	如果预期会压缩、杆不会必须刚度足够以不会弯曲	电测头埋入钻孔中	为保障读数的可重复性，需要读数人员操作灵巧。每次都必须从孔底读数到孔口	为保障读数的可重复性，需要读数人员操作灵巧。每次都必须读数到孔底或相同的读数孔口	为保障读数的可重复性，需要读数人员必须以相同的方式从孔底读数到孔口	为保障读数的可重复性，需要读数人员操作灵巧

续表

项目	多杆式钻孔多点变位计	单杆式(增量式)钻孔多点变位计	探头式变位计	Borros上拱/沉降测点(Geonor沉降仪探头)	USBR沉降仪	收敛计,见5.3.7.6节
读取输出量的常用方法 b	机械式读数仪(深度计)或电测读数仪(钢弦式位移传感器、电位计、LVDT❶)	电测式(钢弦式位移传感器、电位计......)	仅手动读取;探头下放至沉降管中。深度从带刻度的电缆上读取	手动读取:内杆相对于立管的位移	仅手动读取;探头下放至管中	百分表(机械式或数字式)或激光
传感器类型	钢弦式、电位计或其他	钢弦式、电位计	簧片开关探头	手动读取刻度,也可以使用电测式位移传感器实现自动化	不能自动化	激光距离传感器的准确度在0.1~1mm之间
灵敏度	通常为0.001~0.05mm (0.00004~0.002in)	通常为0.001~0.05mm (0.00004~0.002in)	0.1~0.5mm (0.02in)	通常为0.5mm(0.02in)(手动读数仪)	通常为0.5mm(0.02in)	百分表0.01mm(0.0004in)
准确度	通常为0.001~0.05mm (0.00004~0.002in)	通常为0.001~0.05mm (0.00004~0.002in)	0.1~0.5mm (0.02in)	通常为0.5mm(0.02in)(手动读数仪)	通常为0.5mm(0.02in)	百分表、0.01~0.05mm (0.0004~0.002in)
可重复性	通常为0.01~0.05mm (0.0004~0.002in)	通常为0.01~0.05mm (0.0004~0.002in)	0.1~0.5mm (0.02in)	通常为0.5mm(0.02in)(手动读数仪)	通常为0.5mm(0.02in)	百分表:0.1~0.5mm (0.004~0.01in); 激光:0.1~1mm
准确度/可重复性 c	刚性杆提供更高的读取准确度和可重复性,尤其是发生预期的压缩位移时	刚性杆提供更高的读取准确度和可重复性,取其是否发生预期的压缩位移时		钻孔中的摩擦或剪切位移会影响读数	每次都必须以相同的方式从孔底到孔口读数	钢尺的温度膨胀可能是误差的重要来源
寿命 d	YYYYY	YYYYY	YYYYY	YYYY	YYYY	YYY
维护要求	定期检查电测头。验证电缆表面的完整性	验证电缆表面完整性	定期检查读数仪刻度的电缆	定期检查	定期检查仪器	定期检查仪器和锚固点
相关费用 e	仪器:$$$到$$$$$; 读数仪:$$$; 数据自动采集系统:$$$到$$$$	仪器:$$$到$$$$$; 读数仪:$到$$$; 数据自动采集系统:$$$到$$$	仪器:$$$; 读数仪:$$; 数据自动采集系统:不适用	仪器:$$到$$$(电测式传感器); 读数仪:$$; 数据自动采集系统:不适用或$$$(电测式传感器)	仪器:$; 读数仪:$$; 数据自动采集系统:不适用	仪器:$; 读数仪:$$$$; 数据自动采集系统:不适用

❶ 原文误为CVDT——译者注。

续表

测缝计和裂缝计，见 5.3.7.7 节

项目	仪器名称				
	手动式裂缝计，见 5.3.7.7 节	电测裂缝计	水下安装裂缝计	埋入测缝计	埋入式主体应变计或变位计
测量参数	表面裂缝或接缝的一维、二维或三维位移	表面裂缝或接缝的一维、二维或三维位移	表面裂缝或接缝的一维、二维或三维位移	混凝土块间间接缝的一维拉伸/压缩	土石坝水平向的一维拉伸/压缩
常见应用	混凝土表面裂缝、边坡、岩石接缝	大坝裂缝、边坡的拉伸裂缝	混凝土坝和附属结构的游面	混凝土坝、混凝土面板堆石坝	土石坝或面板堆石坝的心墙和坝壳的拉伸/压缩
当前仍在使用或古董式仪器？[a]	当前	当前	当前	当前	当前
安装细节/是否易于安装	表面安装，通常采用灌浆或机械锚固	表面安装，通常采用灌浆或表面锚固	表面安装，通常采用灌浆锚固	在施工期埋入混凝土接缝中	在大坝施工期埋入长度为 2~10ft 的收敛计
一般性的考虑[b]	为保障读数的可重复性，需要读数人员操作灵巧	安装在混凝土或钢结构上的裂缝计也可以显示与温度相关的倾斜位移	安装在混凝土或钢结构上的裂缝计也可以显示与温度相关的倾斜位移	安装在混凝土或钢结构上的裂缝计也可以显示与温度相关的倾斜位移	收敛计串可以串联安装
读取输出量的常用方法[b]	机械读数：百分表或深度计	便携式读数仪：ADAS	便携式读数仪：ADAS	便携式读数仪：ADAS	便携式读数仪：ADAS
传感器类型	可拆卸弹簧加载电位计或 LVDT	钢弦式位移传感器、电位计、LVDT	钢弦式位移传感器、电位计、LVDT	钢弦式位移传感器、电位计、LVDT	钢弦式位移传感器、电位计、LVDT
灵敏度	百分表：0.01mm(0.0004in)	钢弦式：通常为 0.01~0.04mm（0.0004~0.0016in），具体取决于测量距离	钢弦式：通常为 0.01~0.04mm（0.0004~0.0016in），具体取决于测量距离	钢弦式：通常为 0.01~0.04mm（0.0004~0.0016in），具体取决于测量距离	钢弦式：通常为 0.01~0.04mm（0.0004~0.0016in），具体取决于测量距离
准确度	0.02~0.05mm（0.0008~0.002in）	0.01~0.1mm（0.0004~0.004in）（钢弦式：通常为 ±0.2%量程）	0.01~0.1mm（0.0004~0.004in）（钢弦式：通常为 ±0.2%量程）	0.01~0.1mm（0.0004~0.004in）（钢弦式：通常为 ±0.2%量程）	0.01~0.1mm（0.0004~0.004in）（钢弦式：通常为 ±0.2%量程）
可重复性	0.02~0.05mm（0.0008~0.002in）	0.01~0.1mm（0.004in）。具体取决于传感器类型和测量距离	0.01~0.1mm（0.004in）。具体取决于传感器类型和测量距离	0.01~0.1mm（0.004in）。具体取决于传感器类型和测量距离	0.01~0.1mm（0.0004~0.004in）。具体取决于传感器类型和测量距离

项目	仪器名称				
	手动式裂缝计	电测裂缝计	水下安装裂缝计	埋入测缝计	埋入式土体应变计或变位计
准确度/可重复性[c]	确保百分表可重复定位。使用基准测量杆	钢弦式位移传感器配有温度修正系数	钢弦式位移传感器配有温度修正系数	钢弦式位移传感器配有温度修正系数	钢弦式位移传感器配有温度修正系数
寿命[d]	YYY	YYYY	YYYYY	YYYY	YYYY
维护要求	定期检查仪器和锚固点	防止接触或冲击。定期检查	防止接触或冲击	验证电缆表面的完整性	验证电缆表面的完整性
相关费用[e]	仪器: $ 读数仪: $$$ 数据自动采集系统: 不适用	仪器: $$ 读数仪: $$$ 数据自动采集系统: $$$到$$$$	仪器: $$ 读数仪: $$$ 数据自动采集系统: $$$到$$$$	仪器: $$ 读数仪: $$$ 数据自动采集系统: $$$$	仪器: $$ 读数仪: $$$ 数据自动采集系统: $$$$

项目	仪器名称				
	液压测量技术	液压沉降剖面仪——标准型	液压沉降剖面仪——双液型	静力水准测量技术	精密沉降测量——水位式

不均匀沉降与静力水准仪，见5.3.7.5节（沉降仪）

项目	液压测量技术	液压沉降剖面仪——标准型	液压沉降剖面仪——双液型	静力水准测量技术	精密沉降测量——水位式
测量参数	心墙和坝壳沉降，混凝土面板沉降	连续沉降剖面	连续沉降剖面	高精度沉降	高精度沉降
常见应用	土石坝，混凝土面板堆石坝	小型堤坝	土石坝	隧道，厂房	隧道，厂房
当前仍在使用或古董式仪器?[a]	当前	当前	古董式	当前	当前
安装细节/是否易于安装	在施工期埋入测头，通过液压导管连接到下游带刻度的垂直水位指示器的读数。还需要通气器玻璃雨管和排水管	安装在鱼雷装置的传感器连接到下游压力传感器的沉降板，通过双液压导管连接到下游的水池	在施工期埋入充满脱气水的管环路中	沿直径为2~3in的水平导管横向连接到充液室	沿直径为4~8in的水平导管横向连接到充液室

续表

项目	仪　器　名　称					
	溢流测量技术	液压测量技术	液压沉降剖面仪——标准型	液压沉降剖面仪——双液型	静力水准测量技术	精密沉降测量——水位式
一般性的考虑	要求导管道向下平滑倾斜(1%~2%)至测头。必须使用脱气水或过饱和脱气乙二醇溶液。随后定期脱气以去除气泡。管道直径必须足够大以消除气泡	要求导管道向下平滑倾斜(1%~2%)至测头。必须使用脱气水或乙二醇溶液。随后定期脱气以去除气泡。管道直径必须足够大以消除气泡	为保障读数的可重复性，需要读数人员操作灵巧	需要使用水银	水平导管必须相当水平，以避免聚积气泡	水平导管必须在严格公差范围内保持水平(小于导管直径的一半)
读取输出量的常用方法[b]	在垂直刻度尺(竖直刻度尺)器导管底部的小量程压力传感器上人工读数	在小量程压力传感器头上读取液压头变化	沿着导管拉动压力传感器，每隔一段时间读取压力	水银从一端泵出，连续读取压力以绘制断面分布图	连接至测观室内浮子的位移传感器	钢弦式力传感器连接到水平导管侧面的浮子上
传感器类型	手动/或钢弦式或4~20mA压力传感器	钢弦式或4~20mA压力传感器	钢弦式或4~20mA压力传感器	钢弦式或4~20mA压力传感器	钢弦式或4~20mA压力传感器	钢弦式或4~20mA压力传感器
灵敏度	电测式传感器：通常为1mm(0.04in)或0.25mm(0.01in)	0.25~1mm(0.01~0.04in)，取决于传感器的量程	0.25~1mm(0.01~0.04in)，取决于传感器的量程	10mm(0.4in)，取决于传感器的量程	通常为0.1mm(0.004in)	通常为0.025mm(0.001in)
准确度	手动式：1~2mm(0.04~0.08in) 电测式：通常为0.5mm(0.02in)	通常为0.5~2mm(0.02~0.08in)	通常为0.5~2mm(0.02~0.08in)	通常为10mm(0.4in)	通常为0.25~1mm(0.01~0.04in)	通常为0.025mm(0.001in)
可重复性	手动式：1~2mm(0.04~0.08in) 电测式：通常为0.5mm(0.02in)	通常为0.5~2mm(0.02~0.08in)	通常为0.5~2mm(0.02~0.08in)	通常为10mm(0.4in)	通常为0.25~1mm(0.01~0.04in)	通常为0.025mm(0.001in)
准确度/可重复性[c]	导管中可能聚积气泡，如果不清除，将会造成较大的读数偏差	导管中可能聚积气泡，如果不清除，将会造成较大的读数偏差。选定一个基准校正用于校正大气压力变化(如果传感器非通气型)和流体密度随温度的变化	确保压力传感器在每个时间可重复定位	导管中可能聚积气泡，如果不清除，将会造成较大的读数偏差	安装在稳定位置的基准校正头可用于提高准确度	安装在稳定位置的基准测头可用于提高准确度

续表

项目	溢流测量技术	液压测量技术	液压沉降剖面仪——标准型	液压沉降剖面仪——双液型	静力水准测量技术	精密沉降测量——水位式
			仪　器　名　称			
寿命d	YYYYY	YYYY	YYY	YYYYY	YYYYY	YYYY
维护要求	定期全面冲洗	使用合适的设备定期冲洗或排除液体中的空气	定期检查读数仪	使用合适的设备定期冲洗	定期冲洗和检查	定期冲洗和检查
相关费用e	仪器：$$ 读数仪：$$$ 数据自动采集系统：$$$$	仪器：$$ 读数仪：$$$ 数据自动采集系统：$$$到$$$$	仪器：$$ 读数仪：$$$$ 数据自动采集系统：不适用	仪器：$$ 读数仪：$$$ 数据自动采集系统：$$$$	仪器：$$$ 读数仪：$$$ 数据自动采集系统：$$$$	仪器：$$$ 读数仪：$$$ 采集系统：$$$$ 数据自动

地下水位和孔隙水压

开敞式测压管（卡萨格兰德测压管）和水位观测孔，见5.3.1.3节

项　目	开敞式测压管	水位观测孔
	仪　器　名　称	
测量参数	土石坝内的水压力和水位	土石坝内的水位
常见应用	下游坝壳、烟囱式排水和铺盖排水，下游坝壳的孔隙水压力或水位	下游坝壳或地基的水位
当前仍在使用或古董式仪器？a	当前	当前
安装细节/是否容易于安装	在施工期间或钻孔中安装竖直塑料管或钢管，底部是进水滤嘴	施工期间安装的竖直塑料管或钢管，管底部或沿全长有开槽
一般性的考虑b	随着时间的推移，进水滤嘴可能会堵塞。如果仪器对水柱无反应，需要清洗或吹扫	随着时间的推移，进水滤嘴可能会堵塞。如果仪器对水柱无反应，需要清洗或吹扫
读取输出量的常用方法	手动：水位计	手动：水位计
传感器类型	钢弦式或应变式压力传感器悬挂在测压管管口	钢弦式或应变式压力传感器悬挂在测压管管口
灵敏度	1mm或0.01ft的钢尺刻度	1mm或0.01ft的钢尺刻度
准确度	水位计通常为2mm（0.08in）	水位计通常为2mm（0.08in）
可重复性	水位计通常为2mm（0.08in）	水位计通常为2mm（0.08in）

续表

项　目	仪　器　名　称	
	开敞式测压管	水位观测孔
准确度/可重复性c	深测压管壁上的水滴会导致读数错误	深孔壁上的水滴会导致读数错误
寿命d	YYYY至YYYYY	YYYY至YYYYY
维护要求	通过加水并确认恢复到先前水平的定期响应测试。可能需要冲洗	通过加水并确认恢复到先前水平的定期响应测试。可能需要冲洗
相关费用e	仪器：$$ 读数仪：$$ 数据自动采集系统：不适用	仪器：$$ 读数仪：$$ 数据自动采集系统：不适用

气压式和液压渗压计，见5.3.1.4节

项目	仪　器　名　称					
	气压式渗压计	双管式液压渗压计	电阻应变式渗压计，见5.3.1.5节	钢弦式渗压计，见5.3.1.6节	光纤渗压计，见5.3.1.7节	石英压力传感器，见5.3.1.8节
测量参数	土石坝内的孔隙水压力和水位	土石坝内的孔隙水压力和水位	土石坝内的孔隙水压力和水位	土石坝内的孔隙水压力和水位	土石坝内的孔隙水压力和水位	高精度水压
常见应用	下游进水段、烟囱和铺盖排水、下游坝壳的孔隙水压力或水位	下游进水段、烟囱和铺盖排水、下游坝壳的孔隙水压力或水位	下游进水段、烟囱和铺盖排水、下游坝壳的孔隙水压力或水位	心墙、下游进水、下游坝壳、铺盖接触处、灌浆帷幕后基础中的孔隙水压力或水位	心墙、下游进水段、下游坝壳、铺盖接触处、灌浆帷幕后基础中的孔隙水压力或水位	特殊应用（上下游水库水位、量水堰等）。大坝上平见使用
当前仍在使用或古董式仪器?a	古董式、当前有限	古董式	当前	当前	当前	当前
安装细节/是否易于安装	直接埋入需关注区域或开敞式测压管中	下放到开敞式测压管中或直接埋入需关注区域（不常用）	下放到开敞式测压管中或直接埋入需关注区域（不常用）	直接埋入需关注区域或下放到开敞式测压管中，可以通过全灌浆方法安装在全钻孔（岩石或土体）中	直接埋入需关注区域或下放到全灌浆方中，可以通过全灌浆方法安装在全钻孔（岩石或土体）中	不适用

续表

项目	仪器名称					
	气压式渗压计	双管式液压渗压计	电阻应变式渗压计，见5.3.1.5节	钢弦式渗压计，见5.3.1.6节	光纤渗压计，见5.3.1.7节	石英压力传感器，见5.3.1.8节
一般性的考虑	用于氮气气循环的双管可能会扭结或压扁，须得到适当的保护	需要脱气水或乙二醇溶液。之后通常需去除气泡	与钢弦式渗压计相比，对雷击和瞬态损坏更敏感	电缆沿地面走线长度超过150～300ft时，可能需要电和瞬时频率保护。信号电缆采用4芯加埋入主坝中，如果受不均匀沉降影响，建议使用久埋型重型电缆	不受雷击和瞬态损坏。受损的电缆拼接需专用设备	不适用
读取输出量的常用方法[b]	便携式读数仪。实现自动化需要复杂的硬件和电子设备	手动读取（包尔登压力表）。实现自动化需要复杂的硬件和电子设备	手动读取和数据自动采集系统	手动读取和数据自动采集系统	手动读取和数据自动采集系统	手动读取和数据自动采集系统
传感器类型	便携式读数仪可设计用于测量低水压或高水压	钢弦式或4～20mA压力传感器	模拟（4～20mA或0～5V DC）或数字（RS485）输出	频率输出（通常在2000～3500Hz之间）。可能不常见式，但不常见	Fabry-Perot或Bragg干涉测量	频率或数字（RS232和RS485）输出
灵敏度	通常为量程的0.1%	通常为10mm（0.4in），具体取决于探头的测距	通常为量程的0.025%	通常为量程的0.025%	通常为量程的0.025%	通常为量程的0.000001%
准确度	通常为量程的±0.25%	通常为10mm（0.4in）	通常为量程的±0.1%	通常为量程的±0.1%	通常为量程的±0.1%	通常为量程的±0.01%
可重复性	通常为量程的0.1%	通常为10mm（0.4in）	通常为量程的0.025%	通常为量程的0.025%	通常为量程的0.025%	通常为量程的±0.01%
准确度复性[c]	导管太长会降低读数的准确度	导管中可能聚积气泡，如果不清除，将会造成较大的读数偏差	长引线电缆会降低信号质量（尤其是0～5V DC），并提高雷击损坏的风险	曾经有钢弦式渗压计出现零点漂移。现在由制造商控制。但如果渗压计将永久埋入，则应进行抽查	如果渗压计将永久埋入人，则应抽查零点漂移。	数字式型号具备完整的准确特性，表现出更好的热稳定度和性能
寿命[d]	YYYY到YYYYY	YYYY到YYYY	YYY到YYYY	YYYYY	不清楚	YYYY到YYYYY

续表

项目	仪　器　名　称					
	气压式渗压计	双管式液压渗压计	电阻应变式渗压计，见5.3.1.5节	钢弦式渗压计，见5.3.1.6节	光纤渗压计，见5.3.1.7节	石英压力传感器，见5.3.1.8节
维护要求e	验证管材表面的完整性	验证管材表面的完整性。校准包尔松管	验证管材表面的完整性。如果可能，每5年重新校准传感器	验证管材表面的完整性。如果可能，每5年重新校准传感器	验证管材表面的完整性。如果可能，每5年重新校准传感器	验证管材表面的完整性。如果可能，每5年重新校准传感器
相关费用e	仪器: $到$$；读数仪: $$$；数据自动采集系统: 不适用	仪器: $$；读数仪: $$到$$$（电测式）；数据自动采集系统: $$$$（电测式）不适用	仪器: $$$；读数仪: $$$；数据自动采集系统: $$$到$$$$	仪器: $$；读数仪: $$$；数据自动采集系统: $$$到$$$$	仪器: $$；读数仪: $$$$；数据自动采集系统: $$$$到$$$$$	仪器: $$$；读数仪: $$$；数据自动采集系统: $$$$到$$$$

单孔多渗压计，见 5.3.1.9 节（单孔多渗压计）①

项目	仪　器　名　称		
	全孔灌浆的渗压计①	韦斯特贝（Westbay）系统	消铁卢（Waterloo）系统
测量参数	多层土壤和岩石裂隙中的孔隙水压力	多层土壤和岩石裂隙中的孔隙水压力	多层土壤和岩石裂隙中的孔隙水压力
常见应用	土石坝和坝基（岩石或土壤）中的多层水压	土石坝和坝基（岩石或土壤）中的多层水压	土石坝和坝基（岩石或土壤）中的多层水压
当前仍在使用或是古董式仪器?a	当前	当前	当前
安装细节/是否易于安装	在钻孔中采用膨润土-水泥混合物进行灌浆。水泥、膨润土和水的混合比例必须根据周围土壤或岩石类型进行调整	护管接头处设置测量端口和永久安装在钻孔中的	一套特制的双层止塞，中间有读数进口端，止浆塞与防护护管相连
一般性的考虑	单个渗压计可进行灌浆，或者预先装配在多芯电缆上的渗压计串可以一次灌浆	有特定的安装步骤。流体采样泵或采样，取样，化学传感	有特定的安装步骤。系统可以定制：开管或专用压力测量，取样，吹扫
读取输出量的常用方法b	便携式读取仪，数据自动采集系统	由导管中的探头监测水压	样品入口端的压力传感器测量水压。可以连接到 ADAS

① 原文误为 5.3.7.5 节（沉降仪）——译者注。

项目	仪器名称		
	全孔灌浆的渗压计	韦斯特贝（Westbay）系统	滑铁卢（Waterloo）系统
传感器类型	一般钢弦式渗压计或其他类型的低位移感应膜	4～20mA压力传感器	4～20mA压力传感器
灵敏度	取决于所用的渗压计类型	通常为0.025%量程	通常为0.025%量程
准确度	取决于所用的渗压计类型	通常为±0.1%量程	通常为±0.1%量程
可重复性	取决于所用的渗压计类型	通常为0.025%量程	通常为0.025%量程
准确度（可重复性）[c]	灌浆混合物的渗透性必须在2～3个数量级的公差范围，并与周围容水或土壤的渗透性相似	正确安装和密封止浆塞是多层压力测量的关键	正确安装和密封止浆塞是多层压力测量的关键
寿命[d]	YYYYY	YYYYY到YYYYY	YYYYY到YYYYY
维护要求	验证电缆表面完整性	定期检查	定期检查
相关费用	仪器：$$ 读数仪：$$$ 数据自动采集系统：$$$到$$$$	仪器：$$$ 读数仪：$$$ 数据自动采集系统：$$$到$$$$	仪器：$$$ 读数仪：$$$ 数据自动采集系统：$$$

渗透压力、流量和浑浊度，见5.3.2.1节（渗流量测量）

项目	仪器名称		
	标定的容器和秒表	帕氏量槽	三角量堰
测量参数	渗流量（gal/min）	渗流量（gal/min）	渗流量（gal/min）
常见应用	下游渗流	下游渗流	下游渗流
当前仍在使用或古董式仪器？[a]	当前	当前	当前
安装细节/是否易于重置安装	必须根据预计的流量大小调整尺寸。需要将渗水引至测量点	必须根据预计的流量大小调整尺寸。需要将渗水引至测量点	必须根据预计的流量大小调整尺寸。需要将渗水引至测量点
一般性的考虑	手动测量，无连续数据	能适应不同的渗流量和高固体含量吗？	更适合测量较小的流量。当前流量有助于汇集沉积物
读取输出量的常用方法[b]	注满标定的容器的时间，然后转换为流量	多种选择：水尺、压力传感器、钢弦式量水堰计、超声波液位传感器（见后文）	多种选择：水尺、压力传感器、钢弦式量水堰计、超声波液位传感器（见后文）

续表

项目	仪 器 名 称		
	标定的容器和秒表	响氏量水槽	三角量水堰
传感器类型	不适用	通气型应变计或通气型钢弦式渗压传感器，通常范围为 1~2m（3.28~6.56ft）	通气型应变计或通气型钢弦式渗压传感器，通常范围为 1~2m（3.28~6.56ft）
灵敏度	不适用	取决于所用的液位测量传感器（见下文）	取决于所用的液位测量传感器（见下文）
准确度	0.1gal/min，取决于容器大小	取决于所用的液位测量传感器（见下文）	取决于所用的液位测量传感器（见下文）
可重复性	0.1gal/min，取决于容器大小	取决于所用的液位测量传感器（见下文）	取决于所用的液位测量传感器（见下文）
准确度/可重复性 [c]	取决于操作员	水槽中的水位通过转换方程转换为流量。流量较低时，系统准确度较低	水槽中的水位通过转换方程转换为流量。流量较低时，系统准确度较低
寿命 [d]	YY	YY	YYYYY
维护要求	无维护。定期更换	定期清洁	定期清洁
相关费用	仪器：$ 到 $$ 读数仪：不适用 数据自动采集系统：不适用	仪器：$$$ 读数仪：不适用 数据自动采集系统：不适用	仪器：$$$ 读数仪：不适用 数据自动采集系统：不适用

量水槽和量水堰水位测量，见 5.3.2.2 节（水位测量）

项目	仪 器 名 称				
	小量程压力传感器，见 5.3.2.2 节	钢弦式量水堰式计	超声波和雷达感应技术	流量计（流速计）	浊度计
测量参数	量水槽和量水堰前的水位	量水槽和量水堰前的水位	量水槽和量水堰的水位	渗流量 (gal/min)	水的浊度
常见应用	下游渗流量	下游渗流量	下游渗流量	下游渗流量	下游渗透水中的悬浮固体
当前仍在使用仪器？或当前仍是易于单独安装？[a]	当前	当前	当前	当前	当前
安装细节/是否易于安装	测量范围必须符合量水槽或量水堰前的预计水位	测量范围必须符合量水槽或量水堰前的预计水位	测量范围必须符合量水槽或量水堰前的预计水位	设计和工作原理上。通常安装在输水管道上，也可用于明渠，但需要单独进行液位测量	淹没在水中

续表

项目	仪器名称				
	小量程压力传感器	钢弦式量水堰式计	超声波和雷达感应技术	流量计（流速计）	浊度计
一般性的考虑	冬天结冰会损坏传感器。通气型钢弦式传感器需要定期更换干燥剂盒	通气型钢弦式传感器需要定期更换干燥剂盒	安装在水面上方的支架上。仪器可能容易遭受雷击而损坏	导管必须充满水，以便正确测量	最近的型号不需要维护或重新校准，其他型号需要定期更换刷雨器
读取输出量的常用方法[b]	便携式读数仪或数据自动采集系统	便携式读数仪或数据自动采集系统	便携式读数仪或数据自动采集系统	便携式读数仪或数据自动采集系统	便携式读数仪或数据自动采集系统
传感器类型	通气型应变式计或通气型钢弦式压力传感器，测量范围通常为 $1\sim2m$（$3.28\sim6.56ft$）	通气型钢弦式力传感器，测量范围通常为 $0.15\sim1.5m$（$0.5\sim5ft$）	$4\sim20mA$，$0\sim10V$ 直流电或数字输出，测量范围通常为 $0.1\sim3m$（$0.3\sim10ft$）	$4\sim20mA$ 传感器，$1\sim1000gal/min$ 通常为最小流量最大流量	$4\sim20mA$，$0\sim10V$ 直流电或数字输出，测量范围为 $0.1\sim400$ 或 $1000NTU$
灵敏度	通常为量程的 0.025%	通常为量程的 0.025%	通常为量程的 0.025%	通常为量程的 0.025%	通常为量程的 0.025%
准确度	通常为量程的 ±0.1%	通常为量程的 ±0.1%	通常为量程的 ±(0.1～0.2)%	通常为量程的 ±0.25%	通常为量程的 ±1.00%～3.00%
可重复性	通常为量程的 0.025%	通常为量程的 0.025%	通常为量程的 0.025%	通常为量程的 0.025%	通常为量程的 0.025%
准确度可重复性[c]	保护通气管免受外部冲击、冰冻和水、湿气侵入	保护通气管免受外部冲击、冰冻和水、湿气侵入	可重复性会受水面和环境影响	最小最大流量范围随导管直径（通常为 $1\sim4in$）的变化而变化	光学器件表面的污垢可能会影响可重复性
寿命[d]	YYYY 到 YYYY	YYYY	YYY 到 YYYY	YYYY	YYYY
维护要求	定期检查和清洁，定期（5 年左右）重新校准传感器	定期检查和清洁，定期（5 年左右）重新校准传感器	定期检查和清洁，定期（5 年左右）重新校准传感器	定期检查和清洁，定期（5 年左右）重新校准传感器	定期检查和清洁，定期（5 年左右）重新校准传感器
相关费用[e]	仪器：$$$ 读数仪：$$$ 数据自动采集系统：$$$ 到 $$$$	仪器：$$$ 读数仪：$$$ 数据自动采集系统：$$$ 到 $$$$	仪器：$$$ 到 $$$$ 读数仪：$$$ 数据自动采集系统：$$$ 到 $$$$	仪器：$$$$ 读数仪：$$$ 到 $$$ 数据自动采集系统：$$$$ 到 $$$$	仪器：$$$ 读数仪：$$$ 数据自动采集系统：$$$$

续表

应力和应变
应变测量仪器，见 5.3.4 节

项目	机械式应变计（见5.3.4节）	电测式应变计——电阻式（卡尔逊逊式）应变计	电测式应变计——钢弦式应变计	"姊妹杆"	应变计组（见5.3.4.2节）	无应力计（见5.3.4.3节）
				仪　器　名　称		
测量参数	应变	应变	应变	应变	应变	应变
常见应用	混凝土和钢结构的应变	混凝土和钢结构的应变	混凝土和钢结构的应变	混凝土的应变	二维和三维应变	水化作用用修正
当前或古董式仪器？[a]	当前	当前、古董式	当前	当前	当前	当前
安装细节/是否易于安装	测量螺柱黏结或灌浆至混凝土、钢结构表面，间隔约10cm (4in)	埋入混凝土中或安装在钢结构表面	埋入混凝土中	埋入混凝土中	2~6个应变计安装在支架的不同的方向	应变计安装在带衬垫的容器中
一般性的考虑[b]	为保障读数的可重复性，需要读数人员操作灵巧	仪器标距至少是混凝土骨料最大尺寸的3~4倍	仪器标距至少是混凝土骨料最大尺寸的3~4倍	与大直径的钢筋平行安装或替代用于替代钢筋埋入式应变计	混凝土浇筑期间需谨慎	混凝土浇筑期间需谨慎
读取输出量的常用方法[b]	机械式读数：高分辨的百分表	卡尔逊便携式读数仪或数据自动采集系统	钢弦式便携读数仪、数据自动采集系统	钢弦式便携读数仪、数据自动采集系统	钢弦式便携读数仪、数据自动采集系统	钢弦式便携读数仪、数据自动采集系统
传感器类型	百分表或可拆卸弹簧负载电位计或LVDT	卡尔逊式	钢弦式	钢弦式	钢弦式	钢弦式
灵敏度	0.001mm (0.0004in)，例如，10个微应变	2~5个微应变取决于应变计的测量基长	0.4个微应变	0.4个微应变	0.4个微应变	与钢弦式应变计相同
准确度	0.001mm (0.0004in)，例如，10个微应变	通常为±0.5%量程（如果单独校准，则为±0.1%量程）	通常为±0.5%量程（如果单独校准，则为±0.1%量程）	通常为±0.25%量程	与钢弦式应变计相同	与钢弦式应变计相同

续表

仪 器 名 称

项目	机械式应变计	电测式应变计		"姊妹杆"	应变计组 见5.3.4.2节	无应力计，见5.3.4.3节
		电阻式（卡尔逊式）应变计	钢弦式应变计			
可复性	0.001mm（0.0004in），例如，10个微应变	2~5个微应变取决于应变计的测量基长	1个微应变	1个微应变	与钢弦式应变计相同	与钢弦式应变计相同
准确度/重复性[c]	确保百分表可重复定位，使用基准测量杆	卡尔逊式应变计通常不单独校准。量程为1000~4000个微应变，具体应变计基长	钢弦式应变计通常不单独校准。满量程为3000个微应变	"姊妹杆"通常单独校准。满量程为3000个微应变	与钢弦式应变计相同	与钢弦式应变计相同
寿命[d]	YYYY	YYYYY	表面安装：YYYYY 埋入式：YYYYY	YYYYY	YYYYY	YYYYY
维护要求	定期检查仪器和基准螺柱	验证电缆表面完整性	若是表面安装，检查应变计；验证电缆表面完整性	验证电缆表面完整性	验证电缆表面完整性	验证电缆表面完整性
相关费用[e]	仪器：$ 读数仪：$$$ 数据自动采集系统：不适用	仪器：$$ 读数仪：$$$ 数据自动采集系统：$$$到$$$$	仪器：$ 读数仪：$$$ 数据自动采集系统：$$$到$$$$	仪器：$$ 读数仪：$$$ 数据自动采集系统：$$$到$$$$	仪器：$$ 读数仪：$$$ 数据自动采集系统：$$$到$$$$	仪器：$ 读数仪：$$$ 数据自动采集系统：$$$到$$$$

应力测量，见5.3.5节

仪 器 名 称

项目	应力包体	总压力盒和混凝土应力计		液压式应力计	分布式光纤应变测量，见5.3.4节
		膜应力计	总压力盒式应力计		
测量参数	应力	应力	总压力	应力	应力
常见应用	混凝土和岩石中的应力	混凝土和岩石中的应力	垂直于压力盒的总应力	垂直于压力盒的总应力	堆石体和混凝土中的分布应变
当前仍在使用或古董式仪器?[a]	当前	古董式	古董式	当前	当前
安装细节/是否易于安装	用安装工具楔入小直径金刚石钻头钻取的钻孔中（例如：BX或NX）	直接埋入混凝土中	直接埋入土壤或混凝土中	直接埋入土壤或混凝土中	光纤电缆埋入土壤或混凝土中或安装在混凝土表面

续表

项目	仪器名称			
	应变包体	总压力盒和混凝土应力计		分布式光纤应变测量，见5.3.4.4节
		膜感应式压力盒	液压式压力计	
一般性的考虑	正确安装至关重要。可能是一个难以处理的过程	压力盒刚度必须与混凝土刚度相似	如果埋入土壤中，为防止压力盒不会变成硬或软包体，其周围的土壤适当夯实	电缆断裂时进行专业性接续
读取输出量的常用方法 b	钢弦式便携读数仪、数据自动采集系统	便携式读数仪	钢弦式便携读数仪、数据自动采集系统	配有特定光学接口的数据自动采集系统
传感器类型	钢弦式	卡尔逊式或电阻应变仪	钢弦式或电阻应变仪	Brillouin 光学散射
灵敏度	2~10psi，取决于钻孔直径	通常为量程的0.1%	通常为量程的0.025%	通常为10个微应变，3ft空间分辨力
准确度	20%，满程范围为10000psi	通常为量程的±0.5%	通常为量程的±(0.1~0.5)%	通常为±20个微应变，取决于电缆长度和测量时间
可重复性	不适用（为0.5%~5%）	通常为量程的±0.5%	通常为量程的±0.025%	通常为10~20个微应变
准确度/重复性 c	防止振动。在高度破裂的岩石中安装不精确	必须保证压力盒与混凝土的适当接触	为防止压力盒像软性包体应力计一样，需压实均匀土壤	可以通过增加测量时间以提高准确度
寿命 d	Y Y Y	Y Y Y Y Y	Y Y Y Y Y	不清楚（YYYYY?）
维护要求	验证电缆表面完整性	验证电缆表面完整性	验证电缆表面完整性	验证电缆表面完整性
相关费用 e	仪器：$$ 读数仪：$$$ 数据自动采集系统：$$$到$$$$	仪器：$$ 读数仪：$$$ 数据自动采集系统：$$$到$$$$	仪器：$$ 读数仪：$$$ 数据自动采集系统：$$$到$$$$	仪器：$（仅限光缆价格） 读数仪：$ 数据自动采集系统：$$$$

荷载，见 5.3.5.2 节

项目	仪器名称			
	应变式压力盒（电阻式压力盒）	膜感应式压力盒	液压式压力盒	钢弦式压力盒
测量参数	荷载	荷载	荷载	荷载
常见应用	锚索和锚杆中的荷载	锚索和锚杆中的荷载	锚索和锚杆中的荷载	锚索和锚杆中的荷载
当前仍在使用或古董式仪器? a	当前	当前	当前	当前

项目	仪器名称		
	应变式压力盒（电阻式压力盒）	钢弦式压力盒	液压式压力盒
安装细节/是否易于安装	需采用厚支承板，使荷载分布均匀	需采用厚支承板，使荷载分布均匀	需采用厚支承板，使荷载分布均匀
一般性的考虑	应避免偏心或不均匀的荷载	应避免偏心或不均匀的荷载	应避免偏心或不均匀的荷载
读取输出量的常用方法 [b]	便携式读数仪，数据自动采集系统	便携式读数仪，数据自动采集系统	包尔登压力表，便携式读数仪，数据自动采集系统
传感器类型	电阻应变计	钢弦式	包尔登式压力表：钢弦式 4～20mA压力传感器
灵敏度	通常为量程的 0.025%	通常为量程的 0.025%	包尔登压力表：通常为量程的 0.25%～1%
准确度	通常为量程的 ±0.5%	通常为量程的 ±0.5%	包尔登压力表：通常为量程的 ±（0.25～1）%
可重复性 [c]	通常为量程的 ±0.025%	通常为量程的 ±0.025%	包尔登压力表：通常为量程的 ±（0.25～1）%
准确度/可重复性 [c]	根据端承板的厚度以及荷载是否为非轴向载荷，精度会有所不同	根据端承板的厚度以及荷载是否为非轴向载荷，准确度会有所不同	根据端承板的厚度以及荷载是否为非轴向载荷，准确度会有所不同
寿命 [d]	YYYYY	YYYYY	YYYYY
维护要求	验证电缆表面完整性、检查压力盒	验证电缆表面完整性、检查压力盒	验证电缆表面完整性、检查压力盒
相关费用 [e]	仪器：$$$ 读数仪：$$$ 数据自动采集系统：$$$到$$$$	仪器：$$ 读数仪：$$$ 数据自动采集系统：$$$到$$$$	仪器：$$ 读数仪：$$$ 数据自动采集系统：$$$到$$$$

温度

项目	仪器名称			
	热敏电阻，5.3.6.1节	电阻温度探测器（RTD），5.3.6.2节	卡尔逊式仪器，5.3.6.3节	热电偶，5.3.6.4节
测量参数	温度	温度	温度	温度
常见应用	堆石体、混凝土和大坝基础的渗漏探查、为避免引起开裂或大坝挠曲变形的施工期间混凝土养护温度监测	堆石体、混凝土和大坝基础的渗漏探查、为避免引起开裂或大坝挠曲变形的施工期间混凝土养护温度监测	堆石体、混凝土和大坝基础的渗漏探查、为避免引起开裂或大坝挠曲变形的施工期间混凝土养护温度监测	堆石体、混凝土和大坝基础的渗漏探查、为避免引起开裂或大坝挠曲变形的施工期间混凝土养护温度监测

续表

项目	热敏电阻，5.3.6.1节	电阻温度探测器（RTD），5.3.6.2节	卡尔逊式仪器，5.3.6.3节	热电偶，5.3.6.4节
当前仍在使用或古董式仪器?[a]	当前	当前	当前、古董式	当前
安装细节/是否易于安装	安装在钻孔中或直接埋入土体或混凝土中。所有钢弦式仪器都配有一热敏电阻	安装在钻孔中或直接埋入土体或混凝土中。所有钢弦式仪器都配有一热敏电阻	安装在钻孔中或直接埋入土体或混凝土中。所有钢弦式仪器都配有一热敏电阻	安装在钻孔中或直接埋入土体或混凝土中。所有钢弦式仪器都配有一热敏电阻
一般性的考虑	2芯电缆接入单测点热敏电阻，或热敏电阻串，如果是模拟式，最多48个，如果是数字式，4芯电缆上最多安装256个	2芯电缆接入单测点热敏电阻	2芯电缆接入单测点热敏电阻	2芯电缆接入单测点热敏电阻
读取输出量的常用方法[b]	便携式读数仪、数据自动采集系统	便携式读数仪、数据自动采集系统	便携式读数仪、数据自动采集系统	便携式读数仪、数据自动采集系统
传感器类型	NTC（负温度系数）2.252kΩ、3kΩ、5kΩ、10kΩ	100～1000kΩ	卡尔逊式电阻	J型、K型、T型和E型
灵敏度	通常为±0.16°F	通常为±0.16°F	通常为±0.1°F	通常为±0.3°F
准确度	通常为±0.16°F	通常为±0.16°F	通常为±0.5°F	通常为±0.3°F
可重复性	通常为±0.16°F	通常为±0.16°F	通常为±0.1°F	通常为±0.3°F
准确度/可重复性[c]	适用于长引线的高热敏电阻，但准确度较低。3kΩ是一个很好的折衷方案。限于300°F	不适用于长引线电缆，可以测量比热敏电阻更高的温度	长引线电缆会降低信号质量	适用于长引线电缆。需要基准。温度范围较宽
寿命[d]	YYYY到YYYYY（埋入式）	YYYY到YYYYY	YYYYY	YYYY到YYYY
维护要求	验证电缆表面完整性	验证电缆表面完整性	验证电缆表面完整性	验证电缆表面完整性
相关费用[e]	仪器：$ 读数仪：$$$ 数据自动采集系统：$$$到$$$$	仪器：$ 读数仪：$$$ 数据自动采集系统：$$$到$$$$	仪器：$ 读数仪：$$$ 数据自动采集系统：$$$到$$$$	仪器：$ 读数仪：$$ 数据自动采集系统：$$$到$$$$

续表

项目	仪器　名　称		
	钢弦式装置	IC 温度传感器	分布式光纤温度测量，5.3.4.4 节
其他装置，5.3.6.5 节			
测量参数	温度	温度	温度
常见应用	堆石体、混凝土和大坝基础的渗漏探查，为避免引起开裂或大坝挠曲变形的施工期间混凝土养护温度监测	堆石体、混凝土和大坝基础的渗漏探查，为避免引起开裂或大坝挠曲变形的施工期间混凝土养护温度监测	堆石体渗漏探查
当前仍在使用或古董式仪器？[a]	当前	当前	当前
安装细节/是否易于安装	安装在钻孔中或直接埋入土壤或混凝土中。所有钢弦式仪器都配有热敏电阻	集成在某些类型的仪器中，例如测斜仪	埋入土壤中或安装在观测室的光缆
一般性的考虑	2 芯电缆接入单测点传感器	2 芯电缆接入单测点传感器	电缆断裂时进行专业性接续
读取输出量的常用方法[b]	便携式读数仪，数据自动采集系统	便携式读数仪，数据自动采集系统	配有特定光学接口的数据自动采集系统
传感器类型	钢弦式	模拟或数字输出	Raman 光学散射
灵敏度	通常为 0.05°F	通常为 0.3°F	通常为 0.16~0.8°F，空间分辨力为 3ft
准确度	通常为量程的 0.5%	通常为±0.5°F	±(0.16~0.8)°F，取决于电缆长度和测量时间
可重复性	通常为量程的±0.025%	通常为±0.5°F	通常为 0.16°F
准确度/可重复性[c]	适用于长引线	瞬时损坏	内部读数平均为几秒到 1h，大大提高了准确度和空间分辨力
寿命[d]	YYYYY	YYY	不清楚（YYYYY?）
维护要求	验证电缆表面完整性	验证电缆表面完整性	验证电缆表面完整性
相关费用[e]	仪器：$$；读数仪：$$$；数据自动采集系统：$$$ 到 $$$$	仪器：$；读数仪：$$；数据自动采集系统：$$$ 到 $$$$	$（仅限光缆价格）；仪器：$；数据自动采集系统：$$$$$

续表

项　目	盘式雨量计，见 5.3.9.2 节	称重式雨量计
测量参数	降雨量、降雪量	降雨量、降雪量
常见应用	测量每日蒸发量/降水量。	测量日降水量
当前仍在使用或古董式仪器？[a]	当前	当前
安装细节/是否易于安装	如果用于测量蒸发量，必须将器皿加水到已知高度	最好高于地面 5ft，如果有积雪、在桶中加雪、冻液。桶必须定期清空
一般性的考虑	直径为 47.5in，高 10in 的钢制圆柱体	
读取输出量的常用方法[b]	目测，便携式读数仪或数据自动采集系统	
传感器类型	垂直量程钢弦式或 4~20mA 压力传感器	
灵敏度	通常为量程的 0.02%	
准确度	通常为量程的 ±0.1%	
可重复性	通常为量程的 ±0.025%	
准确度/可重复性[c]	传感器必须通气，以便进行气压校正	
寿命[d]	YYYY	
维护要求	巡检、定期（5 年左右）重新校准传感器	
相关费用[e]	仪器：$$$　读数仪：$$$　数据自动采集系统：$$$ 到 $$$$	

雨量计，5.3.9.2 节

项目	翻斗式雨量计	人工观测雨量计
测量参数	降雨量、降雪量	降雨量、降雪量
常见应用	测量日降水量	测量日降水量
当前仍在使用或古董式仪器？[a]	当前	当前
安装细节/是否易于安装	需要在冰冻区加热，在桶中加入人防冻液	最好高于地面 5ft，如果有积雪、在桶中加雪、冻液。桶必须定期清空

续表

项目	仪　器　名　称		
	称重式雨量计	翻斗式雨量计	人工观测雨量杯
一般性的考虑	12in、24in 或 30in 容量的桶，孔口直径为 6~12in	12in、24in 或 30in 容量的桶，孔口直径为 6~12in	带刻度的塑料量杯
读取输出量的常用方法 [b]	便携式读数仪、数据自动采集系统	便携式读数仪、数据自动采集系统	目测读数
传感器类型	钢弦式或应变式压力盒	脉冲信号	无传感器
灵敏度	通常为量程的±0.025%	通常为 0.01in	通常为 0.01in
准确度	通常为量程的±0.1%	通常为±1%、高至 2in/h	通常为 0.05in
可重复性	通常为±0.004in	通常为±1%、高至 2in/h	通常为 0.05in
准确度/可重复性 [c]	良好的温度稳定性。挡风玻璃提高了精确度	水平安装。入口可能被污垢或颗粒堵塞	冰冻和风引起的误差
寿命 [d]	YYYYY	YYYY	YY
维护要求	巡视检查，清除称量桶中的污垢和颗粒	巡视检查，清除进水滤嘴的污垢和颗粒，保护翻斗式雨量计	巡视检查
相关费用 [e]	仪器：$$$$ 读数仪：$$$ 数据自动采集系统：$$$$到$$$$	仪器：$$ 读数仪：$$$ 数据自动采集系统：$$$到$$$$	仪器：$ 读数仪：不适用 数据自动采集系统：不适用

库水位和尾水位，见 5.3.2.2 节（水位测量）

项目	仪　器　名　称				
	水尺	浮子式系统	起泡式测量系统	浸没式压力传感器	超声波和雷达感应技术
测量参数	水位	水位	水位	水位	水位
常见应用	库水位	库水位	库水位	库水位	库水位
当前仍在使用或古董式仪器？ [a]	当前	当前	当前	SDI-12	当前
安装细节/是否容易安装	垂直安装的水尺必须能从远处看清	浮子附在静水井中的链条上，驱动旋转编码器	导管下放安装在垂直或倾斜的管道中	传感器悬挂安装在垂直墙上的管道中	传感器悬挂安装在垂直墙上的管道中

续表

项目	水尺	浮子式系统	起泡式测量系统	浸没式压力传感器	超声波和雷达感应技术
			仪 器 名 称		
一般性的考虑	一般 21in、22in 宽。必须用耐用的材料和不可擦除的刻度和标记记制成	浮子必须安装在静水井中	系统包括空气压缩机和压力传感器。水下部分免维护	通气型压力传感器需要定期更换干燥剂盒	安装在水面以上的支架上。仪器可能易受闪电或瞬时损坏
读取输出量的常用方法b	目测读数	独立单元或数据自动采集系统	数据自动采集系统	便携式读数仪或数据自动采集系统	便携式读数仪或数据自动采集系统
传感器类型	无传感器	旋转编码器（绝对式或增量式，相对式）	模拟（4~20mA 或 0~5V DC）或数字（RS485）输出	模拟（4~20mA 或 0~5V DC）或数字（RS485）输出	4~20mA，0~10V 直流电或数字输出，通常为 0.3~20m、50m 或 100m (1~65ft，164ft 或 328ft)
灵敏度	0.01ft 或 0.1ft	通常为 0.01ft	通常为 0.05% 读数，最小 0.01ft	通常为量程的 0.025%	通常为量程的 0.025%
准确度	0.01ft 或 0.1ft	通常为 0.01ft	通常为 0.05% 读数，最小 0.01ft	通常为量程的 0.025%	通常为量程的 0.025%
可重复性	±(0.01 或 0.1)ft	通常为±0.01ft	通常为±0.05% 读数，最小 0.01ft	通常为量程的±0.025%	通常为量程的±0.025%
准确度/可重复性c	刻度标记每 0.01ft 或 0.1ft，具体取决于观测距离	良好的温度稳定性	必须定期更换干燥剂	传感器可以是绝压式或通风式，用于气压校正	可重复性会受水面和环境的影响
寿命d	YYYY	YYYY 到 YYYYY	YYYY	YYYY	YYYY 到 YYYYY
维护要求	巡视检查	巡视检查、清洁、功能检查	巡视检查、定期（5年?）重新校准传感器	巡视检查、定期（5年?）重新校准传感器	巡视检查、定期（5年?）重新校准传感器
相关费用e	仪器：$$ 读数仪：不适用 数据自动采集系统：不适用	仪器：$$$ 读数仪：$$$ 数据自动采集系统：$$$ 到 $$$$	仪器：$$$ 读数仪：$$$ 数据自动采集系统：$$$ 到 $$$$	仪器：$$ 读数仪：$$$ 数据自动采集系统：$$$ 到 $$$$	仪器：$$ 读数仪：$$$ 数据自动采集系统：$$$ 到 $$$$

续表

项　　目	仪　器　名　称
	多探头水质仪，5.3.3.2节①
浑浊度/水质	
测量参数	温度、电导率、溶解氧、pH值、氧化还原电位、浑浊度和水位
常见应用	渗水水质分析
当前仍在使用或古董式仪器？[a]	当前
安装细节/是否易于安装	淹没在水中
一般性的考虑	最新型号无需维护或重新校准，除了定期更换浊度传感器的刮水器
读取输出量的常用方法[b]	便携式读数仪或数据自动采集系统
传感器类型	美国：RS232，SDI－12，RS485
灵敏度	取决于传感器
准确度	取决于传感器
可重复性	取决于传感器
准确度/可重复性[c]	测量面上的污垢（油、沉积物、生物膜）会影响准确度。各个传感器有不同的维护要求
寿命[d]	YYYY
维护要求	外观检查，定期（？年）重新校准传感器
相关费用[e]	仪器：$$$$　读数仪：$$$　数据自动采集系统：$$$到$$$$

项　　目	仪　器　名　称
	现代高分辨力数字加速度计
地震测量	
强震仪（现代高分辨力数字加速度计），见5.3.8.4节	
测量参数	地震响应

① 原文误为5.3.2.2节——译者注。

续表

项　目	仪　器　名　称 现代高分辨力数字加速度计
常见应用	测量位移、压力和荷载
当前仍在使用或古董式仪器?ᵃ	当前
安装细节是否易于安装	测量单元可以独立工作（组装记录仪和加速度计）或带有独立三轴加速度计的多通道记录仪。可竖直或水平安装
一般性的考虑	坚固耐用的固态 MEMS 加速度计不会老化。
读取输出量的常用方法ᵇ	通常为直流平坦响应或 200~600Hz。单点网络控制（调制解调器、以太网等），自动报警，可以进行远程通信。或 MEMS 网络等，分布式记录
传感器类型	传统的弹簧和线圈力平衡加速度计，或 MEMS 电容式加速度计。通常测量范围为 ±4g
灵敏度	一般，MEMS 传感器为 1.25V/g（差分）。类似于力平衡传感器
准确度	通常为量程的 ±(0.1~1.0)%
可重复性	一般不指定
准确度/可重复性ᶜ	MEMS 传感器的工作温度介于 -40~85℃
寿命ᵈ	YYYYY
维护要求	坚固耐用的固态 MEMS 加速度计不需要重新校准
相关费用ᵉ	低维护综合系统自测 MEMS 传感器: $$$$；仪器、数据自动采集系统: $$$$$

a "当前仍在使用或古董式"是指当前美国工程中的应用情况。但是，古董式仪器可能仍在使用和可买到。在特定应用中可能具有一些优势。

b 读取输出量的常用方法：包括手动、按需和适应 ADAS（自动化数据采集系统）的输出。

c 准确度/可重复性的考虑因素：包括温度影响和长期稳定性。

d 寿命：Y，1 年以下；YY，1~5 年；YYY，5~10 年；YYYY，10~15 年；YYYYY，超过 15 年。

e 相关费用：$，1~199 美元；$$，200~999 美元；$$$，1000~2999 美元；$$$$，3000~9999 美元；$$$$$，10000 美元以上。

在确定是否使用与 ADAS 兼容的雨量计时，测点与读数端的距离可能产生重要影响。交通便利性也可能是保养和维护需考率的问题。

手动观测仪器不需要电源。然而，如果采用 ADAS 或马达驱动设备或需要加热时，则需要电源。如果仪器安装位置不能提供市电，则电加热和马达驱动设备无法使用，但是仍然可以通过信号电缆、电池或太阳能电池为仪表的传感器提供所需的低功率电源。

5.3.9.2　雨量计

在美国雨量计的制造可以追溯到一个多世纪以前，在 20 世纪 80 年代在雨量计感应和数据收集功能方面有了重要的设计改进。

从机械方面来说，雨量计可分为盘式雨量计和桶式雨量计。盘式雨量计通常放置在表面积很大的阵列或网格中，主要用于校准和研究，本章中不对这类雨量计进行进一步介绍。桶式雨量计可再细分为三类：称重式雨量计、翻斗式雨量计和人工观测雨量计。标准桶可容纳 12in（300mm）、24in（600mm）和 30in（750mm）的降水。桶采用圆柱形烟囱结构。为了尽量减小地面造成的影响，桶的孔口通常高出地面一定高度，例如 60in（1.5m），孔口直径范围是 6～12in（150～300mm）。

测量雪量时，可以将桶外表面漆成深色，以最大程度吸热将雪融化。使用不粘涂层可以最大程度地降低粘结在桶内壁的积雪量。桶由耐寒材料制成，不会开裂，且摩擦力小，可避免雪粘结在桶壁。有些塑料符合该标准且价格低廉。当温度低于冰点时，向桶中加入防冻液以融化积雪。

在美国，降雨量的单位为英寸（in），分辨力为 ±0.01in。除美国外其他国家通常采用国际单位毫米（mm），分辨力 ±0.1mm。

称重式雨量计。顾名思义，称重式雨量计就是采用称重原理测量桶中收集的雨量。相对于翻斗式雨量计 0.01in（0.25mm）的分辨力，称重式雨量计分力率高于 0.004in（0.1mm）。更高的分辨力改善了雨强的测量。称重式雨量计可以在没有加热的情况下运行，是测量雪量最实用的类型。称重传感器可以是支撑量桶的平台的一系列链条上的压力盒。其他称重方法包括称量支撑平台及量桶的重量，以及利用桶底部的压力传感器测量降水的压力。称重机构通常是钢弦式或电阻应变式压力盒。图 5.100 所示的雨量计中，在量桶支撑平台的三个内部链条中的一个上安装钢弦式压力盒。为了测量精确，量桶应保持水平。称重桶中的钢弦式压力盒与其他类型的钢弦式仪器具有相同的优点，包括设计简单、漂移引起的长期误差最小、温度影响最小以及长信号电缆（1 英里或更长）传输无误差。

称重式雨量计优点是可以使用防冻液（乙二醇）来融化冻结的降水，缺点是减小了容量，且需要更频繁地清空桶进行维护。通常，如果使用防冻液以保证

图 5.100　带有双重保护罩的
称重式雨量计

来源：Geonor 公司

结冰的温度降至 −13°F（−25℃），24in（600mm）量桶的容量降低至约 60%。随着防冻液的使用，需要在废液容器中对降水和防冻液的混合物进行环保处理。为了最大限度地减少蒸发，可以在桶中加一薄层飞机用液压油。油的黏度合适时，降水通过油层滴落而不会乳化。

大坝和水库的降雨量测量如需进行数据自动化采集，称重式雨量计可能优于盘式或翻斗式雨量计。

翻斗式雨量计。翻斗式传感器可以在收集到一定量的降雨时倾翻，通常为 0.01in（0.25mm）的降水，将水排至地面或量桶。如果雨量计将水排至地面，意味着可测容量无限。翻转动作通过弹簧片或水银开关触发脉冲计数器，脉冲很容易接入自动化数据采集系统。它的一个缺点是，在冰冻温度下远程操作时通常需要使用交流电源来加热。使用电加热的缺点是需要对温度进行控制，因为加热器持续通电可能会引起融化的水蒸发。另一个缺点是污物会黏附在翻斗上。基于这些原因，翻斗式雨量计通常不应用在降雪量监测或偏远的位置。其可活动部件也需要维护和清洁。

人工观测雨量计。人工观测雨量计的初始成本较低，但劳动强度大，偏远、难以接近的地方或者需要测量雨强时不宜使用。

5.4　影响仪器性能的因素

设备、接头和电缆的维护严重影响大坝监测仪器的长期性能。裸露的电缆易损坏。如果电缆常受到拉扯或戳击，则接头容易损坏。水汽进入接头并引起腐蚀是常见的维护问题。保持接头干燥使得监测仪器能正常工作。

5.4.1　电缆、保护管、接线盒、终端盒

电缆和保护管在搬运和安装过程中容易损坏，因此它们通常是仪器安装中的薄弱环节。电缆需要足够结实，才能在安装搬运过程中不被损坏以及承受住地下水和化学物质的长期作用。防雷保护对于具有潜在雷击风险的监测系统也是至关重要的。

电缆由带绝缘的导体、屏蔽、排流线和护套组成，如图 5.101 所示。导体通常是带有聚丙烯绝缘层的铜绞线（AWG 20 - 24）。铜绞线在弯曲时不易发生疲劳损失。信号可能受噪声干扰的传感器宜采用双绞线结构。整体屏蔽和排流线也有助于防止电噪声的干扰。屏蔽终止于传感器电缆入口但不与传感器相连，在地面位置与接地系统相连。

电缆护套的材质通常是聚氯乙烯（PVC）、聚氨酯或聚乙烯。护套对电缆整体起保护作用，并与瞬时接地电流绝缘。护套需提供最低 300V 的绝缘。PVC 电缆在传感器中可以进行灌封处理，因此 PVC 是最常用的护套材料。

聚氨酯比 PVC 价格更贵，但它具有更强的长期防水性和耐磨性。聚乙烯具有更好的抗吸水性，但不易进行灌封处理，而需要采用昂贵的机械式密封。最常见的护套是黑色的，含有紫外线（UV）抑制剂以保护其免受紫外线照射。如果电缆长时间暴露，则使用黑色。在电缆护套可能破裂的地方，可以指定用阻水电缆，也可以使用铠装和加劲电缆。

对于钻孔中安装的单个传感器，电缆通常终止于孔口附近的防水读数箱。对于安装多

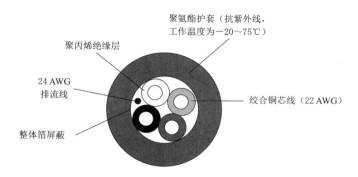

标准钢弦式电缆（外径6.35mm）

图 5.101　钢弦仪器采用的 4 芯电缆的典型结构

个传感器的项目，通常需要布置一个中心测站，电缆通常通过线槽从钻孔引到测站。电缆在地面上不应暴露无保护，必须将其置于保护管中，以防止紫外线、物理伤害和动物损坏（啮齿动物喜欢咬电缆）。

为适应可能发生的沉降，穿过土石坝的电缆必须具有弹性（可拉伸）。电缆通常开槽铺设，在电缆上下侧分别填埋 6in～1ft（150～300mm）厚、可通过 40 号筛的颗粒料，然后使用手动操作设备将槽中的填土压实至与附近堆石体相同的相对压实度。为防止形成潜在的渗漏路径，线槽不应穿过大坝的不透水层。通常，在线槽中以固定间隔设置膨润土止水塞。

在电缆保护管中充满油脂，可以保护跨越大坝的两个区域或者穿过粗颗粒填料的电缆。对于长期监测项目，不建议将电缆接头埋在地下。如接头需埋于地下，接头必须足够结实，保证在埋设施工中不被损坏且防水效果良好。

接线盒和终端盒的材质通常是金属或玻璃纤维。如果接线盒和终端盒是密封的，则需要用硅胶干燥剂以防止凝露，干燥剂必须定期更换。电缆入口点可以用索环或腻子密封。

5.4.2　防雷和瞬变保护

如前所述，带有电子或电气元件的监测仪器极易受到雷电放电时引起的瞬变电流的损坏。敏感程度取决于监测仪器中使用的组件类型、仪器位置以及信号电缆连接至仪器或从仪器引出的方式。安装在堆石坝的室外的监测仪器特别容易受到雷电瞬变电流的影响，因为这种环境缺乏抵御雷电的第一道防线，即接地建筑物或结构。其他机制也可能引起破坏性电涌，如通常是处理过程中的静电放电（ESD）问题和在开关站附近可能很剧烈且频繁接地电位电涌问题。对于永久性安装，所有的电涌保护策略基本相同。雷电已经摧毁了几个大型监测系统。关于针对特定场所和监测仪器的防雷瞬变保护，宜征求仪器厂家和供应商的建议。

5.4.3　校准和维护

进行监测仪器的维护需要维护人员可以接近其安装埋设位置。埋入式仪器通常是不可恢复的，因此应选择长期可靠性高、维护需求少的仪器。对于大坝全设计寿命中需正常工作的埋入式仪器，在选择前应仔细研究。仪器选型时，可能缺少正常工作长达几十年的监测仪器的信息。为了最大程度获得所需数据并降低维护需求和成本，必须进行综合判断以选择合适的监测仪器。建议将尽可能多的仪器安装在可恢复的部位，以便在必要时进行更换。

监测仪器应在出厂前进行校准率定，并且每台仪器必须提供率定数据。在收到仪器后尽可能再次校准，以确保其在运输过程中无损坏。诸如用于测量扬压力的渗压计和用于监测渗漏的量水堰等项目的仪器应定期校准。读数仪的校准也非常重要，应至少每年一次定期进行校准。

仪器维护通常是进行仪器读数的技术人员的职责。重要的是，负责大坝安全的工作师或代表应定期检查监测仪器状况，以确其维护正常。读数盒和终端盒经常应用于潮湿环境中，尽可能保持干燥以防止终端盒锈蚀。监测仪器的考证记录，包括其安装位置、上次检查的日期、工作状况以及该仪器的照片（如有可能），对大坝性态监控是有益的。

监测仪器选型时，仪器的维护也应该是关键考虑因素。为说明其重要性，可以看一个测压管钙质沉积结壳的例子。直径非常小的塑料管很脆，不能清洗，也不能清除沉积的钙，否则会对测压管造成更大的损害。当测压管穿过大坝心墙时，心墙材料可能会发生管涌，这自然会引起大家的担忧。

第6章

大 地 测 量 方 法

测量一切可测量的，让不可测量的可测量。

——伽利略•伽利雷（Galileo Galilei）

大坝变形监测中的大地测量方法涉及大地测量的仪器和用以监测测量控制网的一系列定点的水平位移和垂直位移的程序。定点可以是设置在坝顶、附属建筑物或坝肩上的观测墩。

大地测量工程师和土地测量师有责任为大坝业主和工程师提供水平和垂直位置信息作为大坝变形性态监控的指标。在本章中，大地测量工程师和土地测量师虽然专业不同，但都被称为"测量师"，大地测量简称"测量"。在实践中，大地测量工程师负责项目管理，土地测量师负责实施测量。

作为良好实践的一部分，高准确度的测量应尽可能基于大地测量控制基准网。并非所有的大地测量都与大地测量控制基准网关联，但采用的测量程序是类似的。大地测量学和大地测量对大坝性态监控做出什么贡献呢？

大坝监测中的大地测量可为业主和工程师提供大坝变形方面的建议。可靠的大地测量系统必须是可重复的和精确的。测量的方式取决于具体位置和前期的测量结果。在无法与大地测量控制基准网关联的区域，可基于局部的坐标系进行测量。这种测量方式已经被广泛接受，并一直沿用至今。如果有可靠的大地测量系统，最好的做法是一直使用该系统开展测量。

当然也有一些特殊的情况。对于位于地震活跃地区的大坝，可能有一些规章制度或标准程序将测量与大地测量系统（如国家平面坐标系）联系起来。这些系统偶尔会重新测量，并对控制站的坐标进行调整，因为这些控制站会影响与这些控制基准网相连的测量坐标。

6.1 概述

"大地测量是考虑到地球的形状和大小的一种测量。当所涉及的面积或距离非常大且只有通过大地测量才能获得所需的准确度和精密度时，需进行大地测量。"（ACSM，1989）

"大地测量学是应用数学和地球科学的一个分支。它是一门在时变三维空间中研究测量和表征地球（包括地球重力场）的学科。大地测量学家也研究地球动力学现象，如地壳运动、潮汐和极移。为此，他们利用空间和地面技术并以基准点和坐标系统为基础构建了全球和国家大地控制网。"（ACSM，1989）

由于地球的曲率的影响，对于跨度超过 7~9 英里（11.2~14.5km）的大型工程，通常需要采用精准的技术和精密的测量仪器进行大地测量。大型基础设施工程，如大坝和水库，因其规模以及与更大规模的公用设施或防洪系统相连，需进行适当的大地测量。

控制测量设置观测墩建立大地坐标，然后反复进行测量，以监测观测墩的水平和垂直位移。并不是所有以监测为目的的测量都像控制测量一样严格；然而，采用的技术、设备、仪器和作业方法应符合大地测量的要求。大地测量的外业操作和内业平差处理均应认真仔细。

大地测量有不同的测量准确度等级，这取决于工程类型和数据报送要求。要回答这个问题，最好的办法是确定需要监测的是什么以及允许的实际误差。与铁路状况测量相比，大坝监测的允许误差和预期准确度有所不同。

在一些州，法律规定大地测量必须基于当地/地区/州的大地测量系统。这些测量（通过观测）与大地测量系统（如国家平面坐标系或国家大地测量控制基准网）相联系。充分了解基准点和坐标系之间的差异是非常必要的。特定等级的大地测量，对设备的选择、作业方法以及观测的类型和数量都有明确的要求。

大地测量网的初始测量为未来的所有测量提供了基准。每一次后续测量都反映了与之前和最初测量相比的变形情况。

可重复性是大坝测量的基础。只有在之前的测量是可靠的并正确施测的情况下，可重复性才有保证。可重复测量是指每次测量度使用相同的测量技术和程序，以确定和反映大坝或结构的水平和垂直位移的趋势。测量可能产生的所有误差中，最容易消除的误差类型是系统误差。可重复性是消除系统误差的关键因素。

在大坝监测的大地测量中，大地测量系统可提高测量的可靠性。一个不依赖于大地测量系统的局部系统可能会工作得很好；然而，它可能限制测量员使用更新的设备和技术。需要特别注意地震频发或沉降地区，以便能分析大坝所在网络的位置和准确度。

6.2 新旧测量方法

迄今为止，有许多传统的方法被用来获取测量数据以监测变形，常用的是三角测量、三边测量、视准线和其他准直技术。这些方法常用的仪器，如图 6.1 所示，有经纬仪（用于测量水平角）、平板仪和照准仪、用于测量水平角和垂直角的经纬仪、用于测量距离的钢卷尺、用于测量高程的光学水准仪和水准尺。

老式的经纬仪只能测量角度，现在很大程度上被同轴全站仪〔内置电磁波测距仪（EDM）〕所取代，这种经纬仪可以同时测量角度和距离，并将测量结果记录在数据文件中。需要手动进行水准尺读数的老式水准仪，现在正在被配条码杆的数字读数电子水准仪取代，可大大减小读数的误差。

尽管近年来测量技术取得了进步，但测量人员必须了解传统测量方法，以便保持测量的一致性，并在监测项目的整个生命周期内不丢失以前的测量数据。测量员必须能够追溯

（a）平板仪和照准仪　　　　　　　　　　　（b）经纬仪（测水平角）

图 6.1　早期的测量仪器

以前的测量结果，以便了解具体测量的特点以及与当前测量结果相比的误差和合理准确度。

　　例如，现代测量员使用 GPS 来比较最初使用钢卷尺测量的测量结果。必须承认的是，这种比较并不公正，因为在最初的测量中，钢卷尺测量是一种更常见的做法，而且可能比使用 GPS 测量距离更准确。同样的道理也适用于使用全站仪读取钢卷尺测量的相同距离。在大多数情况下，钢卷尺测量的距离更加准确，并以这样一种方式保存，任何偏离原来的变形都不会被误认为实际的变形。测量员必须使用适合这项工作的正确工具，同时必须充分认识到，当与历史测量数据进行比较时，可能会出现不切实际的变动。更新的技术并不总是等同于更精确的测量。

　　随着软件和仪器性能的提高，替代旧方法可能是可行的和更有效的，传统的方法需要更多的时间和现场人员来完成。

　　以垂线的替换为例。在两座混凝土拱坝（Duffy et al.，1998）的坝面安装了反射棱镜，以测量大坝表面不同高程的 x，y 和 z 向变形。这代替了以往对于测量人员非常危险的垂线测量方法。这种新的"垂线测量"同时测量坝顶的水平位移和垂直位移，从而同时完成两项任务。由于获取垂线读数的物理上的限制常常会给测量带来误差，因此这种新方法提高了坝面位移测量的精密度和准确度。

　　目前的大地测量方法通常由完成测量所用的仪器类型来确定；然而，大坝监测的大地测量通常使用多种类型仪器的组合，如全站仪、水准仪和 GPS。目前的监测项目得益于技术的巨大进步。结合互联网和无线通信，软件和机器人仪器仪表的进步使测量人员有机会对大多数监测项目实施自动化和远程控制测量。尽管前期成本可能更高，但自动化大地测量系统大大降低了现场测量人员前往工程现场进行监测测量的劳动力成本。自动化不仅降低了成本，而且提供了一种可以根据需要每日或连续进行的快速和冗余测量。与每年一次或每年两次的现场测量相比，自动化系统不会牺牲准确度，并且在短时间内就能收回成本，最适宜在偏远地区使用。

6.3　全站仪

6.3.1　仪器简介❶

全站仪是以前的经纬仪的现代版本。该仪器是一种电子光学仪器，用于测量从仪器到特定点的方位角和距离，通常在测点上布置一个棱镜，棱镜支撑在一根测杆或其他设备上。机器人技术现在是现代全站仪的核心，它可以让工作人员在很远的地方通过遥控操作全站仪。这种现代化测量技术减少了进行传统测量工作所需的人员数量，并允许一个人单独操作仪器和测杆。无反射装置技术现在可用来测量变形以及测量表面的距离和偏转角度，但使用有限。无反射装置观测可以到达大坝表面的位置，但准确度和可重复性有限。

自动目标识别（ATR）现在是大多数现代全站仪的标准配置。ATR 集成到全站仪的光学系统中，并使用电荷耦合器件（CCD）摄像机，当指向目标/棱镜附近时，可以确定 ATR 偏移量，并正确地将仪器指向目标/棱镜的精确中心。这样就可以使用自动化系统，因为操作员可以对仪器进行预定角度的编程。然后仪器转向目标，通过 ATR 模式自动进行校正。

全站仪在大坝监测中的典型应用是可测量垂直角、水平角以及到大坝上特定关键位置的反射装置或棱镜的距离。采集成组的角度和距离测量数据，并在正测和反测模式下进行多次测量，可减少校准和读数误差。全站仪可用于观测大坝下游表面大部分可到达的位置的觇标或棱镜。大多数觇标被永久地安装在建筑物上，或者被临时放置在观测墩上进行测量。全站仪可以通过观测成排的观测墩来检查大坝是否存在错动，也可以用来观测大坝和坝肩上测点的坐标。

在三角高程测量中利用全站仪获得垂直角和斜距，进而计算得到高程。高程测量的准确度取决于全站仪垂直角的测量准确度。如果应用得当，这种确定垂直位置的方法是非常有用的。当可到达性受限时，比如在监测坝顶上交通繁忙的路面时，可以沿道路边缘设置监测点，并从靠近工地的参考点进行测量，以确保人员安全，并允许在不干扰交通的情况下进行测量。在需要频繁测量大量测点的情况下，在一次作业中同时完成水平和垂直测量是有用且经济的。

使用全站仪的优点还有一点，它使测量人员能够测量采用传统方法难以到达的位置之间的距离。采用传统全站仪还是测量机器人，取决于数据的采集频率和数量。对于大型工程或需频繁监测的工程，全站仪的机器人和自动化功能使得监测系统如虎添翼。

在一次现场作业中同时精确测量水平和垂直位置的能力具有很高的成本效益。一个工程通常需要两个人用 2～3d 的时间来测量（使用全站仪进行水平测量，使用水准仪进行垂直测量），而使用机器人半自动系统，可能仅需一个人花 1～2h。根据监测频率的不同，相对于其他方法的人工成本，成本稍高一些的机器人系统可能很快就能收回成本。

如上所述，将机器人技术引入全站仪后，大地测量工程师/测量员可以在永久或半永

---

❶　原文无，为保证体例完整，根据文意加此小节标题——译者注。

久位置设置全站仪，一个测量周期仪器可以完成坝面多个点的测量。这通常是通过全站仪上的软件应用程序或现场计算机/数据采集仪的附件来实现的。原始测量数据包括水平距离和斜距、垂直角和天顶角以及水平角，然后使用软件中的坐标几何将其计算为可用的形式。

典型的数据输出文件可以是原始测值或现场测得的坐标。为减少误差，并提供真实的测值和测量位置的坐标，需进行进一步的分析处理。现代全站仪可以固定在原位并接入ADAS，可以使用服务器应用程序和基于互联网的程序从远程位置进行实时操控和查看数据。

监测系统设计中，最好使用数字式数据采集系统设备。这可消除与人工抄写相关的重大错误，并为数据提供了备份，也能节省可能需要重访现场的时间。对于数据采集系统，应审查其数据采集方法的灵活性和输出格式。需要仔细检查数据输出的过程，注意软件是否对原始数据进行了不明显且不需要的自动更正。

不同生产厂家的全站仪的操作和维护不会有很大的不同。大地测量的成功和可靠性的关键在于有训练有素的测量人员，他们能高度重视他们的仪器和设备，并清楚地了解他们测量的是什么以及为什么要测量。大多数现代全站仪都很耐用且不受气候影响，但是在操作、运输和储存这些仪器时必须特别小心。应尽可能经常地或在监测测量开始时进行定期校准检查，以及适当的护理和清洁。对于ADAS，全站仪放置在柱子上或进行永久安装，每周和每月开展预防性维护应该是大地测量工作的一部分。

在分析确定仪器读数是否正确时，应仔细检查观测周期中的仪器校准和误差。做好设备日志记录和良好的例行维护将延长全站仪的使用寿命。现场条件和维护方案决定全站仪的使用寿命和应使用何种类型的全站仪。全站仪必须不受气候影响，能在极端温度变化下工作。在大坝监测中，如果使用得当，全站仪将是一种有效、高效的监测仪器。

6.3.2　仪器采购

在购买全站仪之前，咨询有经验的业主和研究不同制造商的案例是有帮助的。为做出明智的采购决定，必须清楚重要的注意事项和问题。

6.3.2.1　精密度

EDM的精密度是否达到测距所需的准确度？测角的精密度是否足够高以确保水平角和垂直角测量有足够的准确度，以便可以用一种测量方法同时测量水平和垂直变形（每点访问一次）？测角的精密度是否足以确保测量角度足够准确，从而不需要多次重复测量？

6.3.2.2　观测的频率和数量

全站仪会被用在需要每月测量的新场地还是每年测量两次的现有场地？有多少观测墩要观测？为观测所有的观测墩，仪器的安置位置有多少？与自动化或半自动化方法相比，手动测量需要多少工时？

6.3.2.3　软件和硬件能力

全站仪是否可以电子数据采集？数据采集和数据输出方法的灵活性如何？

6.3.2.4　现场情况

全站仪是现场操作还是远程操控？现场气候如何？是否会有热浪问题？对人员是否

安全？

在设计新的监测系统（或对旧的监测系统进行更新）时，选择使用何种全站仪是很重要的。自动化全站仪的新产品在一开始可能会很昂贵，但是如果在监测项目的整个生命周期中分析成本，全站仪可能是最好的选择。

6.4　水准仪

6.4.1　仪器简介[1]

水准仪是一种光电仪器，它使用一种称为水准测量的技术来测量两个给定点相对于参考高程的高差。水准测量通常是在三脚架上设置水准仪。测量员照准带有编号或条形码的标尺或杆以获取读数。水准仪有几种类型：气泡式水准仪、自动安平水准仪和电子水准仪。大坝监测中最常用的两种是自动安平水准仪和电子水准仪。

自动安平水准仪使用补偿器来确保仪器大致调平（在 0.05° 以内）后能保持视线水平。用三个调平螺丝调平仪器。可以快速安装仪器，之后不需要每次照准水准尺或杆都重新调平仪器。补偿器也减少了三脚架的轻微沉降对实际变形量的影响，而不需利用视线距离内的倾斜。在过去的 25 年里，自动安平水准仪已被普遍接受成为标准的测量仪器。

电子水准仪以电子方式读取条码水准尺上的刻度。这些仪器是自动水准仪的电子版，但还具有数据记录功能。该特性使得操作人员不需读取并记录刻度值，从而减少了错误。照准水准尺，同时测量水平距离以及高程差。电子水准仪还可以计算和应用折射和曲率修正误差。这极大地提高了高精度高程测量的准确度和可靠性。

监测点的垂直位置（高程）可以用差分水准测量或全站仪（三角高程）测量。三角高程测量技术已在第 6.3 节中介绍过。水准仪是通过测量与影响区域外的工作基点之间的高差来估计垂直位移的。记录高程数据，随后进行内业处理，并与以前测量的高程进行比较。

一般来说，水准测量得到的高程是最精确的大地测量。考虑到使用的水准仪的准确度规格、作业程序和平差程序，因此这种方法是可以信任的。通过水准测量得到的高程更加一致，通常与观测墩的原始高程相差在几毫米之内。

如上所述，使用水准仪的优点是准确度更高。用全站仪和 GPS 得到的高程与通过水准测量得到的直接读数不一样。每台水准仪的成本远低于全站仪的成本；然而，这种类型的仪器需要至少两个人进行测量。水准仪的可靠性取决于仪器的维护、运输和储存。水准测量为大坝监测提供可靠的测量方法，这已有很长的历史。技术进步提高了测量准确度和数据采集能力。电子水准仪的一个缺点是测量所需的时间过长。

大坝监测所使用的水准仪应有几种方法来输入和检索数据。选择正确的仪器，应能提供多种格式，并能将测量数据存储在内部存储器或数据卡读卡器上。用户定义的格式增加了水准测量过程的灵活性，并允许采用手持设备与办公室计算机进行高效的数据交换。

---

❶　原文无，为保证体例完整，根据文章加此小节标题——译者注。

水准仪的操作和维护相对更简单。每次变形水准测量跑尺之前应进行简单的校准检查。将水准仪序列号以及为该特定水准测量调整的视准误差包含在现场记录中并报告是很有帮助的。

6.4.2　仪器采购

在购买水准仪之前，咨询有经验的业主和研究不同制造商的案例是有用的。为做出明智的采购决定，必须清楚重要的注意事项和问题。

6.4.2.1　精密度

水准仪的精密度必须足够高，以达到高程测量所需的准确度。仪器是否能达到所需的准确度？性能规格要求基于 DIN 18723 标准，其中规定了每千米往返水准测量的高程标准差。

差分水准测量的准确度通常用最大闭合误差表示。国家测绘局（NGS）给出了在设立新的基准点实施特定准确度等级测量时需遵循的标准（NGS，1994）。一等和二等水准用于确定用作水准路线的起点和检查的基准点的高程，用作水准路线的起点和检查。通常按照三等水准进行测点的位移测量。

6.4.2.2　观测的频率和数量

观测的频率和数量取决于对以下问题的回答：
- 可否同时测量水平位置和垂直位置（每点访问一次）？
- 是需要每月进行测量的新地点，还是测量频率较低的现有地点？
- 有多少个观测墩要测量？
- 监测点和基准点之间的距离有多大？地形情况如何？
- 与自动化或半自动化方法相比，人工测量需要多少工时？

6.4.2.3　软件和硬件功能

水准仪是否允许进行电子数据采集和处理？数据采集和数据输出方法的灵活性如何？该软件能否提供准确度指标所要求的分析和平差功能？在考虑先进的计算机系统时，需要确定仪器的软件和硬件的功能。

在设计新的监测系统（或更新旧的监测系统）时，选择使用何种水准仪是很重要的。与能够实现的整体价值相比，新型号的电子水准仪的成本并不是主要问题。水准仪不固定于现场，不是 ADAS 的一部分，但它是测量人员建立工程的高程体系的主要工具，适用于变形监测。

6.5　全球定位

基于卫星导航系统的 GPS 目前广泛应用于大坝监测。该系统可以在任何天气条件下得到地球上任何位置的地理参考位置。GPS 由美国政府维护，有许多可以免费使用的应用程序。该系统提供监测测量功能，将 GPS 接收机连接到连续运行参考站（CORS），这些参考站是采用深钻孔永久安装在地面上的观测墩，可为 GPS 数据文件的后处理提供精确的参考框架。这些参考站由地方和科研机构维护，其中一些由国家测绘局（NGS）接入国家网络中。

与传统的三角测量和三边测量相比，GPS 的出现使测量人员能够将精确的平面控制测量通过更远的距离传递到监测点。这种控制几乎总是更精确、成本更低，并且不受天气条件的影响。对于几乎所有卫星通视条件好的监测点，GPS 在建立和验证大地测量控制方面特别有效。GPS 的初始投资是巨大的，实施监测测量的机构或公司通常需要几个监测项目或其他类型的测量项目来证明这一投资的合理性。对于大多数的水库大坝来说，系统需要建立 4 个接收机才具有经济可行性。这种类型的网络的半长轴的两倍标准偏差定位准确度的范围为 0.12～0.20in（3～5mm）。

为了抵消这一投资成本，用户有时可以利用现有的 CORS 参考站。世界上许多人口基数大和地震活动强的地区建有 CORS 参考站。这些参考站由大型政府机构或科学组织建立，以帮助解决与区域地震或沉降活动有关的问题。这些系统大多数利用电话调制解调器或无线电和数据处理中心自动采集和处理 GPS 数据。在许多情况下，用户可以通过互联网免费检索数据。

第二种降低 GPS 成本的方法是在工程周围创建两个基准点来建立现场 CORS 参考站，如图 6.2 所示。让两个 GPS 装置在这些参考点连续工作（在测量期间），只需要 1～2 名测量人员就可以建立一个非常可靠和精确的测量水平变形的系统。测试表明，使用这种技术的水平定位比传统的桥接网络的更准确，桥接网络利用监测点之间的短向量进行测量。这种方法也是一种更可靠的平差方法，因为它只在固定或约束的参考点之间进行矢量的平差，而不在监测点之间进行矢量的平差。

另一个与结构监测相关的 GPS 的例子与混凝土重力坝有关，将静态 GPS 用于连续监测水库水位的变化、热效应和风对重力坝长期变形的影响。

实时 GPS 能够以高达 10Hz 的采样率测量微小移动，也可能在未来的实践中成为一种实时测量土石坝和混凝土坝地震影响的工具。

如图 6.3 所示，实时动态（RTK）系统需要一个 GPS 基站，从一个已知的参考位置向在无线电范围内的移动 GPS 装置进行广播。移动 GPS 装置的位置以大约 1s 的间隔进行实时广播。其受控条件包括：

图 6.2　CORS 参考站装置

图 6.3　RTK 装置

- 移动 GPS 装置和参考站相距不到 2ft。

- 局部大地水准面的倾斜建模完善。
- 多次读数取平均位置。
- 采用固定高度的三脚架。

对于这些 GPS 方法中的任何一种，使用精确的轨道星历将半长轴的两倍标准偏差水平定位准确度显著提高到 0.12～0.20in（3～5mm）。获得这种水平的 GPS 定位准确度的其他关键因素还包括：

- 地平线高度掩模（15°～20°）。
- 观测墩的测量时间（至少 30min）。
- 多路径误差（采用扼流环形天线降低）。

与水准仪相比，GPS 不能在相对较短的距离内准确地得到垂直位置。然而，在适当的控制条件下，一些使用 RTK 技术的应用程序有望获得的准确度在 0.4～0.6in（10～15mm）范围内。当土石坝在加载和压实中产生的沉降预计相当大时，RTK 对于大型土石坝施工期监测可能是有用的。

6.6　激光雷达

激光雷达（light detection and ranging，LiDAR）用于遥感应用，通过用激光照射目标来测量到目标表面的距离。通过分析反射光来确定距离，以提供高分辨率的三维数字地图和地形模型。激光雷达（LiDAR）在地理信息学、地质学、地震学、林业和许多其他遥感和等高线测绘方面都有应用。激光雷达可用于地面、机载和水下应用。激光雷达的好处包括通过远程应用程序对无法进入的地区（如压力管道和隧道）的地面和结构的特征进行详细测绘，对易受地震破坏的地表区域进行建模，以及可以对大面积区域建立地形模型并存档以供将来地震后的变形评估。

激光雷达已被用于大坝监测，结合声呐、光学和水文测量数据，可以建立大坝及坝基水面上下的数字地形模型（DTM）。这项技术发展迅速，是对标准的大坝监测方案的一种经济有效的补充。

地面激光雷达采用 3D 扫描仪（图 6.4 和图 6.5）数百万次扫描物体，采集有关物体形状和外观的数据，以确定其形状和大小。扫描仪采集其视野范围内表面的距离信息。由 3D 扫描仪创建的图像可以得到每个点的 3D 位置。扫描结果汇集到公共系统、登记并融合成一个模型。这种扫描仪可用于任何类型的大坝的变形监测。扫描数据可用于测量、存档，并与未来或过去的扫描数据进行比较。

混凝土坝可以使用现有的变形测量控制点进行扫描，并与常规变形监测建立起关联关系。除了关注的传统的测点外，还可以分析点云的任何部分。混凝土坝的扫描结果可以通过几种方法进行分析：

- 顶点可以放置在关注的可清楚识别的测点上。顶点可以导出并保存在文本文件中，以便与将来的扫描结果进行比较。
- 连续扫描完成后，将前次扫描的顶点文件从文本文件导入到新的扫描结果中，可以在测点的点云上直观地看到各个点的变形。

图 6.4　地面激光扫描仪　　　　　　　图 6.5　使用中的地面激光扫描仪
来源：徕卡地球系统 HDS

• 可以在结构上创建复杂网格并存档。一旦连续的扫描完成，创建新的复杂网格，覆盖原始的复杂网格以检测变化。

• 传统设备使用的测量控制线可以并入点云，并使用基于软件创建的虚拟参考平面的横截面输出测量结果。

可以扫描土石坝现有的位移控制点，并与其他技术的测量结果进行比较。除了分析传统的测点外，还可以分析点云的任何部分。可以用几种方法分析土石坝的扫描结果：

• 顶点可以放置在可清楚识别的测点上，例如大坝表面岩石的突出点。

• 顶点可以导出并保存在文本文件中，以便与将来的扫描结果进行比较。

• 第二次扫描完成时，将前一次扫描的顶点文件从文本文件导入，每个测点的变形都可以在点云上看到，岩面的顶点在两个扫描周期之间是否发生沉降可以清晰显示出来。

可以创建复杂的网格并归档。一旦完成第二次扫描并创建第二个复杂网格，就可以加载原始复杂网格来识别变化，可清楚地显示在两次扫描期间岩石表面是否有沉降。

测距在 3～150ft（1～50m）范围时，单次测量的准确度约为 0.25in❶（6mm）。使用软件对物体上感兴趣的数千个点的结果进行平均，可以达到更高的准确度。

这种方法有其局限性。水会吸收激光而不产生任何信息。因此，扫描仪不能测量水面上的点。此外，扫描距离的范围因扫描仪而异。大多数扫描仪可以精确扫描到1000ft（300m）。但是扫描仪在强烈振动的条件下（包括大风）无法正常工作。

---

❶　原文中为 0.5in，经核实有误，因此进行了修改——译者注。

6.6.1 扫描仪安置

扫描仪的操作与传统全站仪类似,在已知的测点上安置扫描仪并对已知测点进行后视。扫描仪还可以通过两个或多个测量控制点的后方交会计算其安置位置。使用带有 3in 觇标的双觇标杆瞄准后视测点或后方交会点。

6.6.2 觇标定位

觇标定位用于将多个扫描结果衔接起来,其准确度高于仅依赖扫描仪的导线点。对于需要多重安置的准确度要求高的测量,需进行额外的觇标定位。可用的不同类型的觇标有:

- 6in(0.15m)半球。
- 6in(0.15m)球体。
- 6in(0.15m)平面觇标(磁性和可黏结)。
- 黑白纸觇标。
- 3in(0.07m)平面靶材(磁性和可黏结)。
- 3in(0.07m)双觇标杆。

6.6.2.1 觇标距离限制

觇标的选择取决于扫描仪与觇标的距离。当觇标距离扫描仪 150ft(45.7m)或更近时,可以使用 3in(0.07m)的觇标,6in(0.15m)的觇标不应放置在距离扫描仪 500ft(152.4m)以上的位置。

6.6.2.2 云觇标

现场扫描完成后,如果有可以在多次扫描中清楚识别的特殊点,则可以在软件中虚拟地建立觇标。这种内业工作通常比现场测量人员在扫描前将觇标放置在扫描区域所花的时间要长。为了提高效率,最好在现场放置扫描觇标;但是,在现场扫描完成后,工程的需求可能会发生变化。云觇标定位是提高内业准确度的一种选择。图 6.6 和图 6.7 提供了大坝激光雷达扫描的示例。

图 6.6 拱坝激光雷达扫描结果
来源:华盛顿州西雅图市电力公司

图 6.7　Morris Sheppard 大坝的激光雷达地形模型

来源：得克萨斯州自然资源信息系统/得克萨斯州水务发展理事会（Texas Water Development）

6.7　未来趋势

遥感和电子技术的进步为大地测量监测打开了无数大门。随着准确度的提高和空间分辨力的提升，测量人员有了更多的工具来丰富监测方案。激光雷达（LiDAR）和干涉合成孔径雷达（interferometric synthetic aperture radar，InSAR）是两种主要的遥感技术。电子技术和计算处理器的最新进展使这些技术变得更便宜，也更容易获得。未来的大地测量技术，如使用高清扫描仪的地面 3D 测量和机载激光雷达测量，将为地面监测提供新的选择。作为标准大地测量监测的补充，可对大面积陆地和结构建立三维高清扫描和详细模型，以进行变形监测。

与地面 GPS 站相连的机载激光雷达测量正在成为一种更经济有效的方式，用于创建数字地形模型（DTM）和高分辨率地面模型，以识别与边坡变形相关的地面特征。彩色激光雷达地形图被用来探测地形特征或结构本身的不稳定性。另一个趋势是合成孔径雷达技术，它可能会进一步改变地面监测的方式，利用地面或卫星在一段时间内对地面进行测量，以探测陆地区域和一些大坝的变形。

随着无人机技术在空间应用领域的应用越来越广泛，图像分辨在地面监测应用中将变得更加有效。

在更大范围内，使用基于 CORS 参考站的实时 GPS 网络可监测地球板块构造运动和火山运动。CORS 参考站将 GPS 天线永久固定在深钻孔观测墩上，可以非常精确地发送站点的位置。目前已经建立许多这样的网络，并且已被大地测量界和科学界使用了多年。大地测量软件、互联网协议和通信系统的进步使得 GPS 网络越来越稠密和精确。

在精细 3D 智能、激光雷达（LiDAR）、干涉合成孔径雷达（InSAR）和 GPS 基准网等方面的新趋势，以及现代大地测量分析软件，将有助于为未来监测规划制定有吸引力的策略。

6.7.1　干涉合成孔径雷达

合成孔径雷达（SAR）是一种可能用于大坝监测的新兴技术。SAR 是一种常用的电磁成像传感器。SAR 传感器安装在飞机或卫星上，用于拍摄高分辨率的地球表面图像。将几次飞越的图像放大可得到高程的变化情况（Peltzer et al.，1994）。SAR 使用的波长为 2.5in～3ft（1cm～1m），而光学传感器使用的波长接近可见光，即 $1\mu m$。较长的波长使得 SAR 能够穿透云层和风暴，而光学传感器则不行，因为 SAR 传感器自身携带了照明源，照明源的形式是天线传输的无线电波。SAR 可以在白天或晚上的任何时间使用。目前正在开发的方法使得 SAR 可用来监测大坝及其周边地区的垂直位移。

SAR 是一种基于雷达的测量技术，用于大地测量和遥感。该方法利用两幅 SAR 图像生成地表位移图或数字高程模型。这是通过确定从卫星或飞机返回的波的相位差来实现的。从时间序列中可以检测到在几天到几年的时间跨度内厘米级的位移变化。SAR 目前用于地震断裂带、滑坡区、火山和沉降区等自然灾害的地球物理监测。

SAR 可以用作目前大坝工程的监测方法的补充，或者提供监测项目周围地形的更大区域性的视图。

图 6.8（Mazzanti et al.，2015）显示了 SAR 用于识别中国三峡大坝的高程变化。

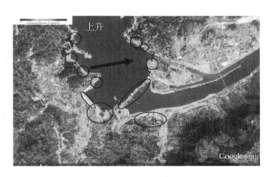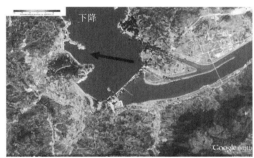

图 6.8　机载 SAR

来源：意大利自然灾害防控与评估公司（NHAZCA❶），谷歌地球（Google Earth）

可利用地面合成孔径雷达进行连续的测量和运动的探测，设备如图 6.9 所示。利用雷达信号可以对大坝或建筑物的表面进行昼夜全天候监测，并提供显示散射后向雷达图像的二维位移强度图。

---

❶　原文误为 NAHZCA——译者注。

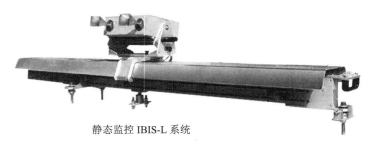

静态监控 IBIS-L 系统

图 6.9　地面 SAR 扫描仪
来源：奥尔森仪器公司（Olson Instruments）

6.7.2　无人驾驶飞机

无人驾驶飞机（UAV）通常被称为无人机，是远程驾驶飞机，如图 6.10 所示。其他类型的无人机是无人操纵空中监视系统（UAS）和遥控飞机系统（RAPS）。UAV 使用机载计算机系统和飞行软件自主飞行，或者是遥控驾驶。随着准确度和技术的提高，利用这种正在兴起的技术将特殊摄像机和光学作为有效荷载带来了新的监测方式。无人机可以覆盖大面积人员无法进入、不安全或大地测量太昂贵的地区。可以用无人机对大坝和水库进行快速测量。这种能力适用于应急检查和测绘，目前，新兴技术正用于更安全的大坝、溢流闸门和输电线路状况检查，这需要专门的高空作业。

图 6.10　无人机（UAV）

无人机提供高分辨率的照片和视频，供未来进行比较。

6.7.3　实时网络

可在更大范围内使用基于 CORS 参考站的实时 GPS 网络监测地球板块构造运动和火山运动。CORS 参考站将 GPS 天线永久固定在一个稳定的观测墩上。CORS 参考站连续发送非常精确的站点位置，如图 6.11 所示。目前许多这种网络已经建立，并已被大地测量界和科学界使用了多年，其效用可能会随着时间的推移而提高。

6.8　大地测量规划和实施

本节介绍如何构建一个新的监测方案或对现有监测方案进行评估。随着大坝的老化和技术的进步，需要进一步考虑维护或扩大原有监测方案。任何将大地测量作为性态指标的监测方案，应易于理解并可移植到下一代。每座大坝都是独一无二的，其有效的监测方案的规划和设计没有唯一的答案或解决方案，从实践中得到的经验教训对于大地测量监测方案的规划和实施是有益的。

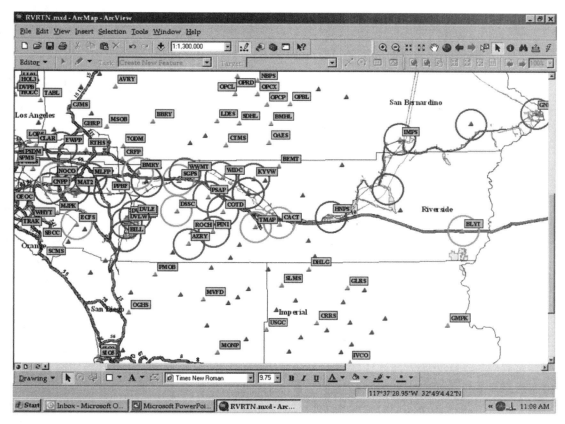

图 6.11　CORS 网络

由测量人员选择大地测量方法，以得到评估失事模式所需的性态指标。测量人员为大坝业主和工程师提出完成所需的测量的手段和方法，并协助选择一个首选方案。在整个大坝监测项目中，必须权衡各种备选方案的相对准确性、可靠性和成本。由测量人员推荐一种首选的测量方案是有益的，因为最终是由测量人员来承担这项工作并获得测量结果。

在为新建工程设计和实施大地测量监测方案或对现有方案进行评估时，有几个方面需要考虑。新建工程的监测方案的制订应与大坝业主、工程师和设计人员协调完成。这对于在项目推进之前的规划和设计是有积极意义的。如果观测墩、传感器、仪器和电源的位置是整体设计的一部分，而不是事后添加，则可以更好地进行管理。鉴于测量人员必须在施工完成之前同时处理规划和设计这两项任务，许多工程在施工过程中都需要进行测量，这将成为位移监测规划的一个重要因素。

需要仔细考虑和评估的一些主要因素有：①需要测量的性态指标；②需要监测的结构类型；③准确度要求；④监测频率；⑤预期成果；⑥测量时间安排。

6.8.1　不同类型大坝的监测布置

6.8.1.1　连拱坝和支墩坝

对于连拱坝和支墩坝，监测点通常位于每个支墩的前鼻和趾部。对于大型连拱坝及支墩坝，需要特别关注支墩的基础。如果支墩有伸缩缝，则需要测量伸缩缝的位移（Chrza-nowski et al.，1992）。

6.8.1.2　重力坝和拱坝

对坝趾和坝肩的位移监测的要求因坝而异。如图 6.12 所示，根据性态指标监测的需要布置测点。通常的做法是在每个坝段上布置观测墩，以测量坝顶的位移。

6.8.1.3　土石坝

如图 6.13 所示，根据需要，沿着坝顶和下游边坡布置数排观测墩，用于位移监测。观测墩的间距需要考虑观测墩损失后观测墩之间的剩余间距仍足够小，能够准确地监测到位移。

6.8.2　准确度要求

要求达到的准确度是大坝预期性态的函数。测量人员与设计人员协商，以了解预期位移的范围，然后选择满足测量准确度所需的手段和方法。

6.8.3　监测频次

监测频次可能取决于设计技术要求、施工的不同阶段、监管要求、预期位移（滑坡、高立墙监测、首次蓄水）和年内的不同时段（混凝土结构的季节性位移）。由于季节对结构的热弹性效应的影响，变形读数会受到季节的影响。对于大地测量工程师/土地测量师来说，了解工程监测的持续时间和预期的监测频次对监测方案的设计和实施至关重要，因为它们会影响工程的人工和材料成本以及将使用的大地测量的类型。

测量人员与业主合作，了解工程成本的限制（如有），并由工程师确定监测工作时间安排。

监测频次（或观测时间表）取决于大坝的生命周期阶段：

• 施工前阶段，建立并测量大地测量测点的位置，并确定基准点的起始位置，供后期比较。

• 施工阶段，测量大地测量测点位置，以发现问题或验证结构性态是否符合预期。

• 首次蓄水阶段，此阶段监测频次最高。此阶段的测量可用于评估设计假设、施工质量和整体性态。

• 运行期，测量大地测量测点位置的频次较低。

如可行的话，采用数字式数据采集的监测系统的成本最低，准确度最高。这消除了与抄写记录相关的错误，并提供了备份数据。数据采集系统需要审查采集方法的灵活性和输出格式。

在设计大地测量系统时，需要考虑现场条件。对偏远位置进行自动化观测的要求或现场对观测人员来说是否困难或安全是决定使用传统型全站仪还是机器人系统的关键因素。现场条件也可能便于使用 GPS 而不是全站仪来监测水平位移。这对于热浪强烈使得全站仪测量几乎不可能获得好结果的地区尤其如此。陡峭的山谷可能会干扰卫星的信号接收。否则，有通视问题的地方可能更适合 GPS。

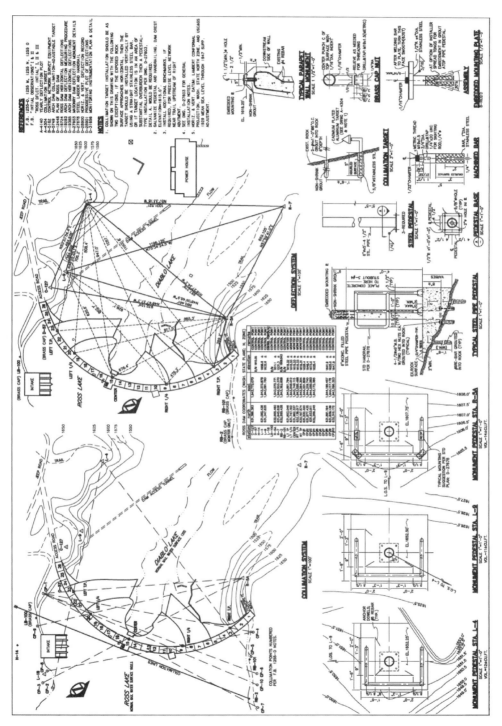

图 6.12　拱坝大地测量布置示例

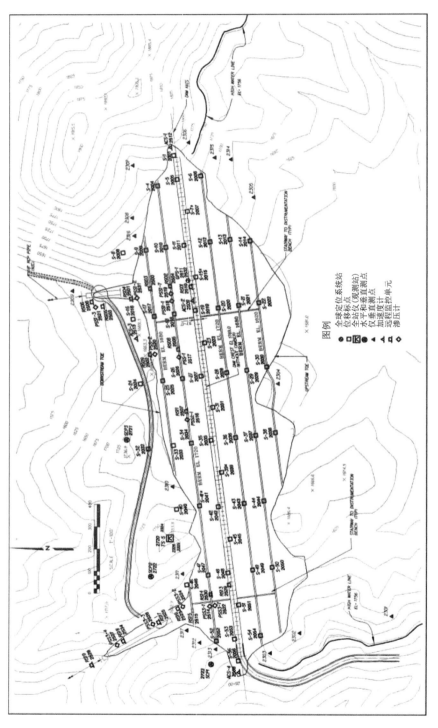

图 6.13　土石坝大地测量布置示例

6.9 测量标点

所有的变形监测方案都需要可以进行三维测量的稳定点。有多种观测墩可以实现该功能。本节将介绍适用于不同大地测量方法和不同结构类型的观测墩，主动和被动测量标点，以及观测墩的结构图，也将讨论监测方案需要考虑的因素，并给出在工程生命周期内绘制和跟踪观测墩的建议，还包括应如何进行位移测值测量、采集、分析和报告的建议。

典型的观测墩是永久性装置，如混凝土基座和埋入式金属板。对这些观测墩进行测定和标记后，对其进行反复观测，以得到其位移情况。每个观测墩上都印有唯一的标识。计算机辅助绘图（CAD）或地理信息系统（GIS）制图可用于显示监测点及控制观测墩与被监测的结构的相对位置。能准确表示观测墩位置的综合地图对工程生命周期内所有参与监测方案的人都是有用的。

地面观测墩的耐久性很重要。观测墩可能位于溢洪道、堆石坝、混凝土坝、库岸边坡、坝肩、填土、堤防和附属结构（如压力管道）上。如果无法布置在稳定和可到达的位置，会导致监测准确度的降低，以及大家对观测结果失去信心。建筑物上的观测墩也必须位于耐久性良好的位置并考虑地面条件。

6.9.1 选择观测墩的准则

在选择观测墩时需要注意：
- 监测点的间距。
- 效率和经济性。
- 可接近性（不影响测量人员安全）。
- 耐用性。
- 观测墩的类型。
- 地形（地面稳定性、通视条件）。
- 网络设计。
- 网络的几何形状。
- 结构类型。

6.9.2 观测墩的类型

在特定地点使用的观测墩的类型取决于所遇到的土壤或岩石类型。观测墩可能失去基础支撑，将导致测量数据丢失。位于天然地面或开挖区域的参考观测墩被用作基准点或主要的测量控制点。参考观测墩需位于稳定且远离干扰的区域。

除了标记或刻上唯一的标识，在观测墩中心附近有一个测量标点，应容易识别，不会随着时间的推移而丢失或被误解。这个标点，被称为"冲压标点"，用于重复性测量，因为每次进行测量时，可以将杆或棱镜的尖端放置在相同的位置上。最好采用黄铜或铝帽标点。黄铜帽标点便于调平操作。应尽可能在混凝土浇筑时将黄铜帽标点安装在混凝土基础上。在现有结构中安装黄铜帽标点时，应采用强力环氧树脂。黄铜帽标点应设置得平齐或稍微凹陷，

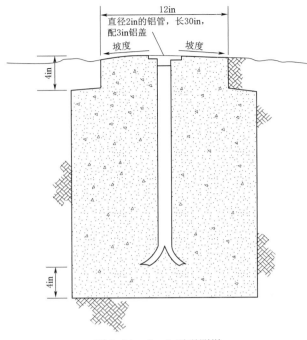

图 6.14　A-1 型观测墩

注：最上面 4in 预制混凝土采用模板成形，
从管盖处向外形成一定坡度。

以避免交通损坏和人为破坏。

　　观测墩最常用在现有的大型混凝土结构或混凝土基础中。结构越大，观测墩就越不可能受到当地地面干扰如车辆交通、雨水径流或土体膨胀的影响。

　　下面所示的观测墩都设计得很结实。与这些基本设计有所不同的设计也时有所见。

　　这些观测墩也可以作为观测点。

　　A-1 型观测墩如图 6.14 所示，最适合用于土石坝，并在没有基岩作为基础时用作参考观测墩。它是这里列出的观测墩中最经济的一种。

　　D-1 型观测墩如图 6.15 所示，用于需要保护不受机动车影响的土石坝坝顶。这种观测墩也可以用来保护位于自然地面上的参考观测墩不受越野车辆的影响。

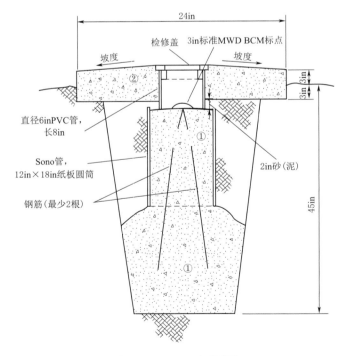

图 6.15　D-1 型观测墩

①—1 期浇筑混凝土；②—2 期浇筑混凝土

D-2型观测墩如图6.16所示，用于具有大量永久冻土活动的地区或土壤主要由砂或其他颗粒状土壤组成的地区。

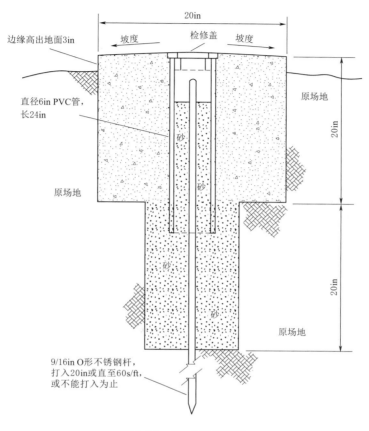

边缘高出地面3in
坡度　检修盖　坡度
20in
原场地
直径6in PVC管，长24in
砂
砂
原场地
20in
原场地
砂
砂
20in
9/16in O形不锈钢杆，打入20in或直至60s/ft，或不能打入为止
原场地

图6.16　D-2型观测墩

D-4型和D-5型观测墩如图6.17所示，分别安装在土石坝和混凝土坝中，用于半自动或机器人系统。这些观测墩也可以用于任何为半自动或机器人仪器设计的场景。

另一种观测墩如图6.18所示，由一个带有螺纹端的钢螺栓组成，螺栓插入混凝土的钻孔中并用环氧树脂固定，可用于混凝土坝顶，代替前面列出的观测墩。如需进行高频次测量，可以安装反射镜并长期留在原地不取走。长期放置在观测墩的设备容易受到恶劣天气和人为破坏的影响，还可能有造成人员绊倒的危险。

最高级的观测墩可能看起来不像观测墩，至少不像传统意义的观测墩。如图6.19所示，CORS观测墩消除了地表轻微位移和表层土壤风化的影响。有关的科学机构和组织合作提出了观测墩的一种最佳设计。观测墩采用了五根不锈钢管，钢管内充满泵送浆液，打入地下至少30ft，五根钢管顶端焊接在一起可安置GPS天线。CORS观测墩的设计寿命超过50年，除了地震以外，几乎或没有任何因素能对其造成影响。

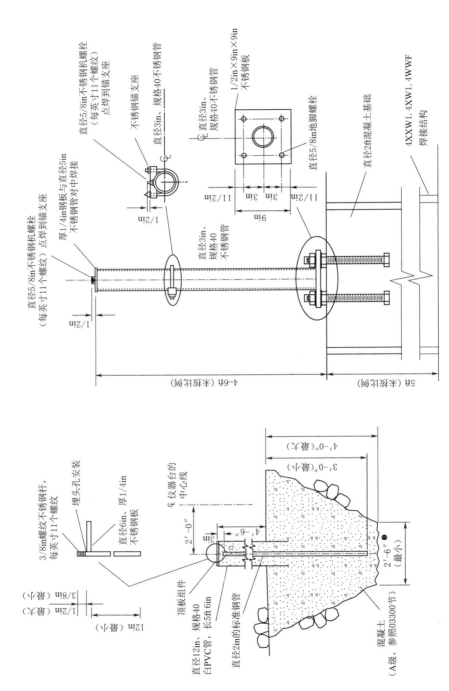

图 6.17　D-4 型和 D-5 型观测墩

❶ 2'-6"为 2ft 6in，余同——译者注。

图 6.18　固定反射镜

图 6.19　CORS 观测墩

6.10　数据采集

在进行监测系统规划时，数据采集方法是一个重要的考虑因素。如图 6.20 所示，使用数字化采集和存储数据的设备，可以提高总体的准确度，并形成外业工作记录和进行测量。使用数据采集系统还可以提高劳动效率，因为它们可以取代通常在野外进行的抄写记录。但是它有一个潜在的缺点，就是数字化采集排除了寻找可见的线索来解释数据的机会。

全站仪通常使用一个手持式数据采集仪或机载数据采集软件来采集数据。然后，数据

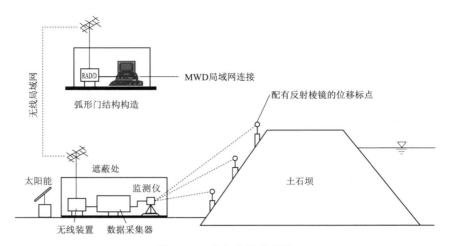

图 6.20　基本监测示意图

通常存储在数字存储卡或类似设备上，插入 PC 机或小型外围设备下载。

附带的软件允许下载数据并进行格式化，以便进行进一步的处理或评估。大多数设备制造商销售专门为其设备设计的专有软件程序。在考虑购买特定的测量仪器时，必须考虑软件的数据采集功能，因为并不是所有的软件程序都有最适合大地测量方法的程序，如分组采集。电子水准仪采集数据并将数据存储在机载记录模块上。然后，通过一个小的外围设备下载该模块，利用专有软件对数据进行格式化，以便进一步分析。GPS 接收机采集并将数据存储在存储器中，可以通过串口连接下载到 PC 机上。每个接收机制造商都有专有软件用于下载和处理原始数据，然后使用最小二乘平差程序进行进一步的分析。

这三种设备都需要由现场人员采集额外的数据。在所有情况下，都需要记录仪器和物体高度的测量值。一般来说，最好让现场人员测量两次高度，一次以米为单位，一次以英尺为单位，以进行检查。在现场测量工作中，高度测量或记录错误是外业中最常见的可避免的误差来源之一。最近，一些设备制造商已经开始销售固定高度的三脚架。这些三脚架的设计通过只匹配物体的固定高度（棱镜、GPS 天线和觇标）来减少高度误差，通常高度为 1.5m 或 2m。

其他要记录的数据包括测点名称或编号。水准仪和 GPS 设备需要一个四位数的观测墩名称或者编号。最好分配一个四位数字（而不是一个包含字母的名称）来识别每个测点，因为不是所有的设备都接受字母数字输入。通过分配一个数字，可以为未来的方法提供更大的灵活性。其他需要手动采集的数据包括通常的观测信息，如测量人员姓名、天气状况和目视观察结果。

ADAS 是在大型工程中进行大地测量数据采集的经济高效的方法。位于加利福尼亚州赫梅特（Hemet）的东区（Eastside）水库是一个包括三座大坝的大型工程，所有的岩土监测仪器都配备了 ADAS，对大地测量数据也有一个自动数据采集系统。该系统由一个基于 PC 机的监测应用程序远程操作全站仪机器人，对全站仪数据进行自动采集，然后将数据远程传输到其他地点进行分析（Duffy et al.，1998）。

6.11 数据处理

即使是最精确的大地测量，如果不对其进行适当的评估并将其用于跨学科的整体集成分析，就不能完全达到最终的目的。此处所谓的跨学科，包括巡视检查、仪器监测和大地测量三个方面。

随着能够进行最小二乘法的计算机软件程序的出现，大地测量数据的分析变得更加先进。这些类型的分析工具使从业者能够使用在数学领域发现的方法来表达监测点位置的统计置信度。随着 GPS 技术的出现，这类工具变得至关重要。位置容许误差现在可以用误差椭圆的长轴和短轴的长度和方位角来表示。这可以用不同的统计概率准则计算，例如当标准误差椭圆用于定义位置准确度时，概率为 39%，当标准误差椭圆的轴乘以 2.447 时，概率为 95%。工程师可以用某种数学上的确定性来表示对每个监测点绝对位移的信心或缺乏信心。许多这样的平差程序的输出具有图形显示功能，可以直观地显示所有监测点整体或单独的位移的大小和趋势方向。

需要明白的很重要的一点是，对于了解控制点的完整性而言，大地测量网和最小二乘平差程序是优秀分析工具，但要了解实际监测点的相关位移性态指标，它们存在一定的不足。分析监测点真实运动最纯粹的方法是简化与每个点相关的位移矢量。这一点可以重述为：测量监测点的最佳方法是直接从稳定的观测墩对每个点进行精确独立的测量。在监测点本身进行的任何形式的平差都会削弱区分与平差相关的位移和真实位移的能力。

最终需要将获得的监测点的大地坐标和高程与其他数据如渗漏、压力和应力一起分析。这可以通过比较这两种类型的数据并试图找到地理上的联系或模式来实现。此外，人们在设计监测系统时，可以使大多数或全部仪器监测相关的大地测量项目，从而使得进行相对测量的系统同时拥有绝对测量的能力。监测系统也可以进行必要的组织或安排，两种类型的仪器以大约相同的时间间隔获得读数，从而能更好地进行数据相关分析。

关于这种评估过程的技术术语是"综合位移分析"（Chrzanowski et al.，1992）。"综合分析"是指通过整合所有类型的测量结果，包括大地测量结果和岩土监测仪器测量结果，即便它们在时空上是离散的，确定位移值并与预测模型进行比较，改进预测模型，这反过来又可用于完善监测方案（Chrzanowski et al.，1992）。

目前已经开发了几种用于几何分析的软件包，如 DEFNAN、PANDA 和 LOCAL。其中一些软件包，如 DEFNAN，不仅适用于识别意料之外位移，而且还适用于任何类型位移的综合分析，而其他软件包仅局限于参考大地观测网的分析。

6.12 测量数据报告

使用位移监测报告的业主或大坝安全工程师也将决定使用何种方案。测量人员可能需要在自动化系统和传统测量系统之间进行选择，并确定使用最佳的数据采集方法。无论采用哪种方法，其生成的结果应可供大坝安全工程师使用，而且必须以高效和及时的方式生成结果，这一点在紧急情况下或特殊操作条件下将会特别关键。这对于在蓄水运行期间和地震多发地区与结构相关的问题而言，尤其如此。

在紧急情况下，如果由于缺乏人员、设备或其他因素而导致监测结果的延迟报送，那么高效的、经过深思熟虑的监测方案也没有价值。早期异常探测或预警是规划中的一个重要元素。当结构出现位置容差超限时，提供实时警报的软件应用程序可以生成位移报告。位移报告的格式取决于它将如何被使用。最好的报告应该简单、经过深思熟虑、足够灵活且能够让测量人员快速传递信息（图 6.21）。

不同测量人员报告位移的方法各不相同。书面报告描述了测量时使用的方法，并附有工程区域的地图，显示了测量的位置。大地测量报告应定期归档。在分析大坝或建筑物监测的趋势和问题、考虑改进监测方案时，保存以往测量的历史数据是很重要的。典型报表的内容包括：

- 结构的总体情况。
- 数据格式和文件位置。
- 使用的设备和仪器。
- 水平位移测量方法。
- 垂直位移测量方法。
- 工程大事记，如观测墩的改动。
- 参考图纸和观测墩图。
- 点的坐标、编号和名称。
- 监测日期。
- 位移测值（水平、垂直或两者）过程线。
- 测站名称和观测墩描述。

现场记录——典型的报告包括原始现场记录，如水准测量记录、导线和 GPS 观测表，以及现场人员的备注。虽然现场记录是原始形式，但将其包含在内，可将大地测量记录形成文档。

地图——显示与大坝或结构相关的观测墩位置的测点地图，作为文字报告的补充，有助于讨论所关注的特定领域。更现代的三维测量技术不仅可以提供位移测量的综合地图，还可以通过生成彩色地图和颜色变化来显示结构上的位移。

结果——位移监测的目的是测量和报告得到的位移，以便与预期位移和位移的阈值水平进行对比，并对变形进行解释。位移的时间过程线图（图 6.22）可以展示位移数据并便于解读。

使用电子实时报警系统是很有价值的数据报告方法，该系统使得大坝安全工程师和负责特定结构监测的测量人员之间能够很好地沟通。位移报告和容差阈值超限报警对于理解结构或其系统的问题是有帮助的。

9/19/2014 11:17 AM　　　　　　Porter Ranch Dam　　　　　　Comparison PE1006.xls

Horizontal and Vertical Displacement Monitoring

NAD83 1991.35 Epoch, CCS Zone 5, Grid Coordinates & NAVD88 Elevation Comparisons

PCID NO.	INITIAL VALUES June 1998 NORTHINC (MIRS)	INITIAL VALUES June 1998 EASTING (MIRS)	INITIAL VALUES June 1998 ELEV. (MIRS)	June 2009 Survey NORTHING (MIRS)	June 2009 Survey EASTING (MIRS)	June 2009 Survey ELEV. (MIRS)	June 2010 Survey NORTHING (MIRS)	June 2010 Survey EASTING (MIRS)	June 2010 Survey ELEV. (MIRS)	CURRENT MINUS INITIAL YEAR DELTA N	DELTA E	DELTA ELEV.	CURRENT MINUS PREVIOUS YEAR DELTA N	DELTA E	DELTA ELEV.
1001	584881.217	1948115.506	324.322												
1002	584797.712	1947987.474	310.238			310.232			310.234			−0.003			0.002
1006	584819.800	1948040.275	326.857			326.849			326.849			−0.008			0.001
1007	584831.964	1948025.588	326.815			326.806			326.806			−0.008			0.000
1008	584841.761	1948014.122	326.747			326.735			326.737			−0.011			0.001
1009	584851.490	1948002.395	326.662			326.654			326.655			−0.006			0.001
1010	584861.221	1947990.674	326.699			326.695			326.696			−0.003			0.001
1012	584817.724	1948019.483	318.086			318.083			318.082			−0.004			−0.001
1013	584810.021	1948007.161	312.095			312.094			312.095			−0.000			0.001

*North.East & Up offsets are positive and South.West & Down offsets are negative

PCID NO.	INITIAL VALUES June 1998 NORTHINC (MIRS)	INITIAL VALUES June 1998 EASTING (MIRS)	INITIAL VALUES June 1998 ELEV. (MIRS)	December 2009 Survey NORTHING (MIRS)	December 2009 Survey EASTING (MIRS)	December 2009 Survey ELEV. (MIRS)	June 2010 Survey NORTHING (MIRS)	June 2010 Survey EASTING (MIRS)	June 2010 Survey ELEV. (MIRS)	CURRENT MINUS INITIAL YEAR DELTA N	DELTA E	DELTA ELEV.	CURRENT MINUS PREVIOUS YEAR DELTA N	DELTA E	DELTA ELEV.
1001	584881.217	1948115.506	324.322												
1002	584797.712	1947987.474	310.238			310.234			310.234			−0.003			0.000
1006	584819.800	1948040.275	326.857			326.849			326.849			−0.008			0.000
1007	584831.964	1948025.588	326.815			326.806			326.806			−0.008			0.001
1008	584841.761	1948014.122	326.747			326.735			326.737			−0.011			0.002
1009	584851.490	1948002.395	326.662			326.654			326.655			−0.006			0.001
1010	584861.221	1947990.674	326.699			326.696			326.696			−0.003			0.000
1012	584817.724	1948019.483	318.086			318.084			318.082			−0.004			−0.002
1013	584810.021	1948007.161	312.095			312.095			312.095			0.000			0.000

*North.East & Up offsets are positive and South.West & Down offsets are negative

Page 1 of 1

图 6.21　水平位移和垂直位移监测

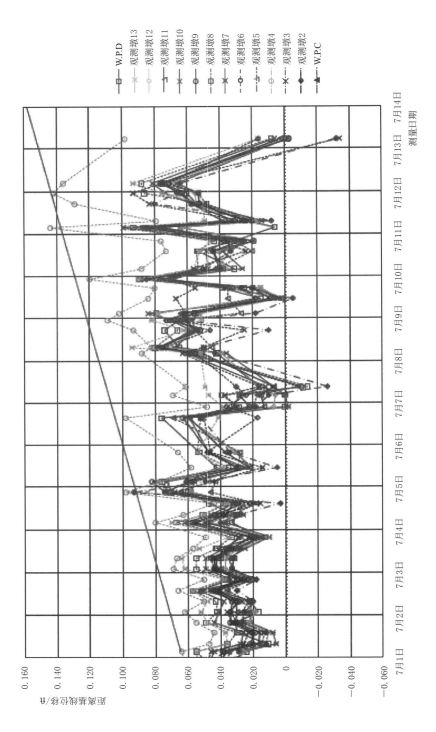

图 6.22　典型坝顶位移测值过程线

来源：美国华盛顿州格兰顿县特县公共事业（GCPUD）

注：纵坐标中，+代表指向下游。

第7章

监测仪器数据采集

有了数据不一定能获得信息，但没有数据肯定不能获得信息。

——丹尼尔·凯斯·莫兰（Daniel Keys Moran）

数据是性态监控指标的具体测值。数据可以用人工方式获取，也可以利用数据采集仪获取。数据采集仪可以是手持式设备，也可以是完全自动化的数据采集系统。

7.1 人工数据采集

人工数据采集涉及多种不同的工具，如用于测压管和观测孔的水位计，用于水库或水位监测的水尺，大地测量设备以及专用探头（如用于测量倾角的测斜仪探头）。在现场将测量读数手工记录在纸上或存储在手持式读数仪的存储卡中，以后再输入到工程数据管理系统中。

就人工采集数据而言，检查表对保障数据准确、完整很有帮助。有很多现成的检查表，里面包含了多个前期读数，可以帮助读数人员识别意外的读数。每当发现意外的读数时，都应进行重测。例如，当小直径测压管内的水位探头感知的是立管内的湿气而不是实际的水位时，会给出错误的读数。意外的数据未必是错误的数据，但应进行重测加以确认。如果针对仪器的正常性状对所有现场技术人员进行培训，他们可以在读数时快速判断是否需要进行补测。仪器出现故障时，或在读数和记录过程中，可能会出现错误。

读数人员姓名、仪器序列号以及读数日期和时间之类的元数据均会被记录并存储在数据库中。在某项仪器读数可疑时，元数据有助于排除问题。出现校准问题或间歇性故障的仪器可能比较麻烦。例如，测斜仪探头在电缆发生疲劳损伤后可能会给出一些不正确的读数。如果数据的问题不那么明显，可能需要经过多次读数才能发现。

人工数据采集的初始成本较低，维护工作量较少，操作和维护所需的专业知识水平也不高，且不易受到天气和人为破坏的影响，还能同时进行巡视检查以发现大坝的病害征兆。

只需观察，你就可以看到很多。

——尤吉·贝拉（Yogi Berra）

摄像机（数字或视频）是记录巡视检查结果的有用工具，可以将巡视检查结果传输到数据管理应用程序中，用作仪器监测数据的补充。为了特定的目标，可以将摄像机安装在有利位置，并将其设置为连续记录或按一定时间间隔记录。结合历史影像，摄像机可以成为识别和评估安全方面的新问题的有用工具。摄像机可以纳入监测系统中，以便对站点进行远程巡视检查，并可对自动采集的数据所显示的情况进行确认。红外摄像机或配有夜间照明的常规摄像机已在许多工程中得到了使用。

7.2　自动化数据采集

巡视检查是大坝性态监控的基础。即使设置了自动化数据采集系统，也不能取消大坝巡视检查。

自动化数据采集系统可以配置摄像头，以便远程进行快速、初步的巡视检查。如果仪器的测值超出了警戒值，则利用摄像头可以识别出病害的迹象，辅助确定是否需要采取措施。

7.2.1　系统配置

系统的结构形式反映了当前大坝安全监测的通行做法。系统结构形式的选择需要考虑一些基础因素：

- 岩土和结构工程监测的测点较多，水文监测可能仅有一两个测点。
- 大型结构的监测可能采用分布式的系统结构，各个现地测量单元靠近监测仪器布置。
- 系统不仅可以记录测量值，还可以将数据上传、存储到计算机上，由操作人员查看评估。

最好是根据现场的需要确定系统的规模和结构形式。

最简单的系统结构形式是仅有一台数据采集仪，如大坝安全监测中最常用的钢弦式传感器的数据采集仪（图 7.1）。更高级一点的是可以长时间测量多个电信号（电压、电阻、电流）的数据采集仪（图 7.2）。测量数据转换为数字格式，并与测量日期和时间一起存储在本地或内部的大容量存储设备中。数据采集仪系统关键的一点是将数据存储在内存条中。

（a）用于钢弦式传感器的8通道数据采集仪　（b）用于MEMS/单个或串联电位传感器的单通道数据采集仪

图 7.1　用于钢弦式传感器的 8 通道数据采集仪和用于 MEMS/单个或
串联电位传感器的单通道数据采集仪

来源：DG‑Slope Indicator

最简单的数据传输方法是使用串口或 USB 将 PC 连接到记录仪，或者使用闪存驱动器和数据采集仪的组合，如图 7.2 所示。使用闪存驱动器（即可移动存储设备）从数据采集仪中获取数据。从数据采集仪中取出闪存驱动器，插入计算，机将数据上传到数据库

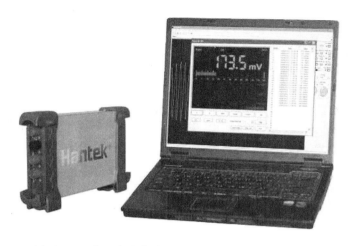

图 7.2　可接入多种传感器的数据采集仪（含存储介质）
来源：青岛汉泰电子有限公司（Qingdao Hantek Electronic Co.）

中。各软件程序可以访问该数据库，进行数据显示、分析、报告和归档。

所谓的"人工传递网络"（SneakerNet❶），指的是采用人工方式完成远端数据采集并进行数据上传供分析使用。与需要通信连接以将数据自动传输到计算机的方式相比，人工传递网络具有某些优势。由于不需要与自动数据传输相关的附加设备或通信服务，因此其具有潜在的成本优势。另一个潜在的优势是，没有与数据网络传输条件和供电方面的限制。负责现地采集数据的人员还可以对采集装置进行巡视检查。

人工传递网络也有一些缺点。首先，通常数据采集仪需布置在观测人员方便到达的位置，与监测仪器的连接线较长，易受损坏，且这些位置可能会遭受潜在的人为破坏。其次，在恶劣天气期间，观测人员难以到达现场，可能会影响观测的及时性。

在将数据上传到计算机并进行分析之前，不能识别监测量的变化或新趋势。因此，人工观测中的长延时还有一个缺点，那就是很长一段时间内可能无法检测到设备或仪器故障，这可能与监测目标不相符。与数据读取相关的人员成本也会一直持续。利用电话网络访问数据采集仪可以克服人工传递网络的缺点。数据采集仪通常配备有串口，可连接到个人计算机上的 RS232 或 USB 端口。可利用制造商提供的配置软件对数据采集仪进行编程，从数据采集仪存储器或数据存储设备中提取数据。此外，数据采集仪通常提供电话网络调制解调器连接控制通信协议，以及用于将数据从数据采集仪数据存储卡传输到计算机的终端协议。这样，利用电话网络在计算机和数据采集仪之间进行配置和数据传输的功能就可以通过本地串联电缆连接实现。也可以与射频、蜂窝电话和通信卫星建立通信连接。第二种系统结构形式是采用主机驱动网络，其中主计算机控制测量的时间和频率以及从远程终端装置（RTU）到主机的数据流。图 7.3 是数据自动化采集系统的主机驱动网络结构示意图。应说明的是，远程终端装置或仪器的数量应根据大坝的实际情况和监测需要来确定。由于主机承担所有系统通信和 I/O 操作的仲裁者的角色，因此通常称之为中央计算机。

---

❶　字面意义为"运动鞋网"——译者注。

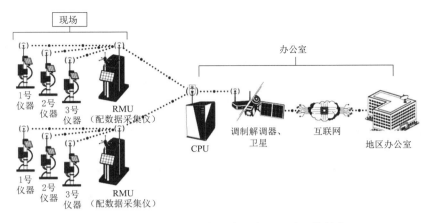

图 7.3　数据自动化采集系统的主机驱动网络结构
来源：美国陆军工程师团

　　从远程终端装置逐个读取数据链也称为远程轮询终端装置。这种网络体系结构称为主从结构，其中主计算机是"主"，远程终端装置是"从"。例如，监督控制和数据采集（supervisory control and data acquisition，SCADA）系统几乎均采用主机驱动的网络结构，因为 SCADA 系统的主要目的是在操作人员监督的远程 I/O 控制的过程中向操作人员提供数据。换言之，SCADA 的主要目的是实现与操作人员的交互，且在远程通信链路上响应要快速，这些目标通常最好采用集中式系统架构来实现。

　　主机驱动的网络至少在概念上比下面❶描述的节点驱动的网络更简单。主机驱动的网络以用户指定的时间间隔在网络上分配读取数据所需的基本功能。因此，如果通信链路发生故障或中央计算机故障或变得不稳定（如计算机必须重启，这在 PC 机上经常发生），在设备中断期间将发生数据缺失。注意，在主机驱动的数据自动化采集系统中，数据采集仪就是主机。所有的数据采集功能、逻辑和数据存储都位于主机中。

　　为保障跨网络的可靠性，在中央计算机和通信链路上的投入使得主机驱动网络显得相对昂贵。

　　采用现场总线由数据采集仪或电机控制装置（MCU）轮询的智能传感器也是主机驱动网络结构。与一个或多个子网相连的现场总线网络的费用低于远程 SCADA 主机驱动网络。现场总线网络因采用工业标准的通信协议非常可靠。与 PC 机不同，数据采集仪或 MCU 主机控制器进行了加固设计，也就是说，可在远程无人值守的情况下可靠运行。主控制器和从属的智能传感器之间采用局域网，使得在工程所在的范围内的连接具有高可靠性。

　　节点驱动的网络通常称为对等网络（peer - to - peer networks）。正如对等网络的名称所暗示的，没有主控制器，各节点均等共享通信功能，且每个节点都可以启动对共享通信介质的访问。

　　在监测系统中采用节点驱动网络，使得各节点上的关键功能可以自主运行。在数据采集系统中，智能节点通常可以更可靠地执行自动数据采集功能，而无需与远程主机通信。

---

❶　原文误为"in the next section"——译者注。

在正常运行过程中，远程节点可以启动与操作人员交互计算机的通信，而不是相反。这样，测量节点将数据保留在临时队列中，直到与远程计算机建立可靠的通信链路为止。此外，测量节点不仅可以按预定的周期向计算机报送数据，还可以在侦测到报警情况时向计算机送数据。此外，节点驱动的远程装置需消耗的功率要少得多，因为其通信资源不需要为响应主机的命令持续保持活动状态。

综上所述，在节点驱动网络中运行的电机控制装置的优势如下：

• 即使与操作人员交互的计算机的通信链路不可用，远程装置也可执行数据采集。

• 当由节点控制对通信链路的访问时，可以有效地管理远程装置的功耗，通信链路通常是远程装置中功耗最高的组件。

• 节点可跨有线、无线电、电话和卫星等不同通信介质建立连接，从而提高灵活性和冗余，降低总体系统部署成本。

ADAS 遥测系统可以是永久安装并编程控制的任何大坝性态监控系统，包括用于数据采集的组件，可自动运行而无需人工干预。该定义不局限于包括 ADAS 所有功能（即数据自动采集、远程传输、数据处理以及图形绘制）的系统。

例如，那些仅包含在大坝上安装、编程控制自动采集数据的数据采集仪或计算机的简单系统，即便是采用人工方式进行现场数据采集再上传数据，也属于 ADAS 的范畴。ADAS 的使用大大改进了以前费时又费力的工作。采用数据采集仪的监测系统，可实现无人值守的连续数据采集，但是需要采用人工方式进行数据传输。采用 ADAS 可进行无人值守的连续数据采集、远程自动数据传输和实时显示。

采用自动化系统的优点如下：

• 可进行高频次数据采集，获得变化荷载条件下的性态数据。

• 在很难或无法进行人工采集时可采集数据。如冬天因大雪无法抵达大坝，或由于大雨或河水暴涨难以进入现场时，也可采集数据。在洪水期间，工作人员可以专注于数据分析和巡视检查，而无需花费时间在数据采集上。

• 减少数据采集中的读数错误和数据输入中的转录错误。

• 可进行快速数据处理和图形绘制，数据分析更轻松、更及时。

ADAS 设置了预警功能。任何 ADAS 都可能发生误报警。报警提示正在发展的危险情况，在宣布进入紧急情况之前，需要进行巡视检查加以验证。

各种 ADAS 有一些共同的地方，但大多数情况下需针对大坝的实际情况和监测需要进行定制。图 7.4 显示了 ADAS 的典型组成。

ADAS 典型的组件包括电源、由台式计算机和监视器或仅由独立服务器组成的基站、主要的数据采集仪以及使用软件包进行远程通信的链路。基站可以设置在工程的办公楼内或坝上。

监测仪器的数量和类型可以扩充，在后期可接入更多的监测仪器。

在数据采集仪和基站之间可利用无线电传输数据。扩频无线电将通常为窄带的信号扩展为相对较宽的频带。这样的话，通信不太容易受到噪声和来自寻呼机、蜂窝电话和其他无线电设备等射频源的干扰。扩频无线电不需要向监管机构申请单独的许可或分配专用频率。

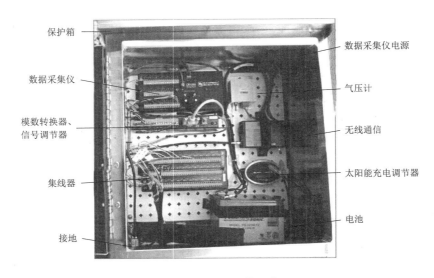

保护箱

数据采集仪

模数转换器、
信号调节器

集线器

接地

数据采集仪电源

气压计

无线通信

太阳能充电调节器

电池

图 7.4　ADAS 的组成
来源：美国陆军工程师团

7.2.2　ADAS 的应用

早期的 ADAS 的应用结果参差不齐，有的总体成功，有的彻底失败。有的项目遭遇了重大困难，如承包商的专业技能不足，设备的性能欠佳或需要过多的维护，ADAS 厂商由于市场潜力过小而停业或退出大坝监测业务。有的系统需要用更可靠的自动化监测仪器和传感器进行更新。随着技术的飞速发展，ADAS 设备越来越可靠、便宜，一个明显的趋势是 ADAS 设备在大坝性态监控中的应用也越来越广泛。

仪器监测只能获得监测量的点式测量数据，而不能获得关于结构性态的全面信息。仪器监测获得数据也仅局限于设计布置的测点。例如，ADAS 无法获得新出现的渗漏情况或未埋设仪器的位置的沉降或水平位移情况。ADAS 扩大了监测数据分析的范围，提升分析的及时性，但不会减少开展有效的巡视检查的必要性。

与没有自动化的情况相比，ADAS 装置能够采集更多的数据。但是，除非对监测数据定期进行处理和分析评估，否则采集更多的数据并不会带来任何价值。因此，ADAS 应用成功的一个重要方面就是要分配足够的资源对采集的数据进行分析评估。有些 ADAS 成功应用于监测数据的实时采集、归档、处理和报告。

此外，对 ADAS 采集的数据进行人工比测验证也十分重要。硬件和软件故障可能发生且确实会发生，因此对任何 ADAS 都需进行定期的人工比测验证，以确保对大坝性态的判断基于准确的信息。

最后需要强调的是，对 ADAS 应进行定期的维护、校准和修理，必须为这些工作提供足够的资源。传感器、计算机硬件和通信设备均可能会发生故障，并且需要维护、修理，有时甚至需要进行更换。此外，ADAS 还会受到外部影响，如施工活动、雷击、人为破坏、极端天气情况、火灾和水灾等，可能需要维护、修理或更换。

大多数用于大坝监测的远程数据采集设备可分为四类：单个读数仪、主机驱动网络、现场总线网络或节点驱动网络。数据采集设备通常由电池供电，并设计为最小的功耗。这样就可以将数据采集设备安装在没有交流电源的监测仪器附近。数据采集设备由电池供电，使用在线电池充电器使得电池保持满电状态。电池供电具有额外的好处：即使电池充电电源间歇性中断，设备也可以继续运行（不间断电源）。

远程 ADAS 设备的电池充电器通常设计为交流电充电或太阳能充电。

如果在数据采集设备附件具备可靠的交流电源，则使用其进行充电。但在大坝及其周围的许多地方，可能无法使用交流电源。此时通常使用太阳能电池板（图 7.5）对电池充电，其成本低且可靠。

图 7.5　使用太阳能充电的 ADAS 设备
来源：美国陆军工程师团

小型的 1 通道、4 通道和 8 通道读数仪（图 7.1）采用可用 3～6 年的不可充电的锂电池，其具体使用年限取决于数据记录的条数。特制的超大容量电池可以使用长达 10 年之久。

使用可充电电池时，如果电池、太阳能电池板的规格尺寸选择不合适，则可能难以保障其可靠性。不同远程设备的功耗可能会差异很大，这取决于安装的组件、通信链路和控制程序。因此，如果更改设备的配置或控制程序，则随着时间的流逝会发生电源功率衰减。如果最初的计划发生变化，通常对设备的需要会更多而不是更少，因为需要增加仪器，信号调制更耗电，无线电发射器工作频次增加。

在 ADAS 设计配置中，确定远程安置的电池和太阳能电池板的容量时需格外小心，需评估最坏情况下的预期负载、安装地点的等效日照天数（ESD）以及电池所能承受的最低环境温度，还必须考虑电池技术特点和充电特性，因其与温度有关。大多数设备厂商以及系统安装承包商和集成商都可以提供工程应用数据和支持。

系统采用尽可能简单的结构是有益的。无论是手动还是远程录入数据，应尽可能减少数据采集和录入之间的步骤和涉及人员的数量，以降低出错的概率。

当进行系统维护或出现可疑的数据错误或偏误来源时，需将原因记录在人工数据采集表和绘制的图形上。错误的来源包括观测人员不熟悉仪器测读，使用了新的设备，读数仪的湿度过高以及电池故障等。

对于接入 ADAS 的电测传感器，为保障应用，应考量其可靠性。传感器的可靠性必须与数据采集的预期时段长度相匹配，并且 ADAS 的设计和安装必须考虑传感器失效的可能性。应对传感器可能失效的方法包括增加冗余和进行更换。增加冗余是指在适当的位置平行布置传感器，以便一定数量的传感器发生失效时，仍然可以实现数据采集的目标。

对于可能失效的传感器，在设计中可以将其设计为可更换的。例如，当安装钢弦式渗压计时，将渗压计安装在延伸到地面的 PVC 保护管（测压管）中，而不是安装在永久回填的钻孔中。这样的话，在钢弦式渗压计失效时可以进行更换。采用此安装方法，渗压计读数的响应时间将取决于 PVC 保护管（测压管），而不是钢弦式渗压计。只有当水流入或流出保护管时，渗压计的读数才会改变。

水分或湿气的侵入凝结会严重损坏电子设备，使其无法正常运行。因此，室外安装 ADAS 设备时必须特别注意。如果在购买设备时没有充分预料到现场条件，仪器电缆接入可打开的防水机箱可能会遇到困难。

在选择现场机箱时，必须考虑仪器电缆的数量和规格尺寸的不同、瞬态保护和通信组件的空间和安装注意事项以及气候条件。在许多地方还必须考虑人为破坏防护措施。这些要求因地而异，对于提供适用于大多数情况的标准防水机箱的设备厂商而言，可能具有挑战性。从 ADAS 设备厂商那里购买经过适当设计的机箱，通常会减少开支、降低风险。但是，只有当厂商提供的标准产品满足所有现场特定的要求时，才能达到目的，因此有时机箱需要进行定制。

对室外安装的电子设备通常有两种保护方法。一种方法是使用适当的密封机箱，将湿空气隔绝在外面，使内部的空气保持干燥。另一种方法是使用自然呼吸式机箱，可消除内外空气之间的明显温差。之所以采用自然呼吸（对流）式机箱，是因为强制呼吸式机箱，如在交通信号控制箱中使用的强制呼吸式机箱，不适用于太阳能供电的站点。

采用符合 NEMA 4（美国标准）或 IP67（国际标准）标准的密封机箱，通常很容易将雨水挡在外面。但在箱内空气与环境空气之间出现较大的温差时会出现问题。

大多数用于大坝监测的 ADAS 设备都安装在符合 NEMA 4 或 IP67 标准的机箱中。在机箱上打孔以便引入电缆，这通常会影响机箱的防护等级，但这并不一定会导致水进入机箱。

以下情形可说明低压差密封机箱的主要问题。机箱使用干燥剂缓慢吸收箱内空气中的水分，直至干燥剂饱水后不再吸收更多的水分。干燥剂可降低箱内空气的露点，这样可以防止由于夜间空气温度降低或由于冷空气影响在设备电子设备上出现结露。假设受阳光照射和炎热天气影响，箱内的空气变得非常热，然后冷空气带来大雨，机箱内的空气迅速冷却，导致箱内压力大幅下降，压差作用将外部的潮湿的空气吸入机箱。满足 NEMA 4 或 IP67 标准的低压密封机箱也不能防止渗漏，电缆入口处更是如此。如果在发生渗漏的止水最薄弱的位置有积水，则机箱将直接吸入水，而不仅仅是潮湿的空气。在最好的情况下，干燥剂最终会被水分饱和而失效。而在最坏的情况下，设备的易损部件浸入水中，进而发生失效。针对这些实际情况，建议采取以下做法：采用尽可能紧凑的密封机箱，尽最大可能减少并控制可能渗漏的部位，最大程度地减小必须保持干燥的空气的体积。

针对以上情形，还可以采取如下做法：

• 调整机箱和盖板的角度，以防止在机箱止水、电缆入口密封处和接头周围集水。

• 在顶门止水条上加防雨罩，并使用防阳罩，尽可能地减少箱内空气因太阳直射而升温。

• 需要时及时更换干燥剂。更换的时间间隔因气候条件不同可能变化甚大。利用硅胶干燥剂颜色的变化，容易确定何时需要对其进行更换。注意仅在干燥天气下更换干燥剂，因为机箱关闭后其内部的空气的湿气取决于之前周围空气中的湿气。

应注意的是，一般不应将机箱布置在地下洞室中，除非在暴雨或总水管破裂时洞室内不会被水淹。否则的话，必须采用 NEMA 6 级有压型机箱，以防止在上述情形下出现密封不严的问题。

呼吸式机箱的设计要求是在防雨的同时能防止潮湿的空气进入机箱。呼吸式机箱使得空气能在机箱内流动，以防止内部设备结露。在具备交流电源来驱动电机和风扇使得空气发生流动时，这种方法是最有效的。有电源的话，也可对进气口处的空气略微进行加热，以防止结露。此外，在进气口和排气口设置过滤装置，以防止昆虫和灰尘进入机箱。对流式呼吸效果不甚理想，因为过滤装置会阻碍空气流动。但是，如果使用较大的机箱能形成足够的对流压差，可搅动空气实现自然呼吸。

将 NEMA 4 级小机箱安装在较大的采用自然对流呼吸和甚少过滤的大机箱内，在大坝监测中得到了成功应用。采用这种配置，可防止小机箱止水周围形成积水，并能对大机箱内的空气和大机箱外的空气之间的温度变化形成缓冲。

在连接到电子设备的电线和金属电缆中形成感应浪涌电压或瞬变电流的原因有多种。这些电涌的常见来源是大型感应电气负载（如电机）的开/关干扰、电网的开/关干扰、人与连接端子接触时产生的静电放电以及雷电放电。这些瞬变电流会对大坝监测的 ADAS 设备构成威胁。

电测仪器特别容易受到影响，因为通常在传感器和测量设备之间有连接信号电缆。在空间上分离的两点之间的大地电位差经常被瞬间驱动到极值。此外，附近的大气放电或更强烈的接地电流会在电缆中感应出高压瞬变电流，电缆的作用等同于天线。如果没有有效的瞬态保护，则可能会在设备端子与设备中电子组件所连接的机箱接地之间产生高电压脉冲。无保护的电子元件很可能会被高电压脉冲损坏。

为了保障瞬变保护网络发挥作用，ADAS 设备所在部位必须有可靠的接地。因此对土石坝可能需要特别注意，因其很难实现有效的接地。

因为电子测量设备中的电路使用了介电击穿电压低的高度集成的组件，所以极易受到瞬变电流的损害。此外，为保障测量电路正常工作，它与仪器之间通常采用直流低阻抗连接。测量电路最麻烦的一点是，大多数瞬变保护措施都会对传感器与测量单元之间进行的测量造成干扰。因此，设计中必须确保瞬变保护装置具有适当的特性。由于测量电路因被测仪器类型而异，不影响测量的瞬变保护设备的信息可由仪器和 ADAS 设备厂商提供。

第8章

数据管理与展示

在未获得数据之前形成理论是巨大的错误。

——亚瑟·柯南·道尔（Arthur Conan Doyle）

本手册在前面已介绍了根据失事模式分析来确定与大坝运行性态有关的问题，为回答这些问题所需的监测方案和监测仪器，以及数据采集技术等内容。本章将讨论如何采用合适的形式对这些数据进行管理和展示，以便对大坝的性态进行工程判断。

8.1 数据即测量结果，测量结果即数据

数据管理包括测量完成后所进行的一系列工作：记录测量结果供后续处理与分析，对读数进行整理以便于检索，将原始数据换算成有意义的工程量，对数据进行校验以去除有问题的数据或更正明显的错误，将数据归档形成历史数据。数据展示是指监测数据的显示或形成报表。

8.1.1 数据整理

为便于对数据进行解读，对于仪器测量或地形测绘的成果，须管理好两类信息：仪器参数和测量数据。仪器参数属于特定的仪器。如安装在反滤砂层中的开敞式测压管的参数包括：水平位置（用 $x-y$ 坐标值表示）、测量位置高程、基准高程、地面高程、测压计顶部和底部的高程以及安装日期。

通常在现场安装仪器时，将仪器参数填入安装考证表中。可在汇总表或电子文档仪器中登记仪器参数，但最好留存原始安装记录。大多数的仪器参数在其使用寿命期内保持不变。但有的仪器因保养、维修或重新标定，其参数可能有所改变。采用新的基准时，可能需要对数据进行调整。如仪器参数变化会影响原始测值处理，则应记录发生改变的日期并对现场读数进行适当的处理。例如，测压管的立管发生损害后进行更换，需要对高程进行重新测定。此前的历史数据可保持不变，但后期的数据整编换算需基于新的高程。若未进行此项工作，则难以对数据进行合理的解读。如图 8.1 中 Pt3 和 Pt4 的测值跳升至少部分归结于 1997 年 12 月和 2010 年 11 月[1]进行的重新标定。

---

[1] 此处原文误为 2011 年 11 月，根据图 8.1 的图注修改——译者注。

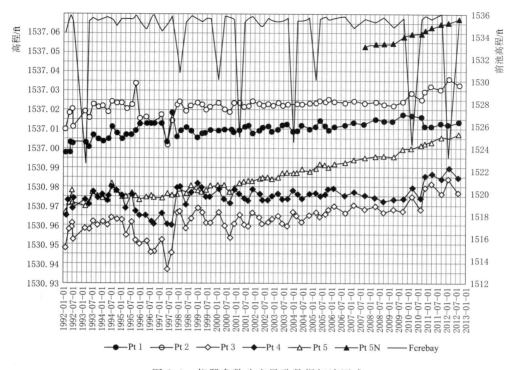

图 8.1   仪器参数改变导致数据解读困难

注：1997 年 12 月和 2010 年 11 月的测值跳跃归结于 1997 年 9 月和 2010 年 10 月进行的重新标定。

仪器状态码是一种特别重要的仪器参数，它反映仪器本身的状态；读数状态码则不同，它指的是关于某个读数的信息。典型的仪器状态码包括：仪器正常运行时，通常显示 Active（工作中）；仍能产生准确读数但需要保养时显示 Maintenance（保养）；不能产生准确读数需要维修时显示 Repair（维修）；已经损坏或被废弃的仪器显示 X。定期进行测量得到仪器的读数。开敞式测压管测量的是立管中水面相对基准高程的深度。记录仪器读数时应同时记录读数的日期和时间。

仪器读数可以是手工记录在野外记录手簿上或标准的表格中，也可以是直接下载的电子数据。通常保留原始的纸质或电子记录作为原始数据以便查证。

8.1.2 数据记录

每种仪器生成一定的原始测值，作为记录和保存的主要信息。仪器直接输出原始测值，可能采用也可能没有采用有意义的工程单位。原如测值包括开敞式测压管测得的水深、钢弦式渗压计测得的频率、测斜仪探头中的加速度计测得的电压、量水堰测得的堰上水头、沉降点相对基准点的垂直偏移量、裂缝计控制点之间的间距。它们的单位各不相同。

许多现代电测仪器的读数仪上显示的数值可能已经进行单位转换，因此有明确的工程意义。读数仪上显示的数值通常利用特定的公式将原始数据进行转换，公式中可能包含了由用户输入的标定参数。若采用手工记录，则需记录显示的数据值；若从读数仪下载读数，可下载原始测值和显示的数值。对于上述两种情况，除非能从原始测值和显示的数值对中计算出标定参数，否则必须将标定参数和数据一起记录下来。

现场技术人员熟悉仪器正常读数的预期范围是十分重要的，这样有助于当场识别出可疑读数，必要时进行重测读取以确认或纠正原始的测值。在现场利用打印出来用于手工数据采集的野外记录手簿，可以查阅到前期测值或近期测值的变化范围，这有助于识别测值中的重大改变。

可以设计一套标准的读数状态码来显示仪器读数的状态。如某大坝工程的开敞式测压管的读数状态码包括："正常""干孔""堵塞""污染"和"存疑"。应注意的是，读数状态码是针对特定的读数的，与反映仪器自身状况的仪器状态码不同。在任何情况下，都需要将传感器测得的深度（即使测压管是干孔或堵塞的）和读数状态码一同记录。当测得的水位为预期的水深时，读数状态码为"正常"；传感器在到达仪器底部却没有检测到水，读数状态码为"干孔"；当传感器没有探测到水但在立管中无法进一步下降，且传感器没有达到安装记录载明的孔底高程时，读数状态码为"堵塞"。读数状态代码"污染"表明在传感器探头和引线上检测到石油或其他碳氢化合物。在表明水库可能发生渗漏的同时，读数状态代码"污染"也提醒数据使用者，现场读数没有准确反映出总水头。当读数显示立管中有水且读数可重复，但超出正常测值的预期范围时，读数状态码为"存疑"，表明该读数需要进一步审核。

无论是记录到野外记录手簿或现场记录表格中，还是通过电子方式采集，现场测读的数据都以一种永久、一致、可检索和可追溯的方式保存。将数据记录在野外记录手簿、现场记录表格或电子表格中，可以将当前的读数与前期的读数进行比较。进行这种比较是回答性态监控指标问题的关键（例如：总渗漏量是否超过阈值？）。尽早进行这种比较，有助于确保数据的准确度并发现与仪器有关的问题。监测方案中规定，当现场读数超出预期的范围时数据采集人员需要采取何种措施，如：再次进行读数，检查仪器和读数仪是否损坏，检查周围环境是否存在扰动或破坏的迹象，或提醒大坝安全工程师进行评估，是否需要采取进一步措施以确保安全。

采用针对具体工程设计专用的现场记录表格来记录巡视检查和仪器监测的结果，样表见第 13 章。较好的做法是，除了记录读数的各列外，还应有预期读数的上下限（阈值）。

许多业主发现，使用专业软件对数据管理和展示进行自动化处理是很有帮助的。现在有多家供应商能提供数据可视化、管理、报表和报警的软件。软件安装在现场的或远离现场的计算机上，可以通过遥测或直接与安装在大坝上的数据采集仪相连接，自动从仪器读取读数，如第 7 章所述。软件的主要功能通常包括：实时显示所有仪器的读数，绘制过程线，将读数与预先设定的报警阈值比较等。当检测到报警时，可配置软件发送短信或电子邮件、发出声光报警等。也可以显示渗压水位与库水位或渗漏量的相关图等综合性图表，或将其显示在另一个图的上面，以便更好地对其进行理解。这些软件通常设有报表功能，以便以表格和图形的形式定期生成仪器读数的报表。

图 8.2～图 8.4 为数据管理和可视化软件的典型屏幕输出结果。前两屏显示了某混凝土重力坝的混凝土压力计、埋入式应变计、扬渗压计和温度计的实时读数。如图中左下角所示，类似的方式用于垂线、位移计、量水堰、测缝计、开敞式测压管和气象站。第三屏则显示了厂房混凝土衬砌中径向和切向渗压计的测值过程线。

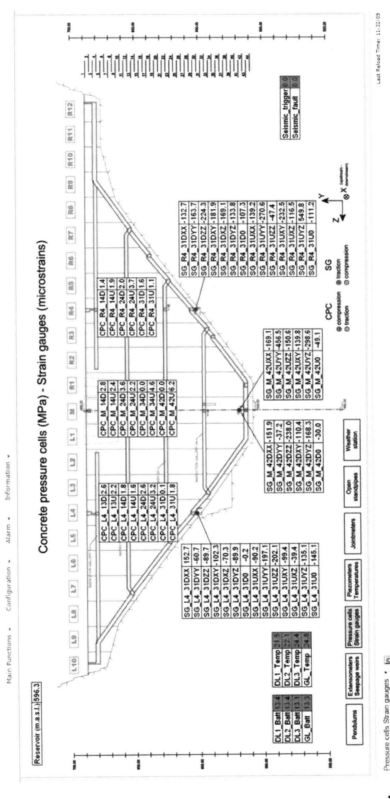

图 8.2 实时读数显示屏与过程线

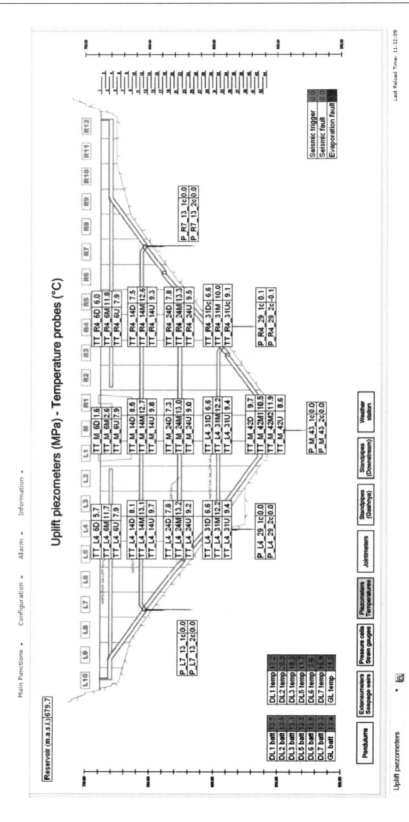

图 8.3 实时读数显示屏与过程线

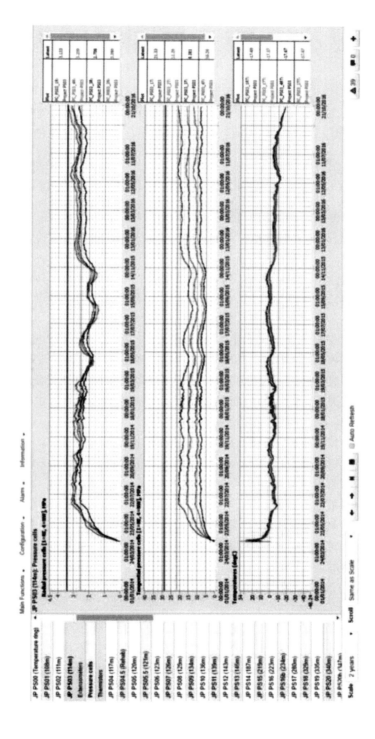

图 8.4 实时读数显示屏与过程线

8.1.3　数据整编换算

数据整编换算是将现场原始读数转换为有意义的测值，如总水头或位移。通常利用代数公式，通过人工计算或编程将现场原始读数转换为有意义的工程量。

8.1.4　数据校验

数据校验是对仪器读数进行审核、检查其合理性的过程。它可以对原始读数执行，也可在读数完成单位换算后执行，但在可行的情况下要尽早完成。数据校验时还需对仪器和测量过程进行检查。

8.1.5　仪器检定

为了确保大坝监测仪器测值的可靠性，必须定期对仪器进行检定。即便仪器的读数、整编计算、显示和报表能正常进行，但如果仪器发生故障，则测值的价值有限，难以对大坝性态进行评估。

为避免仪器出现测量问题，需要定期对仪器进行校准。通常通过检查仪器可测量的参数和仔细审核仪器的读数来鉴定仪器。仪器的功能参数可以定期或当仪器读数表明其可靠性有问题时进行检查。

例如：对于开敞式测压管水深测量的基准高程，应将其与校核基点高程定期进行对照检查。通过将底部高程与原安装记录中的孔底高程相比较，来检查立管中是否有异物堵塞。可能需要对底部进行冲洗以清除孔内的沉积物，通过抽水或向立管注水来检验测压管的灵敏度。在某些情况下，需要向表面保护套管和测压管立管之间注水或向同一孔中的测压管内注水，以检查影响区域的密封效果。

对于电测的压力传感器，可以检查其输入和输出电压或频率以及读数的稳定性。如果传感器是可拆卸的，可以通过将其浸入不同深度的水中或施加已知的压力来检验其灵敏度和进行校准。在拆除后再恢复时，必须准确记录其高程。情况允许时，建议在原位置更换仪器，以保证前后测量的一致性。

多数情况下仪器制造商给出了仪器的测试方法。应保管好仪器的操作手册，以便操作、校准和故障排除时参考。大多数制造商还提供技术支持。对更复杂的电子仪器进行测试时可能需要他们帮助。

8.1.6　读数校验

进行仪器可靠性评价的另一个要点是对仪器的读数进行仔细检查。读数属于不可能出现的情况或与预期相符是最容易处理的。但应特别注意的是，落在预期范围内的异常读数具有一定的欺骗性。对在可能的范围之内但显示性态存在异常的读数，必须进行仔细研究。首先是进行重复读数，以确定仪器是否有故障或大坝性态是否超出预期范围。对所有的仪器读数异常都要做出解释。如果已排除数据采集和处理方面的原因，接下来需检查仪器的功能。

对仪器功能检查时通常会查明读数不可信的原因。需要时，可以将仪器废弃，进行修理或更换。检查也可能不会形成明确的结论，需经过审慎判断才能决定是否信赖仪器的读数。大坝的工作状态可能是难以猜透的谜，将数据归为错误时尤需慎重。对数据信赖程度不同，可能的结果是，紧急情况下的及时通知、晚报或误报。

采用计算机或读数仪输入数据时，可以利用预测值或历史测值对读数进行快速检查。在记录读数时可以对自动采集系统获取的数据立即进行校验。在实际应用中利用计算机将数据显示出来或绘制成图，往往是数据校验最有效的方法。

数据校验需要有相关的技术背景和经验，需要了解大坝的设计，大坝的性态变化过程和性态监控指标，各种测量是如何进行的，以及大坝的内外几何尺寸、周围的地质情况和筑坝材料属性等信息。

在某些情况下，弄清楚错误产生的原因后，可以纠正有问题的读数。如在手工记录的数据中，可能出现读数未输入到正确的仪器的表单字段中，或者其中的数字颠倒了。数据更正时，应将更正后的数据与原始数据一起记录在野外记录手簿或包含原始数据的现场读数表格中。对有问题的数据，要么不使用，要么进行标注以反映其不确定性。

8.1.7　数据存档

存档的数据包括原始测值和整编数据，视情况可以采用纸质或电子方式保存。对于仪器数量大或需进行长期监测的工程，建立电子数据库将仪器数据存档是很有益的，而对于仪器数量较少的小型工程，纸质记录也可接受。

数据存档的时长取决于工程的性质和数据类型。许多大坝工程对整个生命周期的全部数据进行存档。在需要根据新的标准进行性态评估，修改结构，应对诉讼，或大坝失事时，这样做是很有帮助的。对于重要的仪器数据，可以进行备份和异地存储，以防意外放错地方或物理损坏导致数据丢失。需要定期对数据进行审核，以确保其与当前软件和硬件兼容。

存档的仪器历史数据的价值远大于存储成本。在美国陆军工程师团的手册（USACE，1995）中有如下表述：有效的监测数据对于处理与施工索赔相关的诉讼是很有价值的，对于评估因大坝的下游或堤防的外部地下水条件改变带来的索赔也是很有帮助的。在很多情况下，不利事件引起的损害索赔的经济影响巨大，仅凭这一点就足以说明监测的必要性。监测数据可以用来帮助确定不利事件的原因或程度，进而可以对各种法律索赔进行评估。

8.2　数据展示

数据展示包括用表格或图形的形式展示数据。读数的历时过程线通常被认为是传达信息最有力的可视化手段之一（Williams，1985）。必要的话，在显示具体细节的同时，图形还可以显示数据集和工程性态概况。

如果没有及时对仪器监测数据进行分析评价并采用便于理解的方式将其传达给相应的决策者，仪器监测就毫无价值。监测情况介绍和报告应能使得任何工程师，即便对大坝的情形不是非常熟悉，也能在无需查阅大量其他文件获取关键信息的情况下，理解问题所在并得出结论。

8.2.1   确定目标

数据展示的形式取决于其预期目标。可能采用某种形式进行工程评估，但用于针对公众的展示或概述性报告可能采用另外的形式。不同形式的展示可能采用不同的数据子集、辅助理解的仪器属性信息和不同的比尺。数据展示的形式与目标相匹配，就意味着其目标是明确的。

数据展示的典型目标包括：确认设计估算，监视历史趋势或长期性趋势，比较实测值和预测值，发现测值中的变化，或整合多只仪器的数据以提高对大坝工作性态的认识。

8.2.2   样例形式

最常见的图形展示形式是历史趋势图或时间序列图。相对采集的数据本身来说，其表现出来的趋势更重要。简单的表格形式的展示可以只包括日期和仪器读数两栏。而最常见的图形形式的展示是以时间为横轴，以工程参数为纵轴。在历史趋势图中通常一幅图里面包含多支仪器，以便进行相互比较。

8.2.3   总览式展示

另一种常见的数据展示形式是，可以利用多支仪器几乎同时获得的测值展示被测参数在某区域或沿某路径的变化，如总水头等值线图或坝顶沉降分布图。这种数据展示形式很适合采用图形的形式，因为可以很容易地将测值和位置表示出来，而采用表格形式则可以显示数值的范围、最小值、最大值和平均值等有用信息。

8.2.4   与预测值比较

将仪器测值与被测参数的预测值进行比较可能是一种信息量最大的展示格式。工程师们据此可以评估大坝是否正常运行，工程假设是否有误，是否存在设计中没有考虑到但会影响大坝工作性态的物理现象，或者仪器数据是否正确。

采用表格形式的话，很容易将超出预测范围的仪器测值突出显示，审阅者可以一目了然。表格中包括的最大、最小预测值，便于评估测值与预测值的偏差。而在图形中可以直观地表示预测值的范围，如在历史趋势图中，最大、最小预测值可以在图上显示为阴影带、最大值和最小值线，或者各个数据点上的上下限。

8.2.5   相对历史测值的变化

另一种比较是将仪器的当前测值与历史测值进行比较。渗漏量、浑浊度或坝顶沉降的增加都表明大坝的物理条件发生了变化。对工程师而言，了解这些变化十分重要，有利于结合实际情况对大坝的性态和安全性进行正确的评估。与上述与预测值比较相同，与历史测值的比较也可以采用表格或图形的形式。

8.2.6   滞回曲线

滞回曲线对于表达两个变量之间的相关性十分有效，它还能说明相关关系如何随时间或变化方向而变化。滞回曲线在很多情况下都非常有用，如显示渗压计测值对水库水位变化的响应或混凝土坝随温度变化的变形模式。

8.3　监测数据报表

监测数据报表的目的是清楚地展示当前的现场读数，突出显示相对于正常值或预测值的偏差，记录历史性态，并保存历史过程。它为大坝安全工程师提供信息，以便结合地质条件、设计数据、施工记录和巡视检查结果来评估大坝的性态。

8.3.1　仪器读数结果报表

为了确保监测数据能及时得到分析评价，需要按标准的程序对仪器读数结果进行整编、校验、存档和报表（Terzaghi et al.，1968）。该过程无需特别详尽，但应包括下列要素：

• 关于数据管理过程应形成书面文件，明确具体的步骤，各步骤的责任人、输入和输出，以及实施的时间安排。

• 现场读数发现问题时，应在适当的时限内及时提醒操作人员和业主。

• 对现场读数进行审查，载明已收到读数，确认数据是否完整，并注明遗漏的、意料之外的、可疑的或超出范围的读数。如有必要，可能建议针对异常读数重新进行测读。

• 为评估大坝性态的工程师编制仪器读数结果报告。该报告包括整编数据，以及相关的支撑性信息，如原始数据或历史读数的历史趋势图。报告可以用表格或图形的形式展示数据。以两种格式展示数据可以使得数据解读更明晰。如采用在线数据库以多种格式显示数据，将具有更大的灵活性。

因大坝的规模、复杂性和不同组织偏好的不同，可能采用不同的方法处理数据供分析评价使用。某些工程中数据采集并生成数据报告和评估大坝性态可能由不同人员承担，但在其他的工程中，这些任务可能由同一人来完成。数据管理和展示的细节反映了人员组织形式和组织的偏好。即便是小型的组织，定期对监测系统和数据进行独立的审核都有助于防止大意疏忽的发生。如果任务由不同的部门分担，应指定专人负责评定数据收集及分析评价工作是否按计划如期进行，及其质量水平是否合乎要求。

8.3.2　报告内容

大坝性态监控指标可能包括：
• 渗漏量和水质。
• 库水位和孔隙渗透压力。
• 位移。

在数据报告的前言部分，应介绍报告涉及的被测量。例如，小坝可能只设置了库水位和坝顶位移测量标点。对于每个性态指标，其信息可以分为三个部分：
• 监测系统的基本情况。

- 仪器的读数。
- 数据校验的有关说明。

在每个小节中，均应包含所涉及的监测系统的基本情况。例如，关于渗流性态，首先应介绍量水堰、槽、取样器或其他用于获取渗流数据的设备。

还应包括仪器的类型和埋设安装位置，这样报告可成为监测系统的原始文档。介绍完监测系统的基本情况后，按性态指标逐项展示读取数据。

完整的报告还应包含仪器的图纸和布置断面图。这样的话，关于监测系统的布置、安装位置、仪器类型和工作条件等方面的信息，除查阅仪器监测报告外，可能不再需要查阅其他的文件。对以前使用过但现在已报废的仪器应加以说明。

在报告中用表格或图形的方式展示各性态指标的测量数据，包括当前数据和历史测值，最好是以图形的方式。过程线图在评估中使用起来最方便。有时将给定设备的所有数据展示出来可能既不必要也不现实（例如，某水位观测孔有 20 年的每周读数记录）。有时则展示出全部的数据。

数据校验的说明则涉及数据的特点和质量，主要是关于数据记录中的缺测、有问题的读数、仪器的可靠性以及其他影响数据质量的因素。应对所记录的工程性态的最重要方面进行总结。

8.3.3　数据报表形式

本节将给出监测数据定期报表的样板格式。其他格式可能也同样有效。当然，各小节的内容可根据工程的具体特点进行定制。保持报告格式的一致性，可提高效率，便于快速找到相关数据，也便于与不同时期的数据进行比较。

监测对象与监测范围。

示例："本监测数据报表涉及 XYZ 大坝。监测范围包括大坝坝体、坝肩、上游水位和下游区域。"

监测时段。

示例："该报告包括 2015 年 3 月 1 日—2015 年 3 月 31 日期间新的仪器读数，以及用于趋势分析所需的历史读数。"

监测仪器。

示例："XYZ 大坝的监测仪器设备包括库水位计、下游水位计、量水堰、渗压计、测斜仪和地表沉降点。"

数据展示（每项性态指标分别列出）。

- 性态指标（渗流和流量）。
- 测值。
- 数据图形或表格。
  - 上游水位和尾水位。
  - 观察和建议。
  - 重要的性态问题。
  - 仪器监测系统的完备性。

　　○ 读数和报表时间安排的合理性。

　　如有测量数据，渗流量将会是其中非常重要的性态监测指标。大多数坝修建的目的是挡水，渗流量正是衡量大坝能否完成这一主要功能的首要指标。更重要的是，渗流量的变化可以提供大坝结构发生物理变化的早期预警指标。

　　渗流量和渗流的水质必然与上游水位和降水有关，其他影响变量可能包括环境温度和混凝土温度、水库水质、尾水位、地下水位和地下水水质。后面的章节将给出数据处理和展示的样例。

8.3.4　渗流水质数据的处理与展示

　　与性态指标有关的水质数据通常仅限于浑浊度，浑浊度可以用"清澈""混浊""重浊"或"携带颗粒"等术语进行简单描述。

　　如有测量数据，水质可以用浑浊度或总悬浮固体（TSS）表征。浑浊度可以在现场用直读仪表测量，也可以通过与实验室制备的标准样品的目视比较来测量。

　　通过直读仪表或实验室分析可以获得关于溶解盐或 TDS（总溶解固体）的水质数据。两种方式获得的数据都很可能采用有意义的工程量单位而不是以原始数据的形式。无论如何，数据分析人员必须确定和理解样本是在何时、何地以及以什么方式获得并分析的。最让人感兴趣的数据是渗透水单位体积内溶解的物质的重量。测量特定化合物的溶解浓度也可以帮助确定地基基岩或灌浆帷幕的溶解程度。

　　水质数据可以用多种方式表示，鉴于数据分析人员最重视的是坝基或填筑体的质量损失率，浑浊度、TSS 或溶解浓度与时间的简单的过程线图可能就很有用，这些过程线图能显示有用的相关关系。

　　对于化学分析结果，可以利用 Stiff 图、Piper 图或 Schoeller 图，通过比较代表浓度和成分的图形的大小和形状来进行快速的比较。这些图示方法以不同形式展示水质数据，其细节可参阅任何地下水或水文地质学书籍。

　　图 8.5 所示的 Stiff 图用一系列平行的水平轴代表水样中主要离子的等效浓度。传统上，阳离子（带正电的离子）画在左边，阴离子（带负电的离子）画在右边。

　　Piper 图也称为三线图，如图 8.6 所示，各离子的相对浓度以每升毫克当量（meq/L）表示在两个三角形中，一个为阳离子，一个为阴离子，每个点表示相对总阳离子或总阴离子浓度的百分比。将阳离子和阴离子的相对百分比投影到四边形网格上，可以直观地比较不同水样的地球化学性质。

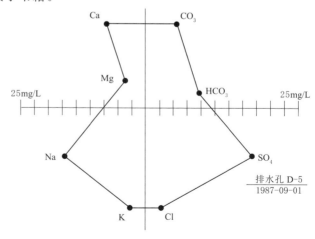

图 8.5　Stiff 图

来源：ASCE Task Committee on Instrumentation and Monitoring Dam Performance（2000）

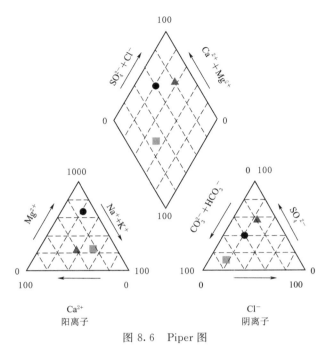

图 8.6　Piper 图

图 8.7 所示的 Schoeller 图，一个个离子在水平轴上均匀分布，垂直轴是对数坐标表示的离子浓度，单位为每升毫克当量。这种图对于识别具有类似浓度模式的水样非常有效。

8.3.5　静水压力和渗压数据的处理和展示

静水压力数据指的是水库的上游水位和尾水位。渗压数据指的是大坝、坝基和坝肩内部的孔隙水压力。

测压管水位或总水头是指水从给定加压位置的水在与大气压力相通的管道中上升的高度。通常，之所以用这种形式表示压力，是因为它容易与库水位关联起来。可以像开敞式测压管一样，连通至水管，通过测量管内水面上升高度来直接测量水位，也可采用间接的方式测量，如通过闭路式渗压计或压力传感器测量施加在标定的承压膜或封闭管上的压力。后一种方法测量得到压力水头可以转换成等效的水柱高度，再加上渗压计头部的高程（也称为位置水头）来计算总水头。对于地下水流，一般忽略速度水头。

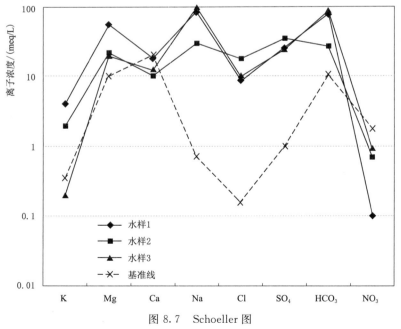

图 8.7　Schoeller 图

来源：ASCE Task Committee on Instrumentation and Monitoring Dam Performance（2000）

总水头＝压力水头＋位置水头

　　总水头测量的原始测值可以是水深。因此深度起测位置的高程必须已知。通常将管口高程减去深度。如需得到压力水头，可将总水头减去渗压计头部的高程，得到的水头差可转换成等效压力。对于安装正确、工作正常的渗压计，压力水头对应渗压计头部位置的孔隙水压力。进行稳定性分析时，最好用与材料强度相同的单位表示渗压，通常是单位面积上的力。

　　闭路式渗压计的原始数据可以有多种记录形式。例如，气压式和液压传感器直接测量压力，读数可以直接使用或转换为总水头。其他的传感器，如电阻应变式或钢弦式传感器，其读数分别是电阻或振动周期，需要根据换算公式和仪器率定系数进行换算。

　　需要注意的是，需要用正确的公式对数据进行换算并与准确的高度相关联。例如，当测值表明测头高程高于静水位时（这是测不到的，因此是不可能的读数），人们才发现是水深读数与错误的测压管关联了起来。

　　由于开放式测压管系统的渗流特性，在集水段的长度和响应时间之间需要进行权衡。将用测压管测得的总水头视为集水段中点的水头❶。

　　常用的展示静水位数据的方法包括过程线图（水位与时间过程线）、滞回图（水位与水库水头相关图）、压力图（压力分布图）和总水头等值线。

　　图 8.8 所示的水位或压力与时间的过程线图，采用特定比尺绘制，这样更易识别显著的差别。库水位和尾水位绘制在同一幅图中，可能的话采用相同的比尺绘制。这样可以直观地看到渗压计对水位波动的响应。数支渗压计可绘制在同一幅图上，特别是当它们具有共同的特征时，这样是很方便的。

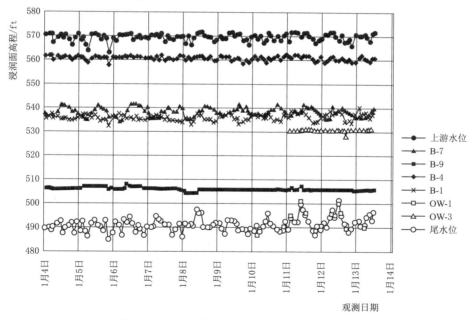

图 8.8　水库水位和渗压计水位随时间变化图

来源：ASCE Task Committee on Instrumentation and Monitoring Dam Performance（2000）

---

❶　原文误为高程——译者注。

　　所谓共同的特征，可以是在给定区域内给定高程上的所有渗压计，或者如果数量少，可以是在一个区域内的所有渗压计，或者是左坝肩所有的渗压计。尾水位与时间的关系也绘在图中，因为驱动变量实际上是"水库水头"，即水库水位和尾水位之差。有时绘制水库水头比水库水位更能说明问题。

　　滞回曲线对展示压力水头和库水位间的关系可能有用。滞回曲线的示例如图 8.9 所示。

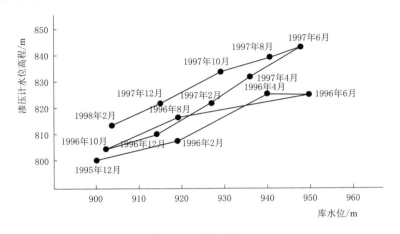

图 8.9　滞回曲线

来源：ASCE Task Committee on Instrumentation and Monitoring Dam Performance（2000）

　　若传感器位于尾水位影响很小的位置，则绘制渗压计读数（因变量）与水库水位（自变量）的关系图就足够了。利用该图可以判断除水库水位外是否还有其他因素影响渗压计，甚至可以判断这些因素之间的关系是否随时间变化。为清楚地了解几个周期内变量随时间的变化情况，可能有必要用颜色、符号或标注来区分不同时间段的数据。由于仪器的位置的关系，尾水、地下水或河流水位可能是主要影响因素，可以绘制这些自变量与仪器读数的滞回曲线。滞回曲线还可以清楚地显示出自变量的关键水位（此时因变的量响应有所变化）。

　　图 8.10 为土石坝横断面水压力分布图。将压力相同的点连成线，利用高程信息，水压力数据也可用以绘制等势线（压力水头加高程）。

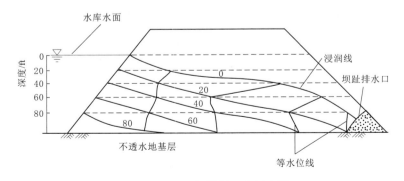

图 8.10　土石坝横断面水压力图

来源：ASCE Task Committee on Instrumentation and Monitoring Dam Performance（2000）

压力分布的平面视图是通过给定高程的平切面与等压面相交得到的。为此，用于绘制压力等值线或等势线的数据必须来自坝体或坝基内部相同高程或几乎相同的高程。

进行土石坝的稳定性分析时，压力等值线可能是最有价值的，图上任何点的压力值都可以通过压力等值线进行插值来确定。另一方面，等势线图最适用于理解渗流方向和流动方向上的梯度。

对于混凝土坝，如图 8.11 所示的扬压力折线图表示地基接触面以下或其他面上的扬压力。

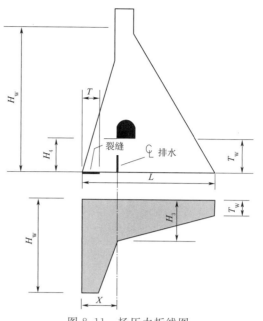

图 8.11 扬压力折线图

来源：ASCE Task Committee on Instrumentation and Monitoring Dam Performance（2000）

8.3.6 位移数据的处理和展示

位移数据包括表面位移、裂缝和接缝位移、内部和附属结构的位移。位移可以是水平的、垂直的，或为两者的组合。

位移测量的原始数据可以有几种形式：直接读数、角度测值、相对于某个基准点的测值、压力、应力、电压、电阻或振动周期。

除直接读数外，所有的数据均被处理成可以同时显示大小和方向。第 6 章介绍了观测测点位移的大地测量方法。

每种仪器的数据均转换为坐标，从而可以直观地看到位移的性质和意义。某些仪器的测量参考了某条特定的基线如中心线，因而可以显示相对该基线水平和垂直位置的变化。

而有时显示一个计算值（如以原始值的百分比表示的变化量）而非实际测量值会更有效。以内部垂直沉降为例，分析人员必须了解实际沉降量和最大沉降量发生的位置，但同样最好是将土石坝的沉降量以压缩百分比或垂直应变的形式表示，这样更便于大家理解。对于位移图，有时时间坐标轴采用对数比尺会更有效，因为在初始沉降后（施工完成后）图形的斜率是恒定的。例如，正常压缩、固结和横向扩展在半对数纸上会生成一条直线，且速率变化会被放大（Sherard et al.，1983）。

表示位移数据时很重要的一点是要注意，对采用的符号约定必须作出明确的规定（即，数据图和表必须说明，数据正值表示压缩还是扩展、指向上游还是下游）。

8.3.6.1 水平位移

图 8.12 显示了如何展示水平位移。分析人员可依此分析总位移过大的值，并定位可能表明土石坝不稳定、开裂或内部侵蚀的相邻点之间的明显的差异。当出现问题迹象时，可以将净水头（库水位减去尾水位）、温度以及位移与时间的关系绘制在同一幅图上，以

确定位移速率是否对库水位或温度敏感。根据多个测线测点的数据可绘制位移的分布图和识别位移模式。

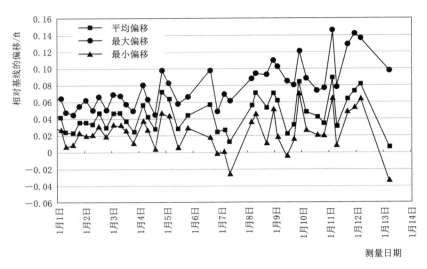

图 8.12　水平偏移

来源：ASCE Task Committee on Instrumentation and Monitoring Dam Performance（2000）

图 8.13 为 7 个测点的 4 组沉降分布图。分析人员据此查看总沉降，以确定坝顶超高是否足够，沉降的模式是否如同预期。同样，可检查测点之间的差异沉降，以判断是否存在开裂或内部侵蚀问题。在正常情况下，尽管水库运行可能会影响沉降速率，沉降速率一般还是会随时间的推移而变小。在读数时间间隔均匀时，各线之间的间隔会随着时间的推移而变小，如图 8.13 所示。确定其他测线上测点的高程将有助于确定潜在的边坡稳定问题。

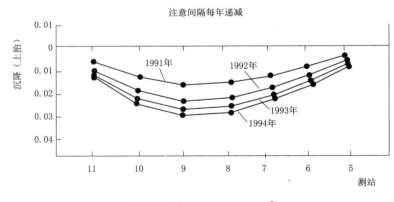

图 8.13　沉降-时间分布图❶

来源：ASCE Task Committee on Instrumentation and Monitoring Dam Performance（2000）

---

❶　原文图名误为沉降-时间过程线；纵轴未标单位，单位可能是英尺——译者注。

8.3.6.2 内部位移

有多种仪器，如沉降板、横梁沉降装置、变位计、沉降传感器和滑动式接头测斜管，用来确定坝体和坝基的内部沉降。有了这些仪器，可以确定坝基和土石坝任何深度的压缩和垂直位移。从施工期间开始进行测量。

图8.14所示的是一个典型的内部沉降或压缩过程线，它与前面讨论的垂直沉降图类似。设计人员对每一层沉降进行预估，并将压缩数据与预估值进行比较。同样需要注意速率如何随着时间而降低。

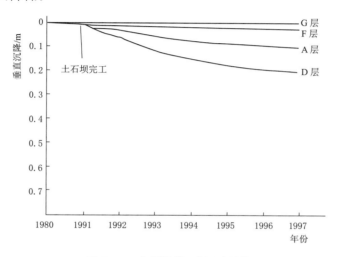

图8.14　内部沉降-时间过程线

来源：ASCE Task Committee on Instrumentation and Monitoring Dam Performance（2000）

内部位移，特别是用变位计测量时，可以在垂直或水平方向以外的方向进行测量。如何展示更有效的原则是一样的，但是图中必须清楚地说明仪器的位置和位移的方向。

测斜仪的主要作用是测量测斜管沿垂直剖面的水平挠度。在两个平面上测量挠度，一个平面平行于预期的主位移方向，另一个平面与之垂直。如果测斜管发生水平位移，倾斜仪将能测得位移的大小。测值通常绘制成如图8.15所示的分布图。在同一幅图上的各测值系列说明是否正在发生渐进位移。横截面上的剪切带的高程可以显示破坏面位置。倾斜管的底部通常被视为固定的基点。分析人员必须了解坝基的情况才能知道测斜管底部是否固定。如果认为底部不固定，每次采集数据时都必须对测斜管的管顶部进行大地测量。然后，一组读数中的所有位移都应基于经过校验的测斜管顶部位移❶。

土石坝施工监测是测斜仪应用的一种特殊情况，因为几乎每次进行土石坝内的测斜管读数时，随着土石坝高度的增加，就会增加新的、更长的测斜管。每条线上都有新的初始点。为了全面了解施工过程中发生的情况，一个好的做法是绘制测斜管顶部位置线，如图8.16所示。可将测斜管顶部初始位置连线视为测斜管轴线的初始分布，用以与后期的测斜管轴线进行比较。

---

❶ 原文误为测斜管高程——译者注。

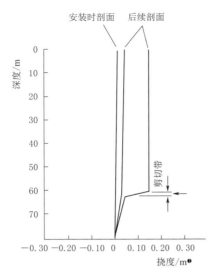

图 8.15　测斜仪位移分布图

来源：ASCE Task Committee on Instrumentation
and Monitoring Dam Performance（2000）

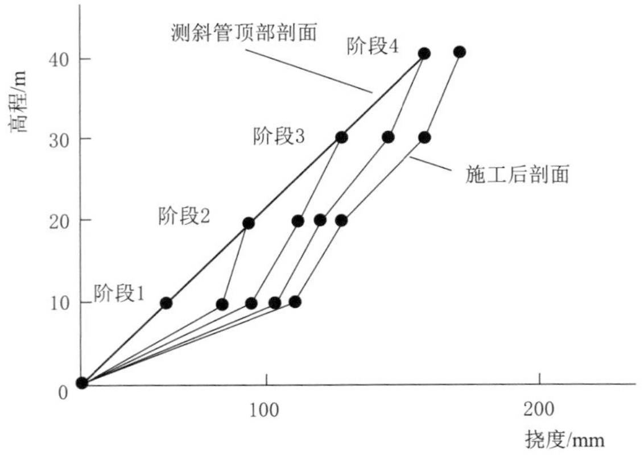

图 8.16　施工阶段测斜仪数据

来源：ASCE Task Committee on Instrumentation
and Monitoring Dam Performance（2000）

8.3.7　土压力数据的处理与展示

土压力计的读数整编为应力的单位。通常绘制测值随时间变化的过程线，但也可以绘制随水库水位或填筑高度变化的曲线，从而得到滞回曲线（图 8.17）。如果这些信息被用于有效应力分析，那么附近的渗压计测量的孔隙水压力将与土压力计测值绘制在一起，或者在绘制之前将其从土压力计读数中减去。

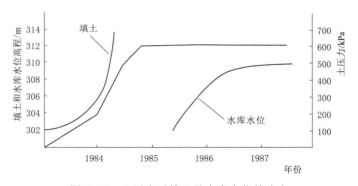

图 8.17　土压力对填土及水库水位的响应

来源：ASCE Task Committee on Instrumentation and Monitoring Dam Performance（2000）

如果有成组的土压力数据，则可以绘制如图 8.18 所示的应力椭圆来表示主应力的方向和大小。对每组读数计算主应力，可绘制主应力（大主应力、小主应力或两者都有）与时间、库水位或填土高度的关系图。

---

❶　单位应为 m，原文误为 mm——译者注。

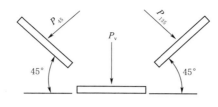

玫瑰花状布置压力盒

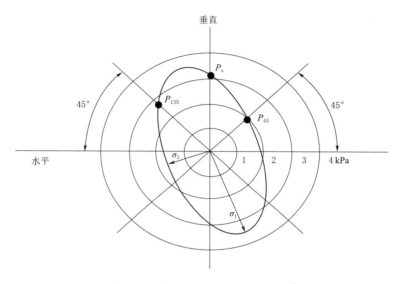

图 8.18　玫瑰花状布置压力计数据 ❶

来源：ASCE Task Committee on Instrumentation and Monitoring Dam Performance（2000）

　　第 13 章中有数据表格和图形的示例，可能有助于编制性态监测报告。将数据进行管理与展示以便于大坝安全工程师对大坝性态进行评估和决策——这将是第 9 章的主题。

---

❶　原图中 P 的下角标不清楚，根据图意标注，仅作示意——译者注。

数据评价、决策与行动

如果生成的数据从未使用过，则监控方案已然失败。如果监测方案有明确的目的性，则数据解释的方法将以此为指导。没有目的就没有解释。

——约翰·邓尼克利夫（John Dunnicliff）

到目前为止，本手册中给出了解决那个独特的问题的方法和手段："该大坝是否按预期性态运行？"

确定失事模式及其相关的性态指标，并将回答这些问题的仪器和监测方案纳入大坝性态监控方案中；方案实施后，巡视检查和仪器测量都将产生数据；对数据进行校验，并对每个性态指标的数据质量进行评估；然后将仪器监测数据与巡视检查结果进行比较；最后编写报告并提供数据。

下一步则是在回答有关大坝安全性态的独特的问题的背景下评价数据："大坝的性态是否符合预期？"本章旨在为大坝性态监控方案的数据评价、决策与行动提供基础。

9.1 数据评价

为确定的性态指标采集数据旨在为判断大坝是否按预期性态运行提供依据。测量关键性态指标的一些例子可能类似于以下示例：

- 渗流量及其水质的记录是否支持没有形成内部侵蚀破坏模式的结论？
- 左坝肩测得的接缝水压力的上升趋势是否表明存在一条特殊的渗漏路径，它可能导致坝基失去支撑，从而可能造成拱坝失稳？
- 沿土石坝坝顶的测量是否显示了坝基沉降、管涌或仅仅是简单的固结？
- 水垫塘的大地测量结果是否表明坝趾可能被下切，从而导致失去支撑并可能导致重力坝滑动？

正如第2章所述，经验表明，所有大坝都有一些共同的薄弱环节，但每个大坝又都有其独特的薄弱环节，这些薄弱环节可能成为引发一系列导致水库失控下泄的途径。鉴于具体的大坝存在共有的失事模式和特有的其他失事模式，对监控方案的性态指标数据进行评价需要一定的技能和判断力，可能需要进行深入分析才能得出关于大坝安全性的结论。

9.2 决策

我们无法用提出问题的思维来解决问题。

——阿尔伯特·爱因斯坦（Albert Einstein）

在决定采取任何行动（如果需要）之前，必须先回答两个问题：

（1）是否有足够可靠的性态指标数据来判断大坝是否按预期运行？

（2）是否考虑周全？有无遗漏？

为被测量的性态指标设定阈值对确定适当行动的决策过程是有益的。被测量的性态指标超出阈值时，必须进行额外的测量或进一步的分析以判断大坝的性态是否可以接受。

美国联邦能源管理委员会在其《工程指南》（FERC，2005）中给出了用于监控大坝性态的阈值级别及行动级别。其他组织和机构可能使用不同的术语，但目的都是为安全决策支持提供依据。联邦能源管理委员会的定义如下：

• 阈值级别是分析或设计中使用的值，或根据历史记录确定的值。超过阈值级别的测值需要进一步调查。

• 行动级别是需要加强巡视检查或进行干预的值。

实际上，应考虑大坝的预期性态、每支仪器的位置和读数的测量特性，为每支仪器确定阈值级别和行动级别。应将所有数据与设计和分析的估计值进行比较，例如，将测得的孔隙水压力和扬压力值与设计稳定性分析所使用的孔隙水压力和扬压力以及前期测值进行比较。

数值性限值可能基于理论或分析研究（例如，超过验收标准的扬压力读数），在其他情况下，则可能要根据历史观察到的行为（如土石坝渗漏）确定。给定的限值是指那些被判断为需要进一步评估以确定潜在失事是否正在发展或数据是否存在问题的限值。变化的大小和速率的限值可能都需要设定。在某些情况下，限值可能是一个下限（例如，渗压水位的下降趋势可能表明通向大坝下游侧的流道已打开）。限值的级别反映了对失事模式的仔细考虑，在某些情况下，可能需要两个以上的限值级别。

需定期对这些设定的值进行重新评价，进而确定是否需要进行修正，以考虑大坝日常的、季节性的或其他周期性的关系、新信息或变化。这些值可由设计人员根据其对大坝性态表现的理解来设置。在实际的运行过程中，大坝可能会有不同的表现，有的仪器显示的读数会超过原始设定的级别。对大坝施工经验和整体性态进行的额外的谨慎评价可能表明，这样的读数并不表明性态不可接受，继而就可以基于对大坝运行情况更全面的把握来修改这些限值。反之亦然，在低于极限水平的限值内如果会出现不理想的性态，则降低该限值。

在大坝运行期间应定期评价限值的级别，以保证其与大坝性态保持一致。在修改行动级别之前，必须深思熟虑，确保建议的修正与安全性态兼容是极为关键的。

应定期评价监测仪器和监控方案的合理性和完备性。评价时应回答以下四个问题：

• 监测仪器布置和监控方案是否适用于大坝的潜在失事模式？

• 监测仪器的类型、数量和位置是否适合被监测的行为？

• 读数频次是否合适？

• 是否及时、正确地对数据进行了采集、处理和评价？

如果未能适当监控失事模式的性态指标，则应对其进行监控，可能需要其他的监测仪器或监控方式。如果大坝的实测值和预期行为之间存在差异，则可能表明数据不足以代表大坝的行为，或存在预期行为中未考虑的条件。在这两种情况下，经过详细的评价和解释后，可能需要重新进行分析、进行现场调查或布置额外的监测仪器。

最佳实践是将测量聚焦于潜在失事模式。如果没有任何与可能导致失事的性态指标相关的问题，也就不需要进行仪器监测。

如果数据之间的趋势或相互关系不清晰，则应进行更高频次的测量或采集其他补充数据。

9.3　行动

我从不担心行动的危险，我更担心不行动的危险。

——温斯顿·丘吉尔（Winston Churchill）

决定是否需要采取行动的一种简便方法是将限值视同交通信号，如图 9.1 所示。低于阈值级别的测值为绿色并发出行动的信号；超过阈值级别但低于行动级别的测值为黄色并发出警示的信号；超过行动级别的测量值为红色，并发出停止的信号。

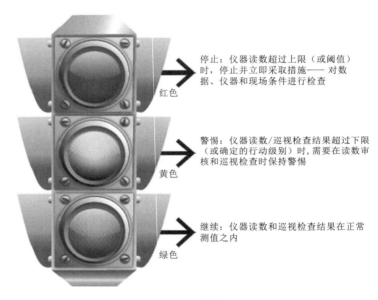

停止：仪器读数超过上限（或阈值）时，停止并立即采取措施——对数据、仪器和现场条件进行检查

警惕：仪器读数/巡视检查结果超过下限（或确定的行动级别）时，需要在读数审核和巡视检查时保持警惕

继续：仪器读数和巡视检查结果在正常测值之内

图 9.1　停止-警惕-继续

来源：ASCE Task Committee on Instrumentation and Monitoring Dam Performance（2000）

虽然测值通常在预期范围内（绿色或"继续"状态），但也可以考虑采取一些措施，包括：

- 继续进行数据采集。
- 降低测值长期不变的仪器的读数频次。
- 对不再测量与失事模式相关的性态指标的仪器进行报废或停测处理。

测值可能在阈值（黄色）或"警惕"范围内。在阈值边界内的测量不太可能导致水库失控，信号未变红，但此时需进行一定的评价。

例如，土石坝中一支渗压计的读数可能高于稳定性分析中对该位置估计的渗压水平，而与此同时，沿同一横截面的其他渗压计可能表明总渗压线低于设计稳定性计算中的估计值。用于测量混凝土重力坝坝基扬压力的渗压计也应遵循相同的逻辑。在这些情况下，单支仪器的测值高于设计水平值并不一定表明正朝着不稳定的方向发展。

对于超出预期范围的测值，应尽快对现场条件和相关仪器进行巡视检查，以确定可能导致测值异常的原因。如有必要，可以在关键位置上安装额外的仪器，以提供独立的数据来评估异常情况。比如可以沿现有仪器之间的横截面布置一支仪器，以便对沿横截面的测值进行插值；或者可以增加更合适的仪器，以更好地反映变化速率。

超出预期范围的数据可能需要开展其他工程调查或分析。可以根据测量结果来评估与特定失事模式相关的安全裕度；或者可以进行分析，以确定测量的性态指标超出预期范围的原因。根据具体情况以及破解大坝性态不确定性的需要，可能需要进行额外的现场调查，以更好地确定实际条件。只有进行彻底的审查，发现安全裕度大于先前的估计，才可能得出这样的结论：提高阈值是合理的。同样，这也需要合理的工程判断。

当信号变为红色时，必须停止并立即采取行动，以迅速查明测量值超过阈值上限的原因，或者准备启动应急预案。但仅仅根据监测数据启动应急预案是很少有的。如果没有肉眼可见的出现问题的物理迹象，很少有证据表明水库会发生失控下泄。

返回错误测值的仪器可能已出现故障；如果出现故障，必须迅速查明。评审中可能会发现行动级别设置得太低。而在任何情况下，对监测数据的评审将启动全面的巡视检查，以判断是否存在快速发展的状况，需要启动应急预案。对于远程无人值守的工程，可能无法快速地对现场进行现场巡视检查，从而造成应急程序的启动延迟。在决定何时实施应急预案时，良好的判断力至关重要。

适当的应急措施包括降低水库水位、进行增加稳定性的填筑等，需根据具体情况确定。

第10章

土 石 坝

当假定的有序情况和无序情况达到平衡时，将会形成真正的稳定。真正稳定的系统，能预估到出乎意料的情况并做好被颠覆的准备，然后静待彻底的改造。

——汤姆·罗宾斯（Tom Robbins）

第3章从潜在失事模式出发，介绍了土石坝性态监控应考虑的问题。本章将继续介绍土石坝的薄弱环节和性态特点，就其性态指标的测量手段和方法的选择给出指导性意见。这些性态指标旨在回答"大坝运行性态是否合乎预期？"这一问题。

10.1 结构设计

因结构尺寸、建设目的和筑坝材料不同，土石坝的结构设计差异甚大。常见的类型有分区填土坝、分区堆石坝、均质坝和薄膜坝等。每座土石坝都依赖其重量来抵抗外加的荷载。合理的设计使得土石坝能在各种预期的荷载作用下挡水并保持稳定。

土石坝由土石材料建造而成，起支撑作用的坝基和坝肩同样由土石材料组成。工程师用以下的材料特性来描述土料、堆石和基岩的特性：强度、刚度、固结度、压缩性、密度、塑性、孔隙比、渗透性和含水量。填筑材料在大坝自重、水荷载和地震荷载作用下的响应取决于它们的特性。选用的材料应使坝体能稳定地承受这些荷载。

土石坝还必须保持上下游边坡的稳定，并与坝肩在材料和几何形态方面相适应。大坝设计必须满足验收标准，并在正常、洪水和地震荷载下具有一定的安全裕度。

坝肩的几何形态、坝基岩层情况和特性条件决定了坝肩的结构型式，为此需要了解：

- 岩石性质，如渗透性和处于临界稳定的结构面。
- 土壤特性，如强度、抗渗性和液化敏感性。
- 软弱地带。
- 应力历史。
- 地下水条件。

第3章介绍了土石坝失事的三种主要模式：渗流失控、漫顶和边坡失稳。本章将介绍能有效降低水库失控风险的监测手段，以回答"大坝运行性态是否合乎预期？"这一问题。

10.2　大坝性态

土石坝的性态取决于其在使用寿命期间对经受的物理过程的反应能力。

10.2.1　沉降

沉降会导致坝顶和坝坡的高程出现整体或局部降低。由沉降带来的坝面高程降低，可能会使得全坝发生渐变变形，或出现明显的不均匀变形，从而导致表面开裂。土石坝的整体沉降是由坝体和坝基的土料或堆石内的空隙体积减小（固结）而引起的。土石坝整体沉降的不良后果是坝顶超高降低，进而增加漫顶和溃坝的风险。外部荷载，如可压缩土壤地基上附属结构的重量，也可能导致沉降。

若坝肩的几何形状存在突变，可能会发生横向开裂。坝基或坝肩中存在近乎垂直的岩石或混凝土结构（如泄水涵管）时，在其上部坝高存在突变。岸坡坡度陡变会导致应力突变，从而导致不均匀沉降，继而导致心墙和反滤的开裂和损坏，以及抗内部侵蚀能力的丧失。沿坝内埋管的不均匀沉降可导致涵管中的接缝张开或管身开裂，沉降、纵向开裂和边坡位移也可能源于边坡变形或地震引起的变形。局部沉降，如沿挡土墙的塌坑或凹陷，可能是由于内部侵蚀。大坝与坝基土体、基岩和混凝土结构之间的接触面特别容易发生渗透破坏，形成内部侵蚀，土石坝与混凝土结构之间的接触面也是如此。

10.2.2　边坡稳定

土石坝不像混凝土那样是连续性的固体，它由土壤和岩石散粒体组成。正因为如此，其稳定性取决于摩擦力和内聚力（剪切强度特性）。坝体需要坝肩提供足够的支撑，各边坡具有适当的坡比才能保持稳定。土石坝的边坡稳定性取决于边坡坡角大小、坝体和坝基的材料强度以及坝内浸润面的高度，这些因素出现缺陷就可能导致边坡失稳、发生转动或侧向平移，进而可能导致坝顶超高不足，或引起坝体开裂，从而导致形成渗流破坏。如果地震期间地面震动产生的应力超过土体强度，也可能会导致边坡失稳。

水库水位的快速消落可能引发上游边坡失稳。如果水库水位的消落速度超出土石坝坝体渗透压力的消散能力，边坡会受到不排水的快速荷载作用。如果土体的不排水强度不足以抵抗不排水快速加载的作用，就会导致边坡失稳。坝体上游侧设置反滤和排水能降低上游边坡失稳的可能性，这在近期的工程实践中属于通常的做法，但在早期的大坝中很少见到。

强降雨通常会导致水库处于持续的高水位，可能会引发下游边坡失稳。随着库水位的升高，下游边坡的孔隙水压力可能会升高，从而降低有效应力、抗剪强度和稳定性，于是可能会发生坍塌，如图 10.1 所示。

另一种引发失稳的潜在因素是坝趾处的排水系统发生堵塞。

10.2.3　坝顶超高

坝顶超高是坝顶和水库水面之间的高差。保持足够的坝顶超高对土石坝的稳定性至关重要。土石坝的筑坝材料容易受到流水的侵蚀，随着坝顶上部水深和持续时间的增加，坝顶超高不足的可能性也会增加。心墙的坝顶高程是设计中的一项重要指标，因为一旦漫过心墙，内部侵蚀不断发展和坝体冲蚀导致的溃坝可能会造成水库失控下泄。在土石坝失事的原因中，渗流失控是最常见的，漫顶其次。为谨慎起见，设计中应考虑坝体沉降、洪水期间水库水位上升、预计的浪高，以及大坝上游坝坡的波浪爬高，在各种工况下均应有足够的坝顶超高。

图 10.1　下游边坡上的陡坎显示边坡不稳定

10.2.4　渗流与渗漏

所谓渗流，指的是水在土石坝坝体、坝肩和坝基的土石孔隙中的流动。水会从土石坝坝体、坝肩或坝基穿过，具体情形受控于其渗透性。渗流的大小和发生位置取决于渗流梯度、结构设计和施工。土石坝通常采用分区的结构型式，坝体横断面的不同部分采用渗透性不同的材料，使得下游坝坡内的浸润面尽可能低。

所有土石坝在坝趾处或其下部或多或少都有一定的渗流。可能出现较大渗流量的部位是土石坝坝体与基岩、混凝土结构或埋管的接触面。所谓渗漏，指的是水通过已存在的缺口，如坝基中张开的接缝、混凝土面板堆石坝的混凝土面板中的裂缝、劣化的灌浆帷幕、不透水衬砌中的裂缝或不良接缝、泥浆截渗墙的裂缝流走。

如果渗流流速上升到一定的程度，可以带走坝趾或者坝体与坝基或结构物界面处的土壤颗粒，进而引发内部侵蚀，此时渗流和渗漏会造成问题。为此，可在所有潜在的渗流位置设置设计适当的反滤和排水，以降低渗流失控或渗漏发生的可能性。

渗漏不一定会危及大坝安全，但水的流失会带来经济损失，因此仍然是不可接受的。

10.2.5　应力

分区坝的心墙和坝壳之间的不均匀沉降可能引起应力变化。如果心墙的可压缩性高，且固结程度大于坝壳，则心墙可能会"悬挂"在坝壳上，从而降低上部垂直压力，进而降低侧向压力。事实上心墙内的侧向压力相对较低。坝肩坡度过陡可能会加重不均匀沉降，而坡度突变部位的应力突变会导致心墙开裂并引发内部侵蚀。

土石坝土体对坝内埋设的涵管、构筑物或挡墙施加的应力可能是需要关注的问题。如果应力超过涵管的强度，则涵管可能发生开裂，使得坝体土颗粒在压力水作用下进入涵管。另一方面，穿过土石坝坝体的涵管漏水时也可能引发内水外渗，形成沿管道的内部侵蚀。

10.2.6　地震响应

当地震波透过土石坝的坝基和坝肩时，大坝会随之发生震动。具体的反应是动态振荡以及坝体和坝基内部产生剪应力和变形。剪应力还可能会降低土石坝和坝基的强度，并导致它们在震后失稳。一个突出案例是，在1971年美国加利福尼亚州圣费尔南多地震中，下圣费尔南多大坝（Lower San Fernando Dam）的无黏性土发生液化导致上游坝坡发生破坏，如图10.2所示。

10.2.7　施工

了解土石坝的施工过程对判断大坝的性态至关重要。

在施工期需要格外关注土石坝及坝基的细节，其他构造，如渗流控制、反滤和排水的规定，不同的设计可能差异很大。但不管怎样，大坝性态取决于坝基处理情况、坝体填筑压实度，以及渗控、反滤和排水施工的精心程度。

图 10.2　地震后的下圣费尔南多大坝
来源：美国地震工程研究院（EERI）

对于岩石坝基，进行上部坝体填筑前需要进行一定的处理。清除风化和松散的岩石至关重要。围堰后的渗流和泉眼很麻烦，会导致填土中的含水量难以控制，压实变得很困难。必须将流水从会导致土颗粒流失的填土区尤其是与心墙的接触面引走。对断裂和软弱区域可能需要进行特殊处理，如采用泥浆灌浆和混凝土齿槽等，以抑制渗流并避免应力集中。坝基和坝肩的几何形状也很关键，因为岩石表面的突变可能会使正常压实变得困难，并可能产生集中应力，从而导致上部的填土开裂。

对于土质坝基，在进行上部坝体填筑前也需要进行一定的处理。软弱或高压缩性的土体必须进行清除，粗粒土土块与上覆填土的接触面可能发生集中渗流，因此也必须加以清除或阻断。如前所述，地下水的控制很重要，因为可能导致细粒土流失和压实条件变差。将地基翻松和压实是常用的地基处理方法。

关于坝基防渗的规定各不相同。有的土石坝未设置截渗墙，有的则设置简单的由不透水填料压实填筑的截水槽。高土石坝通常设置灌浆帷幕或用混凝土或不透水土回填建成的截渗墙。截渗墙的施工质量将影响其性能以及发生潜在不利渗流的可能性。在坝基处理和截水建筑施工期间所做的决定和采取的措施会影响其长期性能。

保障土石坝施工质量需要仔细控制材料特性、含水量和压实度。天气是一项重要因素。符合设计要求的合适的材料必须置于正确的区域。为达到设计的密度，无论是在料场还是填筑现场，控制含水量都很重要。填土太干的话，在湿化后可能会出现过大沉降，太湿的话则可能会开裂或导致施工时的孔隙水压力超高。坝基或填土不得出现冻结的情况。需采取足够的措施进行压实以确保达到规定的密度。各区的材料必须保证分隔清晰，不得出现混杂的情形，这对于各区域的功能正常发挥很重要。尤为关键的是，在反滤和排水中不得混进过多的细颗粒。当使用粗粒土作为填筑材料时，必须避免粗颗粒离析形成"蜂窝"，成为不利的集中渗流通道。

其他也可能会影响性能的施工行为如下：

- 小心设置施工交通车道，避免填土过度施工。
- 小心设置保护交叉区域，避免各区之间的材料混杂。
- 对填土内部贯通结构的四周和靠近结构的部位仔细压实。
- 加强对土石坝已完工部位的保护，避免遭受不利天气的影响。

总之，施工质量对土石坝的长期性态具有重要的影响。

对拟建和已建的土石坝而言，开展大坝性态监控的条件有所不同。不同之处详见本章下节的图示。主要差异在于，通常在新建土石坝中施工期间埋设的仪器，如静力水准沉降仪、用于分布式温度测量的光纤、土压力计、土体变位计，以及安装在坝基中的许多仪器，在已建的土石坝中就不能再安装了。

10.3　仪器监测

土石坝建成后，需要监测其沉降（形状变化）、水压力（水库和邻近地下水位）和渗流（渗流量、透明度和分布情况）等性态指标，并与预期的性态进行比较。如果响应等于或优于预期的响应，则认为大坝满足性态指标，因为它满足所需的安全裕度。如果监测的性态指标表明某种失事模式可能正在发展，则需要进行进一步的分析。

进一步分析的深度取决于监测量的测值和预测值之间的差异的大小。可能需要直接测量的大坝性态指标如下：

- 位移，用以评价形状变化。
- 水压。
- 应力。
- 渗流和渗漏，用以评价流量和水质的变化。

第 5 章和第 6 章介绍了适用于监测性态指标的监测仪器与测量的手段和方法，详见表 10.1。

表 10.1　　　　　　　　　　监测仪器和测量方法

性态指标	测 量 位 置	监测仪器或方法
表面位移	坝顶或坝面其他感兴趣的位置	目视观测、大地测量
内部位移	土石坝内感兴趣的位置	测斜仪、沉降计、变位计
	坝基内感兴趣的位置	测斜仪、变位计、沉降计
水压	土石坝坝体内	渗压计、观测孔
	坝基内	渗压计、观测孔
应力	土石坝内	土压力计
渗流量	能测量的位置	标定的容器、量水堰、量水槽、流量计
渗流水质	能测量的位置	浊度计、水化学分析
流量	坝趾处	量水堰、量水槽、分布式温度测量光纤
地震响应	坝顶及邻近基岩	地震仪

对于各种土石坝来说，并非表 10.1 中所列的性态指标都需要或应该被监测。比如混凝土面板堆石坝，面板的水平位移和垂直位移、坝顶沉降以及通过面板的渗流量可能比其他性态指标更为重要。

对于均质坝而言，坝内的渗压分布可能非常重要，因为横截面全断面的孔隙水压力可能发展到引起边坡失稳。

表 10.1 列出了对于大多数常见类型的土石坝而言较重要的一些性态指标。但前文已提到，针对特定土石坝的监测方案需要进行精心设计，有针对性地监测该坝的性态指标。

图 10.3 中给出了各种仪器的图例符号，已建和拟建的大坝以及监测仪器的典型布置如图 10.4～图 10.9 所示。

在穿过已建大坝安装仪器时，必须特别注意。在仪器周围必须采取适当的反滤措施并

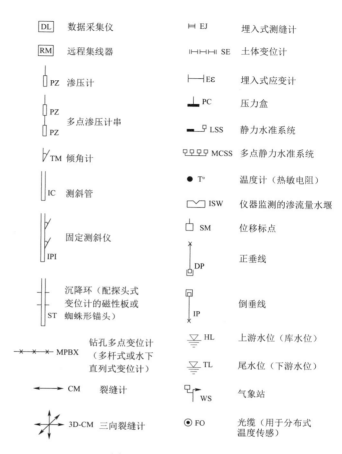

DL	数据采集仪	EJ	埋入式测缝计
RM	远程集线器	SE	土体变位计
PZ	渗压计	Eε	埋入式应变计
PZ	多点渗压计串	PC	压力盒
TM	倾角计	LSS	静力水准系统
IC	测斜管	MCSS	多点静力水准系统
IPI	固定测斜仪	T°	温度计（热敏电阻）
ST	沉降环（配探头式变位计的磁性板或蜘蛛形锚头）	ISW	仪器监测的渗流量水堰
MPBX	钻孔多点变位计（多杆式或水下直列式变位计）	SM	位移标点
		DP	正垂线
		IP	倒垂线
CM	裂缝计	HL	上游水位（库水位）
3D-CM	三向裂缝计	TL	尾水位（下游水位）
		WS	气象站
		FO	光缆（用于分布式温度传感）

图 10.3　监测仪器图例

充分压实，以避免形成渗流的通道。钻孔安装仪器，尤其是在心墙或坝趾处，可能形成穿透反滤的渗流捷径，使得心墙发生断裂。在心墙中安装仪器需要格外小心，一般不应在其中安装仪器，除非存在无法通过其他方法解决的问题。

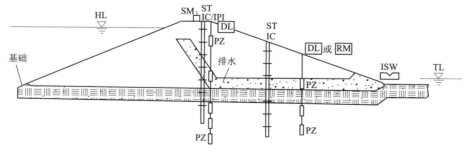

图 10.4　已建的均质土石坝

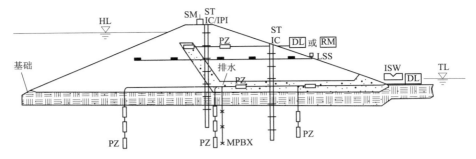

图 10.5　拟建的均质土石坝

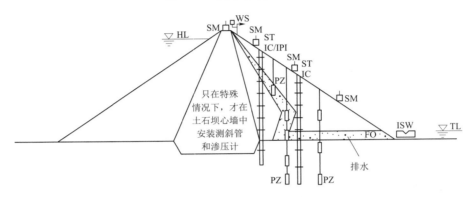

图 10.6　已建的分区土石坝

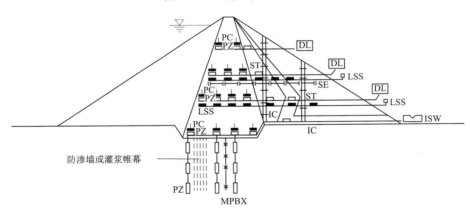

图 10.7　拟建的分区土石坝

在新建大坝中，目前通行的做法是仪器埋设后避免竖直向上牵引穿过后续的填土层。如无法避免采用管道竖直向上牵引，需要特别注意完全压实延伸段周围的土体，以降低形成渗流通道的可能性。沿填土层水平牵引会妨碍施工交通，应做好标记，避免损坏。

对于穿过土石坝埋设的监测仪器，需要特别注意其范围和安装程序。必须由经验丰富的岩土工程师进行设计并经过同行评审，且需由具备在土石坝中安装类似仪器的经验的有资质的人员负责安装。

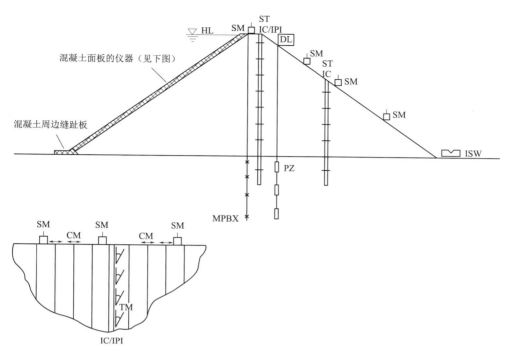

图 10.8　已建的薄膜式（混凝土面板堆石坝）土石坝（断面图和面板平面图）

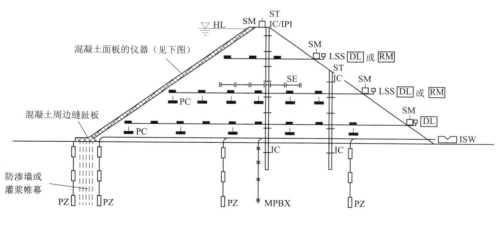

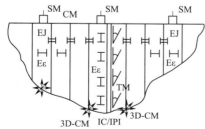

图 10.9　拟建的薄膜式（混凝土面板堆石坝）土石坝（断面图和面板平面图）

10.3.1　沉降

在进行土石坝设计时，工程师通常会估算坝体自重引起的坝体和坝基的压缩量。对于当代的碾压土石坝，由于坝体自重固结的压缩量通常约为坝高的1%。对于相对较软的地基，沉降量可能更大。地震时的震动可能会引起土石坝的沉降变形或坝基中松散砂土的液化。在确定大坝的设计坝顶高程时，必须考虑压缩产生的坝顶预估沉降，并使坝顶呈拱形，即坝顶中部的高程略高，往两坝肩逐渐降低，以适应预计的沉降。理想情况是沉降后的坝顶高程不低于设计高程，这对于大坝能够保持足够的坝顶超高和发生洪水时不漫顶极为重要。

施工期间，可利用沉降平台监测土石坝填筑时的沉降。沉降平台通常布置在土石坝最大截面、可压缩坝基最厚的位置，以及设计者感兴趣且已经估算沉降量的其他位置。沉降平台很有用处，因为垂直立管在填筑时可以向上延伸，并可在施工前后进行测量。通过测量立管顶部高程随时间的变化得到沉降量。

Borros 测点和钻孔变位计在施工中也有使用，它们可以用来分层测量各个可压缩坝基土层（基础下方）发生的沉降。它们安装在用旋转钻孔法施工的套管孔中。

施工完成后，通常会利用布置在坝顶和下游马道的位移标点定期测量其高程的变化，来监测土石坝的沉降。位移标点通常是混凝土墩，通常与地面齐平，在黄铜盖上有冲孔标记或"X"标志（图 10.10）来指示测点的准确位置。这些位移标点可能沿用第 6 章中介绍的结构设计。沉降平台和位移标点之间的间距取决于坝体的高度和长度、坝体填筑材料组成、坝基和坝肩条件以及预估的沉降量大小等。

图 10.10　土石坝坝顶位移测量标点
来源：DG – Slope Indicator

如果坝基与刚性坝肩（如基岩坝肩）之间的接触面的坡度较陡，而坝基主体又是由可压缩性相对较高的土体组成，那么这种外形和刚度的突变引起的不均匀沉降会导致与坝轴线垂直的横向裂缝。这种裂缝会导致大坝内部出现渗流问题，并可能对防止内部侵蚀的反滤造成损坏。因此，当存在陡峭的坝基坝肩接触面时，使跨越形状突变部位的坝体的沉降变形连续变化很重要。可采用不均匀沉降仪（静力水准仪或溢流式沉降盒）、水平测斜仪或液压沉降剖面仪进行监测。这些仪器最好是在大坝施工期间进行安装埋设。

在某些情况下，水平测斜仪可以在施工后安装埋设；但这需要更专业的钻井设备进行水平钻孔，在钻孔中保持正确的方向较为困难。如果在施工期间安装埋设，对仪器上方的填土层必须小心进行压实，以免因应力过大而损坏仪器。此外，必须考虑仪器承受的应变，如由不均匀沉降产生的剪应变或拉伸而引起的拉应变，以避免损坏管身、套管、电缆或涵管等。不均匀沉降仪也可以在施工期间安装埋设，对其安装和保护同样要格外注意。

在土石坝中安装电缆和管道，如图 10.11 和图 10.12 所示，会形成薄弱环节。这种情况在设计和施工中必须加以考虑。

图 10.11　土石坝中的水平走线及溢流式沉降盒安装
来源：DG – Slope Indicator

图 10.12　混凝土面板堆石坝中的垂直
走线、磁沉降环及测斜套管安装
来源：DG – Slope Indicator

在槽内埋设安装电缆或管道，埋深足够可以避免后续填土层施工破坏。如电缆槽穿过土坝或堆石坝的心墙，可能导致开裂和内部侵蚀，因此必须予以杜绝。通常还需尽量减少电缆牵引，地面上外露的走线也要尽可能短。电缆的水平走线应避开不均匀沉降可能导致破坏性张拉或剪切的区域。大的区域垂直走线再沉降也可能造成薄弱环节，如南加利福尼亚州 Pyramid 大坝在施工期间安装的仪器之所以失效，是由于垂直管路因剪切带过度固结产生的压缩变形。此外，很重要的一点是在垂直敷设的管路、涵管、电缆或套管周围充分压实。选择柔性好和延性大的管材以及合适的安装步骤，会对仪器安装中抵抗因压缩、沉降或压实而产生的应力产生很大影响。管道的设计寿命也很重要。管道变脆后可能会成为意料之外的水流通道，孔隙水压力可能会带走心墙和反滤的土颗粒。第 5 章讨论了施工期间电缆/管道的安装和保护问题。Dunnicliff（1988）、USACE（1995）和 USBR（1987）也曾讨论这些问题。

在地震作用下土石坝表面也可能出现永久沉降。通常利用大坝下游坝坡和坝顶的位移标点监测地震活动造成的坝面永久沉降。在地震活跃区域，宜在土石坝内的重要部位布置内部垂直位移测量仪器如 Borros 测点锚杆位移计或钻孔变位计，来监测反滤的连续性。这些部位包括土石坝坝体与坝基、烟囱式排水或铺盖式排水之间的界面。在这些部位，地震引发的永久沉降可能会损坏排水和反滤，还可能导致内部侵蚀或孔隙水压力增大，以及强度降低导致相关边坡失稳。Borros 单点锚杆位移计和钻孔变位计的有关介绍见第 5 章。

观测到的沿着坝肩或结构接触面或穿过坝体的管道和涵管上方的沉降，可能是大坝出现细颗粒内部侵蚀的迹象。对这些结果需要进行更密切的监视和深入的调查。此外，土石坝坝顶或上下游坝坡上局部塌孔也可能是内部侵蚀的迹象。在所有潜在的内部侵蚀部位都布置上位移标点或安装内部测量仪器通常是不切实际的。不过在沉降监测方案设计中，应当考虑涵管的位置。

分区填土坝和均质土石坝相似，不同之处在于土石坝材料是否分区布置，以满足稳定性和渗控的要求。分区坝的心墙通常是细粒料（或相对而言更细），心墙上下游坝壳的土壤颗粒粗一些。对于坝壳和心墙之间的反滤，设计中应采用合适的级配，以防止潜在的心墙细颗粒侵蚀和内部侵蚀的发展。对于分区土石坝应着重关注不同区域的压缩性的差异。因为这可能增大反滤或排水上下游不均匀沉降，以及土石坝沿线纵向开裂的可能性。为便于评估纵向开裂的可能性，可能需要在传统的表面位移标点监测地表沉降之外，布置内部垂直位移测量仪器（如 Borros 锚杆位移计、土体变位计或钻孔变位计）来监测深层沉降。也可使用全断面沉降仪，如水平测斜仪、全断面液压沉降仪、沉降板（图 10.13）或不均匀沉降仪等。是否使用这些更复杂仪器，取决于大坝的尺寸和潜在危险，以及不均匀沉降被视为潜在问题的程度。

图 10.13　沉降板

来源：ASCE Task Committee on Instrumentation and Monitoring Dam Performance（2000）

水力冲填坝利用水将建坝材料冲到指定位置。尽管这种方法已经不再用来建造挡水建筑物，但偶尔也会用水力充填来建造尾矿坝。在地震期间，水力冲填坝更容易发生液化和边坡位移。故定期进行沉降监测和震后进行额外的测量是非常重要的。

在分区土石坝中，心墙通常采用细粒土，上下游坝壳采用不同级配的堆石料。心墙和坝壳通常由级配适当的反滤隔开，使得浸润面形成后不至于使心墙的细粒颗通过内部侵蚀进入到较粗的下游坝壳料中。心墙下游的排水烟囱和铺盖会降低浸润面，并保持下游壳体材料相对干燥。上游的反滤可防止水位消落期间坝坡发生失稳。

分区堆石坝与分区填土坝相似，不同之处仅在于材料分区之间的粒度分布差异更大。这些坝通常建在覆盖层土料非常稀缺的山区，大多数可用的筑坝材料都是基岩开挖和破碎的石料。不均匀沉降加大了平行于坝顶的纵向开裂的可能性。沉降可能源于相对较软的心墙沉降时"悬挂"在坝壳上，这可能导致心墙下部的垂直应力减小，进而增加水力劈裂的可能性。对坝肩边坡坡度突变部位进行不均匀沉降监测是适宜的，因为在该部位土石坝的有效应力在短距离内会变化很大，可能导致心墙开裂（图 10.14）。这种机理被认为是 1976 年 Teton 大坝失事的诱因之一。

分区堆石坝的沉降监测与土石坝和分区填土坝类似。

具有上游防渗层的土石坝有所不同，因为其挡水能力来自上游坝坡上的低渗透性防渗层。该防渗层可以由混凝土、沥青、钢板或土工膜构成。防渗层通过混凝土趾板与坝基、坝肩相连接，趾板下设灌浆帷幕深入到基岩。当代设计通常采用混凝土面板，称为混凝土面板堆石坝（CFRD）。具有上游防渗层的大坝可能在上游防渗层和常规堆石之间设置两个过渡区。

混凝土面板堆石坝也难以保证不会出现问题。如果内部的排水没有设置合适的反滤，它们容易因坝基面的内部侵蚀而失事。由于老化或结构的不均匀沉降导致的面板劣化或开裂也可能形成渗漏。坝体最大断面的沉降和指向下游的位置，特别是荷载作用下岩石颗粒

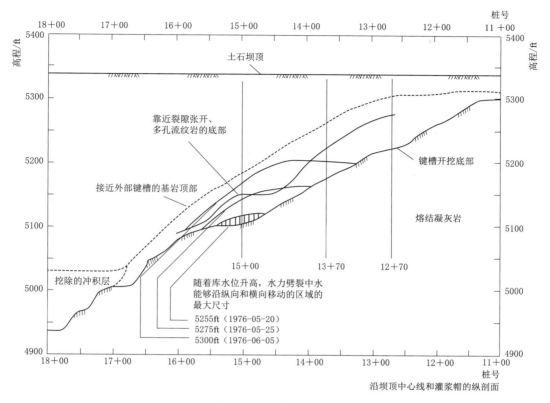

图 10.14　心墙开裂示例
来源：美国垦务局

破裂，会使面板发生弯曲，在坝肩附近产生拉应变，从而导致渗漏。在地震期间，水库水位以上的面板容易损坏，包括混凝土开裂或止水破坏，在水库蓄水前需要对它们进行修复。

对于设上游防渗层的大坝，在利用表面位移测点进行定期测量之外，补充必要的仪器监测以验证防渗层的性能是否良好，这可能是很重要的（Teixeira da Cruz et al.，2010）。仪器监测包括，安装在防渗层内的内部位移监测仪器（如埋入式应变计和测缝计）、安装在防渗层周边缝的监测防渗层与周边缝趾板之间相对位移的水下 3D 裂缝计，以及安装在防渗层表面的沿上游坡面的测斜仪或成组的单点水下倾角计。

10.3.2　边坡稳定

可采用坝顶或马道上的位移标点、滑动测斜仪、固定测斜仪和倾角计等来测量土石坝表面和内部的位移。

土石坝即使设计和施工质量良好也会产生沉降，但其边坡的位移可能不是普通沉降的结果。如果边坡位移测值超出预期，可能会发展形成边坡失稳，需调查其原因。

10.3.2.1　表面位移

边坡表面水平位移通常是采用监测沉降的位移标点来进行监测。这些位移标点埋设在土石坝表面，或埋设在诸如防浪墙或混凝土面板坝的面板之类的结构上面。位移标点也可能布置在土石坝的马道上，或位移可能对大坝整体性态至关重要的关键部位上。

随时间推移进行连续的观测，绘制出位移与水库水位的过程线将会显示出位移的发展趋势。也可采用大地测量数据。可能的话，形成测量导线，以分配闭合误差。

可利用边坡桩进行快速、粗糙的表面临时监测。这些临时使用的木桩布置在一条直线上，跨越边坡已知变形区域的内部和外部。可以利用两端的木桩形成视准线（或拉一条线）观测各桩的位置，与先前观察结果相比较从而得到相对位移。此外，沿坝顶的现有护栏、栅栏和电线杆都可用作"定性的"横向位移监测仪器。但需注意，与所有仪器一样，施工或其他交通造成的碰撞会破坏监测数据的连续性。因此，必须保护仪器免受干扰。

10.3.2.2　内部变形

表面位移监测仪测量边坡表面的位移。相比之下，内部变形监测仪器旨在测量大坝内部一个或多个深度的位移。第 5 章中已介绍测斜仪和倾角计。测斜仪用于测量任何感兴趣的深度的位移。如果预计坝基内会发生位移，则坡脚处是最佳的监测位置。在预计土石坝边坡中有一个完整的破坏面的情况下，最好在坝顶和沿坝坡按一定间隔进行测量，以找到潜在的滑动面。

测斜仪和钻孔倾角计的典型安装位置如图 10.15 所示。

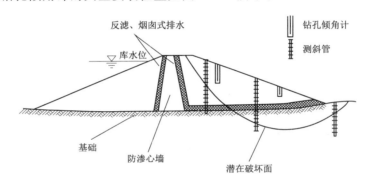

图 10.15　测斜仪和倾角计的可能安装位置

来源：ASCE Task Committee on Instrumentation and Monitoring Dam Performance（2000）

在堆石中或穿过堆石安装测斜仪很难或不可能。目视观察可以发现坝坡的变化，但无法判断内部是否产生位移，还需要进一步判断某种失事模式是否正在发展。

防浪墙和混凝土面板堆石坝面可能因下部堆石的位移而开裂。裂缝的位移监测方法包括：测量安装在已知裂缝两侧的简式标点或钢筋之间的距离，或利用固定在裂缝上的带网格的塑料板和电测裂缝计。

10.3.3　渗流和渗漏

土石坝的内部、坝肩和坝基都会发生渗流。可接受的良性的渗流受到大坝排水系统的充分控制。可见的渗流可以采用多种设备来监测。如果渗流为清水，没有明显的物质运输或土石坝坝坡侵蚀迹象，且渗流量不随时间增加（与水库水位无关），则坡脚处出现的渗流是可以接受的。但对于下游坝坡上出现的渗流必须仔细找出原因，因为浸润面升高是边坡可能失稳的前奏。沿坝内的涵管或混凝土墙出现的渗流通常是令人担忧的，因为与大坝的其他部位相比，沿着这些界面更容易发生内部侵蚀。流量减少可能表明排水烟囱、铺盖或坡脚排水管的排水能力下降。降雨和水库水位会影响渗流量，绘制流量、降雨量和净水头与时间的过程线有助于给出有效的解释。可将渗流量测值与设计假设值以及先前的测量值进行比较，以确定所测得的渗流量是否表明某种失事模式正在发展。可以测量渗流的流量和渗压。

许多大坝都设置了排水系统从坝趾处排水。坝趾排水系统用于汇集流经土石坝坝体和坝基的渗流。可以在感兴趣的渗流经过的位置测量渗流量。流量增加，特别是其中携带沉积物的话，可能是内部侵蚀的迹象。测量结果显示内部侵蚀正在发生是令人担忧的，需要让对内部侵蚀经验丰富的岩土工程师进行评估。监测流量的典型部位是坡脚和坝肩沟槽。

常见的渗流监测仪器有量水堰、量水槽和标定的容器，图 10.16 所示为量水堰和量水槽。在选择渗流监测仪器时，下游地形和预估流量范围是重要的考虑因素。量水堰适用于中等流量，在这种情况下，堰上水头至少为 0.2ft（0.061m）。在水头损失较小的平坦区域或流量较高超过量水堰容量的位置，宜使用量水槽。第 5 章中已描述了量水堰和量水槽的典型布置。应注意的是，需要将量水堰与降雨和地表径流隔离开来。流量较小时，也可以利用从排水点，例如出口管，流出的水充满已知体积的容器所需的时间来测量渗流。

（a）三角量水堰　　　　　　　　　　　　　（b）帕氏量水槽

图 10.16　量水堰和量水槽

10.3.4　渗透压力

通常用渗压计测量土石坝及其坝基的渗透压力。渗压计可获取的性态指标包括渗透压力和水面高程，可用于监测可能反映边坡破坏正在发展的孔隙水压力，也可用于确定流经土石坝坝体的渗流情况。如果孔隙水压力超出预期值，边坡稳定性可能会不断降低，直至开始发生移动。

渗压计也用于测量施工期间引起的孔隙水压力，特别是在低渗透性土壤中。施工后，渗压计测量孔隙水压力，并与设计值进行比较。孔隙水压力上升和渗流量减少可能显示内部排水能力正在发生变化，排水管可能已堵塞。这种情况可能是反滤和排水的级配不合适造成的，可惜这并没有简单的补救措施。

渗压计还可用于监测泥浆防渗墙或灌浆帷幕等截渗墙的性能。在这种情况下，将渗压计布置在截渗墙的上下游侧，以得到截渗墙前后的水力梯度。在土石坝坝体中，可在任何感兴趣的地方布置测点测量渗透压力。对于坝基部位，如存在需要关注的情况，如坝基位于透水砂砾或承压水层之上，需要在坝基不同区域单独进行监测。对于土石坝坝体和坝基，可在排水烟囱、铺盖或坡脚排水管的上下游布置渗压计测量渗透压力，评估排水的有效性。

渗压计的数据传输需利用土石坝施工期间埋设或施工后钻孔安装的柔性电缆、管道或导管。通常在渗压计的传感器、透水滤石或格栅周围用砂回填作为反滤，以便与孔隙水形成水力连接，防止渗压计堵塞。有的测压管设计不当，存在进水段槽口尺寸太大的问题，较细的土粒渗入后最终堵塞进水槽口，不得不进行更换。

若在钻孔中安装渗压计，应将膨润土球或膨润土片放置在集水区上方，以将仪器隔离在目标区域内。膨润土球通常比膨润土片或膨润土粉更有效，因为膨润土片或膨润土粉在放置过程中更容易在钻孔中形成"桥接"❶。当使用膨润土球时，应分多次添加以避免形成"桥接"。

响应时间是选择渗压计时的一个重要考虑因素。对于低渗透性土壤，带有砂反滤的测压管或渗压计是不可取的，因为它们对孔隙水压力的变化响应较慢。如果需要准确、灵敏的孔隙水压力变化读数，特别是在渗透性较差的土壤中，宜使用小排水量的传感器。则大范围的压力变化仅需要传感器中较小的体积变化即可精确测量压力。如果使用大排水量的传感器或储水量大的测压管，则将需要更多的时间使足够的水通过反滤区，才能准确反映测点的孔隙水压力。这种测压管和大排水量的传感器仅用于透水地层或水库水位变化缓慢的情况。

在施工期间安装渗压计时，必须注意保护好传感器、电缆和管道，以免其在后续填土层施工过程中受损。此外，由于电缆和管道敷设通常需要经过较长的水平距离才能到达测站，因此必须考虑不均匀沉降的影响（图 4.1）。选择柔性或延性好的材料以及仪器的安装方式对仪器安装时承受沉降引起的过大应力有很大影响。

10.3.5　应力

在某些情况下需要进行应力监测。应力监测可以采用通常在施工期间埋设的土压力计，也可以使用在施工后安装的自钻进压力计。安装的土压力计可用来测量竖向土压力或侧向土应力。施工后再安装土压力计，对需监测的应力场造成干扰。尽管听起来比较奇特，自钻进的压力计提供了一种可在施工后使用的替代方案。土压力计可布置在设计人员想了解其土压力的特定结构或涵管旁的任何点。土压力计测量的是总压力，通过与渗压计结合使用得到有效应力。为得到准确的测量结果，在土压力计安装过程中需要十分小心。土压力计的安装如图 10.17 所示。

安装自钻进压力计（SBP）需要特殊的

图 10.17　土压力计

来源：DG – Slope Indicator

---

❶　指不同岩层水位连通——译者注。

设备和专业的安装技术。某些开展高等岩土工程研究的大学或少数高度专业化的从业人员可以提供相关的设备和训练有素的操作人员。尽管这些设备主要用于科学研究，但经验已证明它们能准确地测量原位土应力。自钻进压力计基本上可以自行钻进土体中，不产生明显的干扰或应力释放，从而可以进行精确的应力测量。仪器测量的是总应力，但如果现场测试中准确测定了孔隙水压力，那么也可以得到有效应力。这种仪器适用于不含砾石的砂和黏土，因此仅限于在更细的反滤或心墙中进行应力测量。图 10.18 所示为去掉保护罩的自钻进压力计。

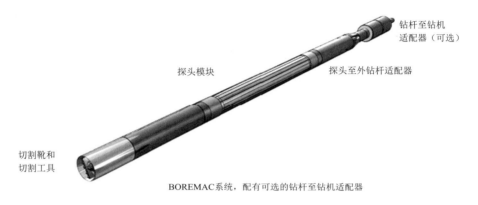

探头模块　　　探头至外钻杆适配器

钻杆至钻机
适配器（可选）

切割靴和
切割工具

BOREMAC系统，配有可选的钻杆至钻机适配器

图 10.18　自钻进压力计
来源：加拿大 Roctest 公司

如果想了解土石坝对内埋的涵管和结构或者挡土结构物施加的应力，可在结构物表面嵌入土压力计来测量土压力。奥罗维尔（Oroville）大坝是位于美国加利福尼亚州北部的 770ft（235m）高的一座大坝，它的心墙部位就采用土压力计来监测由于土石坝施工在内部结构上产生的应力。

对于心墙坡角陡但相对较软和坝壳相对较硬的土石坝，应力可能是需要监测的性态指标。由于心墙和坝壳之间的不均匀沉降，心墙可能会"悬挂"在坝壳上。如果出现这种情况，心墙下部的有效应力可能会降低。如果孔隙水压力够高，心墙可能会发生水力劈裂，进而心墙可能形成内部侵蚀。对于这种特殊情况，可以使用从坝顶向下钻孔安装的自钻进压力计来测量心墙下部的侧向土应力。自钻进压力计也可用于测量涵管和挡墙旁的侧向土应力。

10.3.6　地震响应

只有中高地震活动地区的大型土石坝才需要进行地震响应监测。美国地质调查局（USGS）、加利福尼亚州矿业和地质局等机构可以提供大坝强震仪安装和维护服务。这种安排对大坝业主的好处是，可以不用承担高度专业化的安装、操作、维护以及加速度记录处理等工作。在一些地震活动中等或较高的国家，政府机构也会提供类似的服务，不过一些大坝的业主还是会选择培养自己的专业力量。地震响应监测有两个目的：一是对地震事件中的预期和实际响应进行设计验证；二是积累地震中的大坝性态资料。例如：大坝变形是合乎预期，还是变形过大？

地面运动通过加速度计（强震仪）进行测量。加速度计通常安装在下游坝趾或坝肩的基岩以及坝顶上。地震能量透过岩床从震源传递到坝基上。通过监测坝基的岩床，可以测量传递到大坝的能量。为监测大坝的动态响应，通常在土石坝的多个关键部位布置加速度计。在地震期间，地震的振荡运动会在土石坝中激起振荡响应，响应的大小取决于土石坝的共振频率和地震的频谱。

除非出现明显的强度损失（液化），否则土石坝往往会放大地震的峰值加速度。坝顶上的峰值加速度往往高于坝基岩床的峰值加速度这一事实就是明证。对于峰值加速度较小的地震，这种放大效应通常更显著，而幸运的是，对于峰值加速度较大的地震，这种放大效应往往较小。

永久地震变形分为两大类：液化和变形。如果地震导致土石坝或坝基的孔隙水压力上升到接近颗粒间的有效应力水平，受影响的区域的土体将失去大部分强度。在土石坝或坝基中，相对密度较低、级配较差的土体可能会发生液化。采用当代碾压工艺施工的土石坝坝体有一定的抗液化能力。但未经处理的松散的坝基可能会成为薄弱环节。地震变形可通过大地测量方法进行测量，采用与沉降监测相同的技术。

10.4   性态指标

对性态指标进行测量和目视观察，是为了确认土石坝的运行是否合乎预期。

性态指标可接受的量值取决于土石坝的尺寸、材料的特性、施工情况、大坝坝龄和危险等级等。例如，对于一座 15ft（4.75m）高的土石坝来说，在运行的第一年坝顶中部发生 1ft 的沉降，足以引起重视；但对于 450ft（137m）高的土石坝来说，这样的沉降量就可能是在预期之内。

土石坝开始填筑后坝顶即会产生沉降。沉降量与大坝的高度、使用的材料以及施工情况等有关。为适应土石坝最高断面的沉降，设计中通常会将坝顶设置成拱形。设计中还会估算出填筑后可接受的沉降量。监测实际沉降量并与预估的沉降量进行比较，将为评价大坝性态提供基础。在恒定荷载下，竖向沉降的增长会随时间的推移而减小。不管土石坝材料特性如何，如果测到的沉降量超过土石坝高度的 1%，都需要给出解释说明。

利用大地测量方法或测斜仪，可以测量得到土石坝及坝基在各种荷载条件下不同部位的位移。在一定的设计和施工背景之下，大坝的实际位移大小取决于大坝尺寸和荷载条件。关于土石坝的允许位移量，总体而言没有一定之规，这一性态指标取决于大坝具体的情况。土石坝内外各区域的变形如果呈现加速趋势，可能表明破坏面正在形成。

对分区土石坝的心墙而言，由于土石坝上部土层压重带来的压实和固结作用，心墙内的孔隙水压力在施工刚结束时可能会较高。不过，超静孔隙水压力会随时间消散，孔隙水应力转变为稳定状态。通过将稳定后的浸润面高度和设计水位相比较，来确定大坝性态是趋于稳定还是不稳定。

设计人员对土石坝的预期渗流量进行估计，并据此设计排水系统，对渗流进行安全有效的汇集和泄放，以最大限度地降低下游坝坡受侵蚀或达到饱和的可能性。渗流性态监测需要利用量水堰或量水槽观测渗流量并检验水的透明度。通过测量各堰随时间变化的渗流量，可查明某种失事模式正在发展的趋势。关于渗流量，也没有统一规定的可接受的标准值或取值范围，需要根据水库水位和降水量等进行具体分析。如果大坝设计人员已估算出大坝在水库满水头下的渗流量，而在水库达到该高程之前渗流量已超过阈值，或者如果渗水浑浊，则需要立即引起注意并仔细分析。

在提出设计监测方案时，应对设计准则进行审查，以便为需监测的性态指标设置阈值。阈值是基于大坝设计期间的工程分析或预测给出的性态指标的预测值，或者基于已建大坝长期运行中性态指标的实测值。

阈值的拟定是为了引起对测值超出预测范围或读数需要进一步评价的关注，就大坝的性态给出解释说明。可以分别设置性态指标的大小和变化率的阈值，以提升大家的警惕意识，确定何时需要进一步分析。

对监测的性态指标进行分析评价后，可采取的行动包括：

• 提醒负责的工程师。

• 对读数（测量结果）进行再次检查确认，可能的话，对监测仪器的操作和校准进行检查确认。

• 针对导致该测量结果的原因对大坝进行检查。

• 提高测量频次，为进一步分析提供数据。

• 对性态指标的阈值进行调整。

• 补装仪器，为超过阈值的测值提供校验。

• 采取补救措施，如清理坝基排水沟、修复破损部位或以某种方式改造大坝。

• 确定是否需要采取紧急措施。

对土石坝的设计、施工和工作性态的历史记录进行仔细的检查复核，才能确定需监测的性态指标和阈值。由于没有一种方法适用于所有土石坝，这项工作有赖于丰富的岩土工程经验。工程判断对正确解释监测结果必不可少。

下一章将系统性地介绍混凝土坝需监测的性态指标。

第11章

混 凝 土 坝

万物之间到处都存在一种由平衡决定的媒介。

——德米特里·门捷列夫（Dmitri Mendeleev）

第 3 章从潜在失事模式出发，介绍了混凝土坝性态监控应考虑的问题。本章将继续介绍混凝土坝的薄弱环节和性态特点，就其性态指标的测量手段和方法的选择给出指导性意见。这些指标旨在回答"大坝运行性态是否合乎预期？"这一问题。

11.1 结构设计

11.1.1 概述 ❶

混凝土坝的大小、形状各异，包括三种基本坝型：重力坝、拱坝和支墩坝。重力坝将上游面的水压荷载直接传递到坝基，并依靠坝体自身的重量来维持稳定。拱坝依靠拱作用将水压荷载传递到坝肩。与相同高度的重力坝相比，拱坝的体形更轻巧。

支墩坝利用支墩将倾斜的上游面上的水压荷载传递到坝基。支墩坝目前已不再受到青睐，数量上也远少于重力坝和拱坝。本章将介绍重力坝和拱坝的仪器监测。支墩坝将在第 12 章中进行介绍。

多年来，所有混凝土大坝都是用常态混凝土建造的。碾压混凝土（RCC）的出现引入了一种建造重力坝和拱坝的新技术。它的发展促进了混凝土坝建造效率的提升和建造成本的降低，赢得了全球的认可并得到了广泛应用。影响重力坝、拱坝和支墩坝性态的常见因素是混凝土坝的结构特性 ❷ 和坝基稳定性。重要的混凝土特性包括：

- 荷载情况（正常、异常、极端荷载）。
- 混凝土组分（骨料、水泥、外加剂、水）及其配合比例（配合比设计）。
- 混凝土强度（抗压强度、抗拉强度和抗剪强度）。
- 混凝土的弹性性能（弹性模量和泊松比）。
- 混凝土的比重。

---

❶ 原文无，为保证体例完整，根据文意加此小节标题——译者注。

❷ 原文误为"混凝土的结构特性"——译者注。

- 温度季节性变化情况。

对于所有的混凝土坝，坝肩的几何外形和基岩的特性会影响到坝肩的外形设计，需要了解以下内容：

- 荷载情况（正常、异常、极端）。
- 坝肩坡度。
- 基岩特性，如渗透系数、软弱层以及可能会影响坝基稳定的不连续面等。
- 基岩强度（抗压强度、抗拉强度和抗剪强度）。
- 基岩的弹性特性（弹性模量和泊松比）。
- 应力历史。
- 地下水或承压水状况。

11.1.2　重力坝

重力坝的设计必须考虑以下因素：

- 体型必须足以传递外荷载以保持转动和滑动平衡，同时将混凝土的应力控制在允许范围内。
- 大坝必须符合验收标准，在正常、洪水或地震荷载下具有一定的安全裕度。
- 大坝的坝基和坝肩必须足够稳定。必须特别小心，确保大坝在自重和水压作用下岩体不会发生移位。滑动失稳是重力坝的一种典型失事模式。
- 重力坝适用于岸坡宽缓的山谷或陡峭的山谷。岸坡陡峭的山谷可能形成大坝三向分载效应，有利于提高大坝的稳定性。

11.1.3　拱坝

拱坝的体形设计要满足的一项基本要求是，把混凝土应力控制在允许范围内的同时，将载荷安全地传递到坝基和坝肩。

此项要求隐含着坝基和坝肩必须保持稳定，尤其要注意确保承受荷载的岩体不能发生移位，否则会使拱圈失去进行应力重新分配的能力。拱坝失事很少发生，目前已知拱坝破坏的唯一模式是坝基失稳。

拱坝最适宜于宽高比小于 6：1 的河谷，对于这样形状的河谷，混凝土方量节约，也能有效地将载荷传递至坝肩。

关于混凝土大坝的薄弱环节，以及滑动、倾覆或两种运动组合的潜在失事模式，见第 3 章相关内容。

11.2　大坝性态

混凝土是重力坝和拱坝的通用材料。大坝运行性态有赖于设计和施工过程中每个环节的精心实施。确定大坝的薄弱环节以及与失事模式相关的性态指标是大坝安全监控的基础。

混凝土由水泥、水、细骨料和粗骨料以及外加剂组成，其强度与各组分的质量息息相关。混凝土技术已相当成熟，不管是常态混凝土还是碾压混凝土，配比生产各种强度的混凝土是容易的。如果适当地进行配比、搅拌、浇筑和养护，几乎不需要将混凝土性能作为大坝失事模式的监控指标，除了混凝土的骨料与水泥发生碱骨料反应这种情形以外。

较早修建的大坝（20 世纪 30 年代以前）可能会出现冻融破坏的症状，这是混凝土中与外界连通的孔隙内的水发生冻融循环的结果。在 20 世纪 30 年代发明了外加剂。外加剂类似于洗涤剂，可以在混凝土拌合物中产生微小的气泡。气泡可使混凝土吸收冻胀应变而不至于出现裂缝或剥落。在大多数情况下，冻融破坏是浅表性的（图 11.1），间或需要修复冻融剥落的混凝土。除了巡视检查确定损坏的深度外，一般不需要进行其他测量。

图 11.1　冻融破坏

石英是一种常见的成岩矿物。在火成岩和变质岩中发现的某些种类的石英可能会与水泥中的碱发生不利的反应，形成一种凝胶体，胶凝体发生膨胀可能会使骨料开裂，如第 3 章的图 3.17 所示。

该过程被称为碱硅酸盐反应（ASSR）、碱硅反应（ASR）、碱［Mg］碳酸盐反应（ACR）或碱骨料反应（AAR）。许多建成的混凝土坝受到了这些反应的影响，有些需要进行监测以确定是否需要采取措施来减少开裂对结构的影响。对"健康"的大坝或受 ASR 影响的大坝，可能需要监控以下方面：

- 位移（x 向、y 向、z 向）。
- 总应力。
- 裂缝开度和深度。
- 温度。
- 坝体内部渗压。

图 11.2 为卡里巴（Kariba）大坝因 ASR 膨胀而导致的坝顶抬升随时间的变化图。

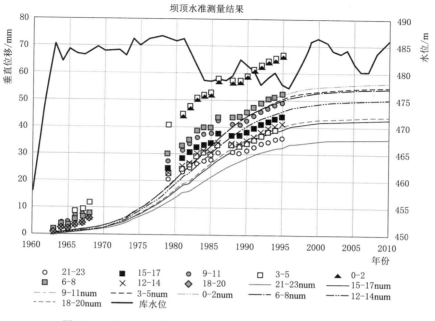

坝顶水准测量结果

图例：
- ○　21—23
- ■　15—17
- ●　9—11
- □　3—5
- ▲　0—2
- ▉　6—8
- ✕　12—14
- ◆　18—20
- ——　21—23num
- ——　15—17num
- ----　9—11num
- ----　3—5num
- ----　0—2num
- ——　6—8num
- -·-·　12—14num
- ----　18—20num
- ——　库水位

图 11.2　Kariba 大坝由碱硅反应（ASR）引起的坝体位移

11.3　仪器监测

第 5 章和第 6 章介绍了上述性态指标的监测仪器和技术。大地测量方法可测量沿坝顶的挠度。

图 11.3 和图 11.4 分别显示了已建的和待建的混凝土重力坝内监测仪器的典型布置。

这些布置图显示了在混凝土重力坝内安装的各种仪器。但是，实际安装的仪器类型和数量取决于工程的实际情况，包括大坝的结构设计、尺寸和潜在风险源。

对于三种不同类型的混凝土坝，监测仪器安装位置以及仪器监测项目会有所不同，但基本的监测仪器的类型没什么不同。

横断面中各种仪器符号与第 10 章（图 10.3）相同。

11.3.1　温度

不仅仅在大坝的施工过程中，在大坝的全生命周期中都需要关注混凝土的温度。在施工过程中，温度变化和混凝土收缩会产生次生应力。大体积混凝土需经过精心设计，粉煤灰（火山灰）有助于减少水化热，骨料冷却和加冰搅拌有助于控制混凝土温度。埋置的冷却水管可通过限制混凝土温升来控制次生温度应力，从而避免不利的温度裂缝。混凝土温度监测可辅助进行混凝土的配比和施工方法的现场调整。

在大坝（尤其是拱坝）的服役期，温度测量对于正确理解大坝的性态和仪器的状态很重要。与重力坝相比，拱坝和支墩坝对温度变化的位移响应更敏感。温度变化会引起混凝土体积变化，从而产生相应的水平荷载，并透过伸缩缝传递到坝肩，导致坝肩

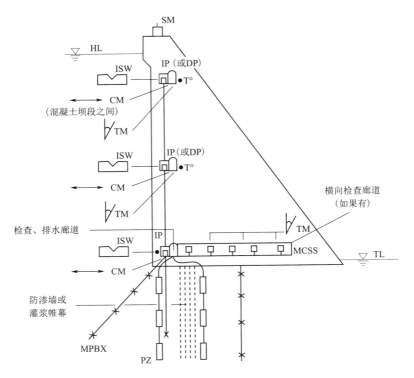

图 11.3　已建混凝土重力坝的监测仪器布置

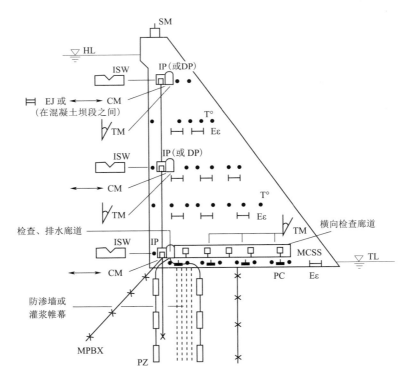

图 11.4　待建混凝土重力坝的监测仪器布置

承受的荷载可能增加。温度的季节性变化会导致混凝土坝在冬季向下游倾斜，在夏季向上游倾斜。

当需要测量大坝施工期的温度时，可以在新浇混凝土中的关键部位埋设温度传感器。第 5 章介绍的温度计和热敏电阻是最常用的温度测量传感器。对于已建的大坝，可以将温度传感器安装在大坝的表面或内部的钻孔中。

环境气温和库水温度对于分析大坝对温度变化的响应很重要，两者都可以用温度计或热敏电阻来测量。太阳辐射对混凝土的影响通常是定性地加以考虑。

11.3.2 位移

位移是相对于参照系的平移或旋转。例如，库水压力变化、大坝混凝土温度变化、气温和库水温的变化都会使混凝土坝的顶部发生位移。位移是相对于某个刚体上的某个固定点进行测量的。

变形则意味着使得固体相对于未加载或在一定的荷载或应力下的原形状发生形状变化的位移。混凝土重力坝在水库蓄水时坝轴线会变形成为曲线。混凝土温度变化引起的热胀冷缩也会引起变形。变形的测量通常相对于某一直线或平面。

重力坝设计的基本要求是坝体自重能抵抗库水压力荷载。位移监测的目的是掌握大坝实际位移与设计值的差别。需定期对坝顶位移测量标点进行测量。由于重力坝设计既要保持力矩（转动）平衡又要保持滑动平衡，所以要相对于基准点（不动的标点）对三个运动分量（x，y，z）进行测量，如第 6 章所述。坝顶位移测量标点的测量准确度至少为 0.01ft（3.0mm），该准确度是较容易获得的。已建大坝的位移监测频次通常是每月或每季度一次。对有问题的大坝可能需要进行更高频次的测量。首次蓄水期间的监测频次很重要，可以根据蓄水水位变幅而不是按固定的时间间隔进行安排。

拱坝设计的基本要求是有效地将载荷传递到坝基和坝肩，同时控制混凝土应力在允许的范围内。利用位于坝肩的基点或测量控制网对坝顶位移测量标点进行测量，可以得到定量的位移值，并可与基于设计计算或源于类似的大坝的性态预期值进行比较。

大坝坝体三维（x，y，z）位移测量不如二维（x，y）位移测量常见，且需要针对特定的大坝和地基条件进行量身定制。二维（x，y）位移的测量可以利用垂线、测斜仪或安装在不同高程的观测廊道内的系列倾角计。坝基与坝体间的相对水平位移，可利用安装在坝基内且锚固到坝基深部的倒垂线进行测量，进而得到坝体的位移。

通常设置收缩缝将混凝土坝分成若干坝段进行浇筑。各坝段浇筑完成后，对收缩缝进行灌浆以形成连续的结构。为验证大坝工作的整体性，可测量接缝两侧的相对位移。可在跨缝的廊道内或外露的表面布置测点来测量各坝段的位移，可埋设测缝计、裂缝计和伸缩计来测量跨接缝的相对位移。

引起重力坝坝段位移的主要荷载是库水压力。库水位变化引起的相邻坝段之间的相对位移很小，一般小于百分之几英寸。

对于拱坝，正常的工作荷载有库水压力和混凝土温度。对于任一荷载的变化，坝段之间的相对位移会非常小，当大坝发生压缩时，相邻坝段之间的横缝会闭合，而随着坝体伸展，相邻坝段之间的横缝会张开。

由碱骨料反应（AAR）引起的膨胀可使用第 5 章和第 6 章介绍的表面应变计或埋入式应变计、裂缝计、伸长计或大地测量方法进行测量。

随着电子测距设备和 LiDAR 的问世，还可以使用安装在下游面上的表面位移标点、全站仪和最小二乘平差法来测量变形。合成孔径雷达可以无反射棱镜对整个下游坝面的位移进行测量。光纤阵列可以测量混凝土表面的微小位移。

大多数大体积混凝土结构都会开裂。裂缝通常是浅表性的（非结构性）。通常会在坝顶、下游面和排水廊道中观察到裂缝。当裂缝可能危害结构的完整性时，需要测量跨裂缝的相对位移。相对位移可以使用表面安装的销钉或裂缝计进行测量，也可以使用测缝计测量深部的位移。视裂缝的位置和走向的不同，通常需测量裂缝的开度或剪切位移。监测裂缝的另一种方法是标记裂缝两端的位置跟踪裂缝长度的变化。通常，在施工期间、施工刚完成时、首次蓄水期间或地面强烈震动时会出现裂缝。大多数混凝土坝的裂缝变形仅百分之几或千分之几英寸，且不会出现长期时效变形。在设计阶段，由于大坝或坝址特殊的结构特点，可以预计某些部位可能会出现裂缝。根据具体需要，可采用诸如多点变位计或测缝计来测量裂缝的开度和扩展情况。

11.3.3　扬压力

库水压力引起的扬压力会抵消坝体自重，降低坝体自重作用在坝基面上或沿坝体内任意高程水平截面的有效法向力。有效法向力的降低会削减摩擦阻力和转动抗力。图 11.5显示了坝体内部水平截面上以及坝基面上的扬压力分布图。

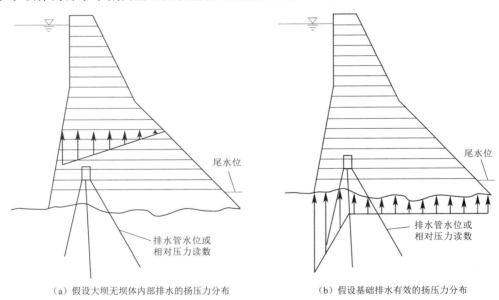

（a）假设大坝无坝体内部排水的扬压力分布　　（b）假设基础排水有效的扬压力分布

图 11.5　坝体内部及坝基的扬压力分布

来源：ASCE Task Committee on Instrumentation and Monitoring Dam Performance（2000）

如果未设置坝内部排水或坝基排水，则大坝水平截面的扬压力呈现从坝踵库水位到坝趾下游水位的线性分布。

一般通过防渗和排水措施来控制扬压力。大多数混凝土坝都设置了防渗帷幕，延长坝基的渗流路径以减少渗漏。通过防渗帷幕的下游侧的排水孔（钻孔或预留）排走坝基渗漏，可降低扬压力。坝体渗漏则被坝体内的排水孔（钻孔或预留）拦截。建基面以上的廊道是向下钻取坝基排水孔和向上钻取坝体排水孔的理想位置。

流量测量最简单的方法是利用标定的容器和秒表（图 11.6）。容器放置在排水口处，然后操作人员计量充满容器所需的时间。通常，充满容器所需的时间越长，

图 11.6　标定的容器和秒表

读数就越准确。建议选择一个容量足够大的容器，以使充满时间至少为 30s。容器的体积除以充满容器所需的时间即可得到流量。对于没有排水管的区域，可以用预制板制造垂直挡板，穿过挡板的小孔径排水管用来充满容器。如图 11.7 所示的小型量水堰也可用于测量流量。

图 11.7　小型量水堰

11.4　性态指标

扬压力与大坝安全裕度直接相关，因此也与大坝因滑动或倾覆导致的失事可能性直接相关。关键的性态指标包括渗流压力和渗流量。渗流压力或渗流量的意外增加可能意味着防渗帷幕出现劣化。用于土石坝的渗流监测仪器同样适用于混凝土坝，即渗压计和量水堰可分别用于监测渗流压力和渗流量。图 11.8 给出了用于监测防渗帷幕和排水帷幕上下游侧的静水压力的方法。

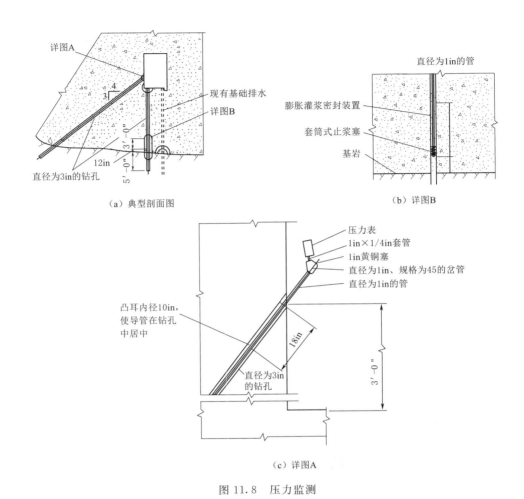

（a）典型剖面图

（b）详图B

（c）详图A

图 11.8　压力监测

对于三种不同类型的混凝土坝，监测仪器的安装和观测可能有所不同，但基本的监测仪器类型没有什么不同。拱坝的典型监测仪器布置如图 11.9 所示，采用的典型的测量方法和仪器见表 11.1。

渗流量减少可能意味着排水孔堵塞。坝基排水孔容易受到化学沉积和细菌孳生的影响。诸如碳酸钙之类的溶解固体可能会覆盖在基岩内排水孔的孔壁上，阻碍水流的流动，因此需要定期进行清孔。同样地，在有氧环境中嗜铁或嗜硫的生物所引起的细菌孳生也可能阻碍排水孔内水流的流动。这种现象的特点是在排水口处有明显的橙色或棕色黏泥。仔细测量可有效地发觉排水效果下降的问题。对于出现堵塞的排水孔，需要进行清孔、扩孔或在其他位置重新钻孔。❶

扬压力是重力坝设计中需考虑的重要因素。在拱坝设计中，扬压力通常会被忽视，因为与坝高相比，坝底宽较小，而且坝基和坝肩能够承受施加的荷载。但扬压力可能会对坝

———————————

❶　原文此处有一段衍文，与前文重复，已删除——译者注。

基稳定性产生不利影响。尽管扬压力对拱坝的影响可能很小，但许多拱坝都设有排水孔并定期进行测量。

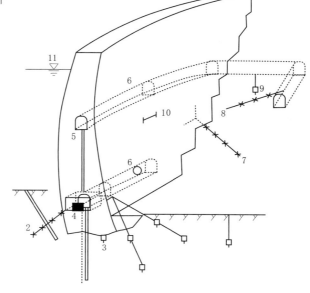

图 11.9　拱坝典型监测布置图

来源：ASCE Task Committee on Instrumentation and Monitoring Dam Performance（2000）

1—通过孔隙水压力测量监测灌浆和排水帷幕和排水的有效性；2—使用钻孔变位计监测裂缝张开位移；2—混凝土-岩石界面处的孔隙水压力测量；4—渗流测量；5—测量位移的铅垂线；6—固定式倾角计；7—使用钻孔变位计监测地基压缩性；8—使用钻孔变位计监测特定的地质特性；9—用于监测灌浆帷幕有效性和坝肩稳定性的孔隙水压力测量；10—测量应变以确定应力；11—库水位的测量

表 11.1　　　　　　　　　　　　　**监测部位与监测方法**

性态指标	监测部位	监测方法
位移（上下游方向）	坝顶及其他关注的表面	大地测量
位移（转动）	混凝土内部	测斜仪、垂线、倾角计
差异位移	跨接缝或裂缝	应变计、伸长计、测缝计
差异位移	坝基内部	伸长计
渗压	坝体内部	渗压计
渗压	建基面	渗压计、压力计
渗压	坝基内部	渗压计
应力应变	坝基内部	总压力盒、测力计、应变计、扁千斤顶
应力应变	混凝土内部	总压力盒、应变计
内部温度	混凝土内部	热电偶、电阻温度计、热敏电阻

续表

性态指标	监测部位	监测方法
渗流量	具备测量条件的位置	标定的容器、量水堰、量水槽、流量计
渗流水质	具备测量条件的位置	浊度计
锚索张拉残余荷载	锚头	测力计、千斤顶与压力计
地震响应	坝顶、自由场或其他关注部位的表面	强震加速度计

11.4.1　应力

重力坝和拱坝的设计准则都要求大坝采用适当的体形，传递荷载保持稳定，同时在所有预期载荷条件下混凝土应力控制在允许的范围内。了解其应力应变状态对于理解混凝土大坝及坝基的行为至关重要。应力可能可以直接测量，但是，应变测量更为普遍，因为应变计安装起来更容易且成本更低。将应变测值转换为应力计算值，需要了解混凝土的力学性能参数（弹性模量和泊松比），以及混凝土的徐变、自生体积变形❶和温度变形。有时，使用直接测量应力的仪器来验证应变测量仪器的结果。可根据测得的应力或推算出的应力来估算荷载，并将这些荷载与设计估算值进行比较。

应力或应变监测部位的选择取决于要估算的荷载。对于任何混凝土大坝，可能出现拉应力的部位都宜进行监测。另外，可用于确定最大荷载的最大断面也是合适的选择。用于拱坝应力监测的仪器通常包括应变计或应力计，布置仪器以得到拱推力方向的应力。

坝基中的应变应力的测量方法与混凝土应变应力相似。但是，监测仪器不是埋在新浇的混凝土中，而是安装在钻孔或锯槽中。

利用高精度大地测量技术测量结构上的固定点之间的变形也可得到应变。

对于已建大坝，可以通过钻孔到关注的部位并埋设适当的仪器来得到应变应力。也可利用埋设在锯槽中的压力盒或装入千斤顶来测量应力。

测量应力和应变的仪器和技术有许多种。扁千斤顶、卡尔逊式混凝土应力计、WES压力计、格洛泽（Gloetzel）应力计和钢弦式应力计等可用于测量应力。电测式应变计、卡尔逊式应变计、机械式应变计、线性差动变压器和振弦式应变计等可用于测量应变。对这些仪器的介绍讲见第 5 章。

应变计通常采用钢弦式，其标距必须大于粗骨料粒径的 3～4 倍。因此，通常指定的仪器标距为 25～30cm（250～300mm）。建议使用第 5 章中介绍的补偿应变计❷。

安装应变计时，先将其牢固地绑在支杆或支架上，以便在混凝土浇筑过程中使其位置保持固定。支杆或支架应足够小，不致干扰应变计周边应力场。不得直接在应变计上方浇筑混凝土，在其周边可浇筑混凝土并进行振捣。必要时，可将混凝土中的粗骨料去除，以满足仪器标距的要求。

不建议在混凝土中使用电缆保护管，因为以后可能会成为渗水通道的首选路径。因

---

❶　原文为收缩变形，应为自生体积变形——译者注。

❷　即无应力计——译者注。

此，直接埋入混凝土中的信号电缆必须具有足够的质量和强度。精心选择电缆在混凝土中的出口位置也很重要，这是因为电缆裸露在外，在出口位置容易被剪断。在该部位需要采取措施降低电缆的应变，如可采用小段塑料导管对从混凝土中引出的电缆进行保护，或设置混凝土壁龛来容纳电缆。

11.4.2 碱硅反应（ASR）

通常对受 ASR 影响的混凝土进行应力测量，评估 ASR 影响的程度，监测其长期影响并验证补救措施如锯切坝体进行应力释放的有效性。总之，应力测量在监测受 ASR 影响的大坝中具有重要作用。

如果已有应变计埋入大坝且埋设位置适宜监测受 ASR 影响的区域，对于混凝土性能劣化演变监测而言，这些应变计显然是再好不过了。若非如此，在混凝土施工后埋设应变或应力监测仪器是有必要的。

为实现此目标，可优先考虑两种方法。第一种是使采用如第 5 章所述的钢弦式应力包体。应力包体安装在通常为 32[❶]mm（1.5in）的小直径钻孔中，使用专用的安装工具将其楔入孔内适当的深度，安装方位以便于确定所测量应力的方向为宜。同一钻孔最多可以安装三支仪器，测量方向呈 60°夹角。这样做的目的是获得垂直于钻孔的横截面的真实应力状态，或者更确切地说，是获得应力的变化，因为难以得到安装仪器时的混凝土初始应力。此前仪器已成功安装在深 20m（65.6ft）或更深的钻孔中。如已知待测应力的方向，只需一支仪器即可提供足够的信息。

第二种用来监测 ASR 引起的应力变化的应力包体采用如图 11.10 所示的内置传感器的圆筒。圆筒内装有三支或六支钢弦式应变计，呈二维或三维玫瑰花状布置，以获得平面应变状态或三维应变状态。通常使用长度大约为 100mm（3.93in）的小应变计，以便将玫瑰花状布置的应变计组预装在直径 140mm（5.51in）的混凝土圆桶中。可以通过使用合适的骨料来调整混凝土的模量，以使其模量与受 AAR[❷]影响的混凝土接近。内装仪器的应力包体与周边材料的模量处于相同范围，安装过程中尽量保持在安装和灌浆后钻孔周围的应力状态不受干扰。

安装应力包体时，首先在混凝土中钻一个直径 152mm（6in）的孔，再用推杆将包体推入孔中并确定好方向，然后用水泥进行灌浆，使包体和混凝土成为一体。将钻孔灌浆至孔口，使大坝混凝土保持完整。

11.4.3 坝基应力监测

第 5 章介绍了混凝土应力计，即根据早期制造商命名的格洛泽（Gloetzel）应力计。在混凝土坝中，混凝土应力计常布置在坝基或坝肩的岩石混凝土界面处，以测量界面法向的应力。矩形或圆形的混凝土应力计均可用于测量坝基应力。混凝土应力计设置了加压管，在混凝土凝结后发生收缩时可使得压力垫和周围的混凝土之间保持紧密接触，尤其是

---

❶ 应为 38mm，原文有误——译者注。
❷ 原文如此，按上下文应为 ASR——译者注。

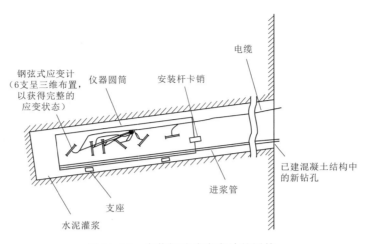

图 11.10　内装钢弦式应变计的圆筒

对于安装在垂直表面上的情形。安装应力计的岩石或混凝土表面应保证清洁，平整度应为 ±10mm（0.39in）以内。在将应力计放置在未凝结的砂浆垫上之前，涂覆一层 15mm（0.59in）厚的非收缩水泥砂浆层。

许多已建的混凝土坝采用后张锚索或锚杆以增加稳定性。对其剩余的锚固力或锚固力的徐变进行长期监测可能是很重要的。

锚索或锚杆应力测量有两种方式。第一种也是最方便的，即在设计中将测力计置于锚头，直接测量剩余锚固力。如第 5 章所述的耐用、结构简单、机械的钢弦式传感器是首选。

若锚头未安装测力计但人可到达，可以通过张拉测试来验证残余荷载。简单来说，是用千斤顶将锚头抬离垫片，来确定残余荷载是否与锁定荷载一致。若无法接近锚头部位，荷载验证难以实施，但是，一些最新发展的无损检测技术为验证锚固力带来了希望。

11.4.4　结构地震响应

对中高地震活动地区的高混凝土坝，需进行地震响应监测。美国地质调查局和加利福尼亚州矿业与地质局等机构承担大坝的强震仪的安装和维护工作。这种安排对大坝业主的好处是不必承担高度专业化的设备安装、运行和维护以及加速度数据处理等工作。地震响应监测有两个目的：①基于地震期间的实际性态与预期性态对设计进行验证；②加深对有关大坝地震响应的认识。地震响应是事后响应，不是即时大坝性态指标，它反映了地震荷载的大小。地震后，对重力坝或拱坝的结构响应进行测量能揭示大坝是否发生变形。

为覆盖大范围监测区域，地震仪往往布置成阵列或网状形式，以便测量地震的大小以及地震发生的地点和时间。地震仪的监测输出结果即地震图。

地面运动利用加速度计（强震仪）进行测量。加速度计一般安装在大坝下游坝趾或坝肩的基岩上，坝内廊道以及坝顶等部位。

地震的能量通过基岩从震源传递到坝基。对大坝基岩进行监测，可以测量传递到大坝的地震能量。大坝动力响应监测通常是利用布置在基岩上的一个或多个加速计以及大坝上其他关键部位上的测点来完成的。在地震期间，地震振动会在大坝中引起相应的振动。混凝土大坝往往会放大地震的峰值加速度，这体现在坝顶的峰值加速度往往高于坝基基岩的峰值加速度。不过幸运的是，对于峰值加速度较小的地震，放大效应通常较大，而对于较大的地震，放大效应往往较小。

强烈的震动可能会导致收缩缝张开和闭合，通常无需加以修复。地震引起的混凝土的永久变形可能会导致坝肩处出现开裂或脱开。对于其他的情形，经验表明只要不发生断层破裂位移，混凝土坝就很可能经受住强烈的震动并且不会导致水库失控下泄。

对震后大坝的变形，可通过大地测量方法进行测量，如第 6 章所述。

为测量大坝的地震荷载，可在大坝附近的地面上布置一支三分量加速度计，作为自由场记录。也可选择坝基附近的排水廊道。如需考虑地形特点或其他的放大效应，也可在坝顶附近的坝肩上布置加速度计。安装加速度计的位置选择是很重要的。此外，需要得到的是大坝的响应，而不是加速度计箱体的响应。加速度计通常用螺栓固定在混凝土底板上（图 11.11），并封闭在轻质玻璃纤维罩中。

图 11.11　安装在拱坝坝基的加速度计

强震加速度计的细节已在第 5 章中进行了介绍。对混凝土坝加速度计的基本要求是可靠性和灵敏度。由于震动强度范围大，因此加速度计必须能够记录超过 $1.0g$ ❶ 的峰值加速度。对于布置了多支加速度计的大坝，为对在坝面和坝内不同位置布置的加速度进行关联分析，保持时间同步是很重要的。这可通过在加速度记录中引入外部参考来实现。理想状态是能记录下地震的初始运动。现代的数字加速度计具有记忆功能。它们能连续记录加速度，并将其存储在内存中。存储器会不断更新存储数据（如最近 4s 的数据）。这样的话，当加速度计被地震触发时，将能获得地震前 4s 的震动数据，从而提供地震事件的完整记录。对于较旧的胶卷或卡带式加速度计，不能获得低于阈值的初始加速度。

加速度计以较小的时间间隔（比如 0.01s）并通常在三个维度上测量特定部位的加速度。这些加速度记录可用于确定地震荷载和大坝结构响应。地震监测记录可用于评估大坝结构响应是否超出了设计值，并可借助动力分析方法（有限元法、有限差分方法、波动方程或简化法）来计算应力、变形和其他指标，以评估大坝的性态和安全性。

---

❶　此处 g 为重力加速度，原书把"g"误做质量，并注 0.03oz（盎司）——译者注。

其他类型大坝与附属结构

形成新观念固然不容易，摆脱旧观念更难。

——约翰·梅纳德·凯恩斯（John Maynard Keynes）

本章将介绍其他类型大坝和大坝附属建筑物如溢洪道，进水口，泄洪建筑物和输水设施的监测需求。所谓"其他类型大坝"，是传统的土石坝和混凝土坝的近亲，有平板支墩坝、砌石坝、木坝、橡胶坝以及建在桩基上或直接建在土基上的混凝土坝。

与土石坝和混凝土坝一样，其他类型的大坝也面临同样的问题，如漫顶、渗流失控和结构缺陷。附属结构由于其设计特点面临特殊的问题。选择需监测的性态指标，以回答下述问题："其他大坝或附属建筑物的性态是否合乎预期？"这些性态指标的测量仪器已在第5章进行了详细介绍。

12.1 其他类型大坝

本节将介绍如何进行支墩坝、砌石坝、木坝和橡胶坝的监测。

12.1.1 支墩坝

平板支墩坝和连拱坝（有时称为"空心坝"）由数个混凝土支墩支撑倾斜上游的混凝土面板形成挡水面。图12.1为某平板支墩坝的照片，图12.2为其横截面图。安布森（Ambursen）水利建设公司和其他公司在美国建造了很多座平板支墩坝，大多数是完成于20世纪上半叶，尽管也有一些新的工程案例，欧洲在第二次世界大战后建造了很多这种大坝。约定俗成的缘故，平板支墩坝通常被称为安布森坝，无论是否由Ambursen水利建设公司建造。

由平板支墩坝衍生的一种变体是连拱坝，如图12.3所示，倾斜

图12.1　平板支墩坝下游

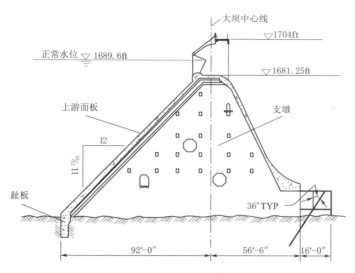

图 12.2　平板支墩坝横断面

来源：ASCE Task Committee on Instrumentation and Monitoring Dam Performance（2000）

的拱结构取代了倾向上游的平板，由下游支墩支撑拱结构来挡水。

平板支墩坝和连拱坝与重力坝的不同之处在于，建造的初衷是为了节省材料。构件的尺寸和配筋设计要足以承受预期的设计荷载。与全断面为实心混凝土的重力坝相反，平板支墩坝的支墩之间为空心区域。与相同尺寸的混凝土重力坝相比，平板支墩坝使用的混凝土要少得多。平板支墩坝和连拱坝不只是利用混凝土的重量来抵抗滑动和倾覆，还巧妙地利用了倾向上游的平板上的静水压力的竖向分力来增加支墩和基岩之间的摩擦阻

图 12.3　连拱坝

来源：美国垦务局 Alex Stephens 摄

力。大坝上游面通过趾板与坝基连接，或者如果大坝建在土基上，则将平板固定在筏形基础上，如图 12.4 所示。

支墩坝的监测与重力坝类似。但是支墩坝结构独特，挡水时必须保持稳定。

支墩坝的上游面（平板和趾板）是大坝的挡水结构。支墩的设计允许坝基的排水进入支墩之间的空心区域，这样的排水形式可以使得支墩免受扬压力的影响。坝基失稳可能导致平板和趾板发生移动，从而引发一系列可能导致破坏的事件。平板采用分段式结构，对支墩之间的不均匀沉降和错位很敏感。支墩的移动可能会导致：①应力发生重分布后超出面板的强度，进而造成"多米诺骨牌"式连锁破坏；②形成新的主控渗透路径，进而形成内部侵蚀路径，使得支墩失去支撑，也会造成"多米诺骨牌"式连锁破坏。

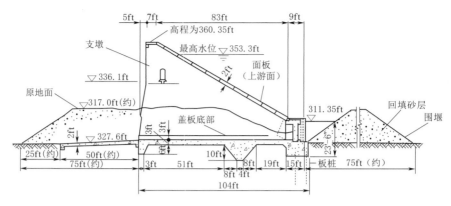

PLATE 11

JUNIATA DAM

This is a series of six photographs taken during the construction of the dam for the Juniata Hydro-Electric Co. on the Juniata River, above Huntingdon, Pa. It is essentially the same dam as the Schuyler-ville Dam except as modified for soft foundations. The rollway of this dam is 375 feet long and 28 feet high. The total length of the dam including the power house and earth embankment is roughly 1200 feet.

PLATE ll is an admirable photograph showing the nature of the foundations which are strictly gravel there being no ledge in sight. A stratum of hardpan underlies this gravel at a depth of 18 feet. In the foreground is the excavation and flooring of the wheel pit and beyond it is seen the gravel supporting the dam and through which are trenched the two cutoff walls which go down until they intersect the hardpan.

图 12.4　土基上的平板支墩坝 ❶

来源：Ambursen 水利建设公司

　　需监测的关键性态指标包括：①未预料到的渗流或渗漏；②裂缝扩展；③支墩位移。

　　冻融循环、ASR 或材料老化会导致面板或趾板出现裂缝。如果通过平板和趾板的渗漏集中流到地面上，则通常将其引到排水沟中，用量水堰或其他测流装置测量渗漏量。渗漏量的增加可以反映裂缝扩展和结构劣化的情况。

　　若支墩坝建在土基混凝土筏形基础上，很容易因为缺少排水设施，导致筏形基础下的土体发生局部沉降或者因内部侵蚀被带到下游。筏形基础可能变为"顶板"，其下部土基中的孔洞不断扩大，这是形成内部侵蚀的主要原因之一。在土基筏形基础上建造的平板支墩坝，通常在上游和中部设置截渗墙（图 12.4）。采用测压管或渗压计监测孔隙水压力的变化，以监视截渗墙因内部侵蚀导致的劣化情况。如监测到水位逐渐降低并接近下游水位，可能意味着测点所在部位与下游之间形成连通路径，无渗透阻力。渗漏量可利用任何测流设备进行测量。

---

　　❶　图中的译文如下：Juniata 大坝　这是在宾夕法尼亚州亨廷顿上方 Juniata 河上 Juniata 水电公司大坝建设期间拍摄的一系列六张照片。它基本上与 Schuylerville 大坝相同，只是因软地基有所调整。这座大坝的原木滚道长 375ft，高 28ft。包括发电厂和土堤在内的大坝总长度约为 1200ft。

　　插图 11 是一张值得称赞的照片，显示了地基的性质，地基完全是砾石，看不到岩石出露。18ft 深砂砾下面有一层硬土层。前景是轮坑的挖掘和地板，在它的后面是支撑大坝的砾石，砾石内开挖了两个截渗墙，深入到硬土层——译者注。

可以沿着裂缝全长涂上颜色，以便仅凭目测就能发现裂缝在未涂色区域的延伸。季节性温度变化、地基不稳定或库水温变化可能引起裂缝扩展。采用第 10 章介绍过的方法可测量裂缝的扩展情况。

支墩的位移可以采用大地测量方法、倾角计和伸长计来测量。

对于早期修建的支墩坝，在原始设计中不太可能考虑地震荷载，因此其设计可能不符合现行标准的要求。自原始设计完成后，对坝址区的地震环境的了解可能也已经改变。在地震多发地区，横河向（坝轴线方向）的荷载可能很重要，因为这可能是支墩坝的薄弱方向。与重力坝相比，支墩坝重量轻，采用分段式结构更容易遭受地震破坏。因此，有地震报告或发生有感地震后，应对结构进行仔细的检查。监测地震及其对大坝影响的方法见第10 章。

12.1.2　砌石坝

在 18 世纪末和 19 世纪初，通常用砌石来建造大坝，因为石头是现成的建筑材料，熟练的石材切割工人也很多（图 12.5 和图 12.6）。不同的砌石大坝，其设计和建造区别很大。有的砌石坝通体采用手工砌筑的切割块石，块石间有的有砂浆，有的没有。有的砌石坝在上游面和下游面用砂浆充填块石间接缝，内部区域填筑的则是未处理的毛石或包裹巨砾的混凝土块。混凝土块内的巨砾是为了减少水泥用量。

图 12.5　采用砌石护面的大坝

图 12.6　砌石拱坝

除了定期的变形监测和巡视检查，砌石坝一般无需进行更多的监测。如采用浆砌石，定期的巡视检查可确定大坝的老化程度，进而可以估计何时需要进行维护，如重新勾嵌。如果大坝内部孔隙未用混凝土或砂浆填充，或者填充的材料随时间劣化，则上下游面之间的水压可能会升高。对施工记录和照片进行仔细研究，可能会发现水压升高的可能性。

对于砌石坝中使用的砂浆，其配比保证了在建造时的耐久性，但现时可能已发生风化，受酸雨或侵蚀性水的作用容易发生破坏。对于那些不适于仪器监测的变化量，巡视检查是非常重要的。如需监测变形、稳定性和渗漏情况，可以使用第 6 章和第 10 章介绍的用于监测混凝土大坝的相应技术。

作为由砌石坝衍生的一种坝体结构，较高的混凝土重力坝的不同分区采用砌石或混凝土形成复合坝（图 12.7～图 12-9）。典型的复合坝在下游部位用混凝土，并且布置了排

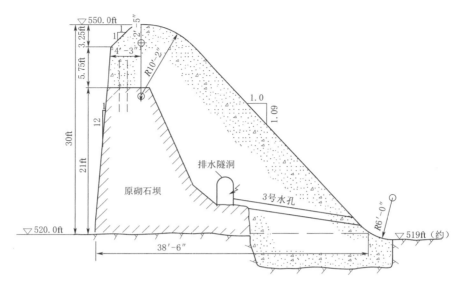

图 12.7　砌石和混凝土复合坝

来源：阿拉巴马（Alabama）电力公司

水管以汇集砌石与常规混凝土接缝处的渗漏。排水管可降低大坝内的孔隙水压力。对渗流、压力和渗漏进行监测，有助于了解它们对大坝稳定性的影响。可采用的仪器包括各种类型的渗压计和在关键位置布置的量水堰。

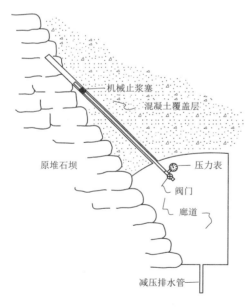

图 12.8　复合坝中的渗压监测

来源：ASCE Task Committee on Instrumentation
and Monitoring Dam Performance（2000）

图 12.9　Ashlar 砌石复合坝

12.1.3　木坝

由木材建造的大坝（图 12.10）曾在 18 世纪被广泛使用，主要用于为磨坊引水。

图 12.10　Mad River 坝

来源：James Leffel 和 Co.（1874）

木笼坝通常由圆木条做的格笼构成。格笼内装有压重物，通常为巨砾，以增加抗滑和抗倾覆阻力，如图 12.11 所示。

图 12.11　Kelowna 市东部 Postill 湖的木笼坝施工（1911 年左右）

来源：Kelowna 博物馆照片，第 10347 号

虽然木材很最常见，但大型木材可以被预制混凝土"枕木"所取代。无论采用木材还是混凝土，木笼坝的上游面通常用牢固铰接或搭接的木材建造。由木质结构建成的上游面的设计不是防水的，而是允许出现一些渗漏，这样内部的木结构能保持足够的饱和状态，从而将木材的劣化降至最低。

木笼坝可以采用变截面。有些用喷射混凝土加强，有的包裹在混凝土中，有的集成到更大的复合坝中。与复合砌体结构类似，复合木笼坝（图 12.12）可能会出现一些具有挑战性的内部压力和扬压力问题，可能需要用渗压计进行监测。

图 12.12　复合式木笼坝

来源：National Resources Committee（1938）

利用填石木笼中渗压计的压力测值，可估计复合结构坝基上的扬压分布，有助于分析图 12.12 所示横截面的滑动稳定性。复合横截面有各种形式，对于评估何处可使用仪器来监测某个性态指标而言，充分了解它们的构造是很重要的。

有些木质支墩坝（图 12.13）仍在运营中，除需关注木材强度外，其他性态指标与混凝土支墩坝相似。

图 12.13　木质支墩坝

木坝的变形是一项关键的性态指标，与土石坝或混凝土坝相同，可以使用大地测量方法进行监测。对坝顶和其他部位的标志点进行测量，可得到垂直和水平位移，其变化可以反映出大坝结构因材料劣化、堆石料或坝基的沉降引起的变形。

未封闭的木笼堆石下方的土壤侵蚀可能触发一系列导致大坝失事的事件。坝基无反滤，土石料可能会进入到格笼的堆石中，导致大坝发生沉降。对木笼坝的坝基侵蚀或底部淘刷，可以通过遥控设备或潜水员进行目视检查。除非可以进入格笼下方的孔洞，否则潜水员只能抵近大坝的上游和下游边缘。潜水员的抵近观察往往很困难也有潜在的危险，因为在下游侧的受损区域潜水员行动受限，在上游侧可能有高速水流流入格笼或流经格笼下方。因此，变形监测通常仅限于对监测点的定期观测以及在洪水之后的巡视检查（机器人或有人操作）。

对木笼坝而言，木材本身的劣化可能成为一个问题。尽管被淹没的木构件可以使用数十年，但在水位变动区中或之上的木材，因为受阳光曝晒、温度变化或大气作用影响而腐烂（图 12.14），可能需要定期进行更换。

在木坝上游面，紧密铰接或搭接的木板形成水库挡水面。上游面的设计最好是允许存在一些渗漏，使得内部的木材尽可能保持潮湿，同时仍能发挥挡

图 12.14 漏水的木闸门
上面有植物生长

水作用。真菌、昆虫或腐烂可能会削弱木材。对木笼坝进行定期、反复的巡视检查非常重要。巡视检查发现缺陷时，进行随机钻芯取样或将全断面移走并检查木材质量是有益的。经验丰富的木材专家经目视检查以及芯样测试，即可提出关于木材寿命和强度的意见。

12.1.4 橡胶坝

橡胶坝通常是由织物或金属网加劲的类橡胶材质的管或气囊组成的。橡胶坝常安装在混凝土坝坝顶、溢洪道或横跨河道的混凝土底槛上。它们是蓄水控制设施——充满时挡水，放空后泄水。充空气的橡胶坝通常用于混凝土坝坝顶或溢洪道。如果需要精确地控制水库水位，可以充水而不是充空气。为防止充水管冻结，水中可添加防冻液。

水库失控下泄是橡胶坝唯一的失事模式。突然放空可能导致库水意外下泄，反之，突然充满可能导致库水位意外升高。压力维持是橡胶坝的性态指标。压力由可编程逻辑控制器（PLC）控制。

常用的橡胶坝有两种。两种橡胶坝均通过管道连接到空压机将空气或水泵入气囊，使得气囊膨胀。第一种橡胶坝采用橡胶状纤维或网状增强复合材料气囊，如图 12.15 所示。大坝在充气时挡水，放气时放水。

第二种橡胶坝使用类似的气囊来升降铰接的闸板，如图 12.16 所示。

橡胶坝的监控采用了预装的不需业主干预的专用系统。供应商的技术人员通常会在橡胶坝安装和投入使用时与承包商进行合作。采用销售商提供的压力表或压力传感器监测气囊和空压机的气压以及水库水面高程。水位控制是通过可编程逻辑控制器实现的。通过水位传感器对库水位进行定期监测，并使用水位尺进行人工校准是很有必要的。

图 12.15　橡胶坝

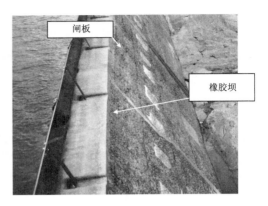

图 12.16　带闸板的橡胶坝

12.1.5　土基上的混凝土坝

建在土基上的混凝土坝（图 12.17）与建在土基上的支墩坝具有相同的脆弱性，需要采用类似的监测手段来解决与土基相关的潜在风险。这些坝包括建在土基筏形基础或底板上的重力坝和支墩坝。这些结构的设计和建造方式因渗控措施不同而有所不同。如前面在 12.1.1 节中所讨论的，渗流是评价坝基内部侵蚀可能性的性态指标。地基沉降加上内部侵蚀可能引发坝基失稳。混凝土结构下的坝基失稳可能导致大坝产生位移，从而恶化应力分布。如果混凝土结构不能成功地重新分配应力，将发生开裂。持续的位移可能导致结构承载能力丧失。位移和渗流是土基上混凝土大坝的重要性态监控指标。可以在土基和混凝土界面埋设渗压计和压力传感器，并测量排水管或泄压井的流量。位移可采用大地测量方法或位移测量仪器进行测量。

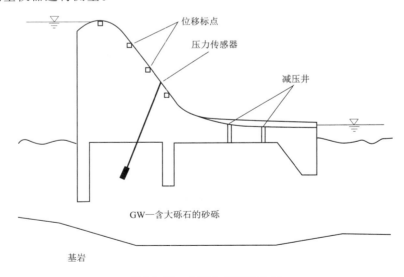

图 12.17　土基上的混凝土坝

来源：ASCE Task Committee on Instrumentation and Monitoring Dam Performance（2000）

12.1.6 桩基上的混凝土坝

建立在桩基上的混凝土坝（重力坝或平板支墩坝，见图12.18）是建在土基上的混凝土坝的子类，在进行监测设计规划时需要考虑一些独特的风险。尽管不常见，但确实存在用桩支撑的大坝，特别是在美国中西部和覆盖层很深的地区。

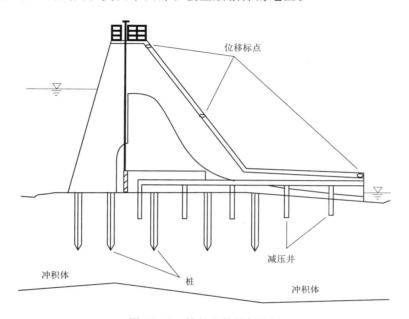

图 12.18　桩基上的混凝土坝
来源：ASCE Task Committee on Instrumentation and Monitoring Dam Performance（2000）

桩基上的混凝土坝的脆弱性和性态指标与土基上的大坝类似。它在设计和施工方面有一个明显区别是，大坝的底部有效地支撑在桩上，桩限制了平板的位移。支撑平板的土体可能会成为渗流路径。必须确保在平板下方不会形成渗透路径并引发内部侵蚀。

封闭式渗压计、开敞式测压管或压力传感器可用于测量沿建基面的扬压力。大坝内的地基排水孔（减压井或带有反滤的"渗水孔"）可用于控制扬压力并安全汇集和排走渗水，且不会带走土颗粒。对排水管或减压井的流量，以及渗压计的压力读数定期进行测量，将有助于了解结构在水库水位和季节性变化影响下响应的变化。可通过大地测量方法或其他方法来测量位移。木桩基大坝的一个独特问题是，木桩可能会劣化，从而导致沉降和结构破坏。还没有成熟的方法来测量桩基混凝土坝的木桩或混凝土桩的劣化程度。

12.1.7 小型土坝

世界各地有成千上万座小型［不到40ft（12.2m）高］土坝。小坝通常没有设置监测系统，许多小坝可能根本没有安装任何监测仪器。小坝的业主可能不了解其对安全的责任。小坝发生完全或部分失事，可能会造成财产或生命损失，损失大小取决于库容和下游的开发程度。小坝可能不会像大型坝那样受到各州和联邦监管机构的关注，因为对公众而言它们可能只构成很小的危害或者几乎没有。如第 2 章所述，一些小坝业主可能没有意识到他们保障水库安全的责任。小坝的监测方案必须简单而有效。经验丰富的坝工安全工程师可发挥积极的作用，在查勘现场，了解大坝的设计、运行和维护方式后，可帮助业主制定监测方案。该方案可能包括建议的监测频次，应关注的薄弱环节和性态指标，如塌孔、新出现的渗漏点、渗流速率或浑浊度的变化以及边坡滑塌。除了巡视检查以外，可建议采用仪器设备例如上游和下游水位计进行监测，或者如果在坝趾部存在渗漏，可布置量水堰或一系列的渗压计，或采用其他适当的手段进行定期的观测。

12.2　附属结构

附属结构失效可能导致水库失控下泄。溢洪道闸门、泄水建筑物、进水口和输水建筑物都在水库挡水中发挥作用。很少使用仪器对这些附属结构的功能进行监测。附属结构的变形和渗漏的监测手段和方法同第 10 章：

- 对溢洪道闸门进行维护，以确保在需要时可以泄洪；对消能池进行监测，以确保其冲刷不会危害大坝的稳定性。
- 对泄水建筑物进行维护，以确保需要降低水库水位时它们可以正常工作。
- 对进水口进行维护，要特别注意确保其在紧急情况下可以控制流量。
- 对输水建筑物进行维护，以确保其过流能力。
- 对显示不稳定的水库库岸，应进行巡视检查，间或进行仪器监测，以评估是否会有滑坡落入水库进而引发连锁式破坏。

12.2.1　溢洪道

为确保溢洪道能够安全泄放入库设计洪水，巡视监测和定期维护至关重要。仪器监测仅限于对耳轴摩擦进行定期测试，偶尔进行应变测量以计算闸门构件的应力，并与设计值进行比较。

坝身溢洪道下泄水流能量大，可能足以冲刷坝基，并逐渐向上游发展为坝趾淘刷。库岸溢洪道通过泄槽或隧洞泄洪也可能会造成坝基淘刷。如果坝基易于冲刷，必须定期进行冲刷观测。

跨冲刷影响区建立稳定的冲刷监测断面。可采用大地测量方法对测点进行定位。沿冲刷监测断面按一定间隔测量其水深，以得到冲刷区域的三维图像。通常采用铅垂线或精密侧扫声呐深度测量。图 12.19 和图 12.20 分别展示了采用声呐和铅垂线手动测量方法检查溢洪道泄流造成的冲刷情况。对连续监测的冲刷情况进行对比分析，可以估算出冲刷发展的速率。

12.2.2　泄水建筑物

近坝基的泄水孔或泄水洞可用于冲走坝踵附近淤积的泥沙，在紧急情况下可放空水库。需要关注的是坝前淤积的深度，这只需进行简单的测量即可。

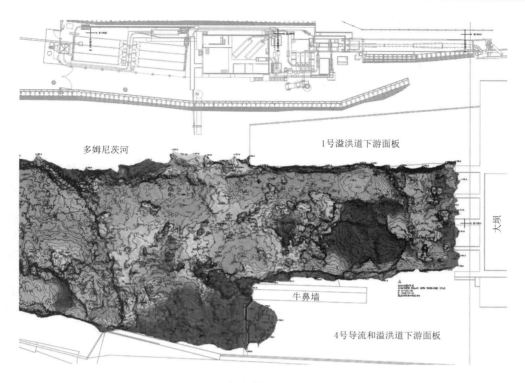

多姆尼茨河

1号溢洪道下游面板

大坝

牛鼻墙

4号导流和溢洪道下游面板

图 12.19　多波束侧扫声呐测量结果

来源：西特卡（Sitka）市 Sitka 区

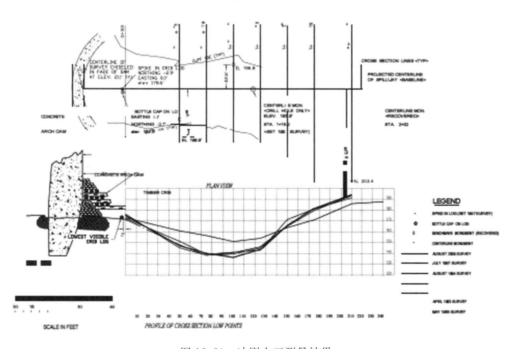

图 12.20　冲刷人工测量结果

来源：华盛顿州路易斯县共用事业局（Lewis Country PUD）

除非是在泄水运行时，泄水孔洞一般处于排空状态。穿过混凝土或基岩的泄水洞通常都有衬砌，与穿过土石坝的泄水管相比，不那么容易出问题。对于穿过土石坝的泄水管道，主要关注的问题是沿管道的渗漏，可能引发内部侵蚀（图 12.21）、沉降、结构变形和塌陷。

图 12.21　沿穿坝管道的内部侵蚀
来源：美国州属大坝安全官员联合会（ASDSO）

对泄水孔洞或管道的监测取决于水库控制相关的性态指标。如需测量孔隙水压力来评估稳定性，则可以在施工回填之前沿管道埋设液压式或电测渗压计，或在运行过程中通过钻穿孔壁埋设。必须注意的是，有关的管线不能成为穿过大坝的优先渗透路径。在地面安装时，渗压计应距离管道至少一倍管径。

对泄水管道的巡视检查主要集中在下游洞口或管线的不连续部位（例如接头处）的渗漏情况。应定期对管道内部进行检查，查找有无有助于判断是否出现变形的错动，有无来自土石坝的沉积，有无表征结构性能劣化的结构裂缝或侵蚀。

水流从土石坝搬运到管道中的沉积物（图 12.22）是一项性态指标，可能需要进行仪

图 12.22　泄水管渗漏形成的淤积

器监测，因为沉积物被搬运到管道内表明管道外出现土体流失，这可能再引发内部侵蚀继而导致连锁式破坏。可使用量水堰或量水槽监测出口处的渗漏量。

12.2.3　进水口

进水口（图12.23）可以是土石坝旁的独立建筑物，或与混凝土坝成为一体，或与大坝距离甚远。进水口将水引到水轮机或输水建筑物（如压力管道、水槽、渠道或隧洞）。如要关注其位移，可使用典型的测量技术（例如大地测量方法、倾角计及或伸长计）进行监测。

图12.23　引水工程的进水口

12.2.4　输水建筑物

输水建筑物可以是封闭的管道（如压力管道）或明渠（例如水槽）。压力管道可以位于地上（用鞍形支座支撑）或埋于地下。水槽和明渠道位于地上。如输水建筑物沿程的渗漏（图12.24）可能引发一系列的失事，从而导致水库失控下泄，可用典型的测量设备（如量水堰或流量计）进行监测。同样，如果需要监测地上输水建筑物（如水槽、压力管道或渠道）的变形情况，则可能需要采用第5章中所述的仪器（如应变计）。

活动的滑坡体后缘崖岸和倾斜的树木可以显示已发生失稳（图10.1）。

边坡失稳可能引发滑坡，阻塞或损坏输水建筑物，导致输水能力下降。可采用大地测量方法测量外部变形，采用测斜仪测量地下内部变形。暴雨通常会

图12.24　压力管道漏水

导致土体强度下降，基于降雨监测（图12.25）可以发出警告，提示需要加强巡视检查。

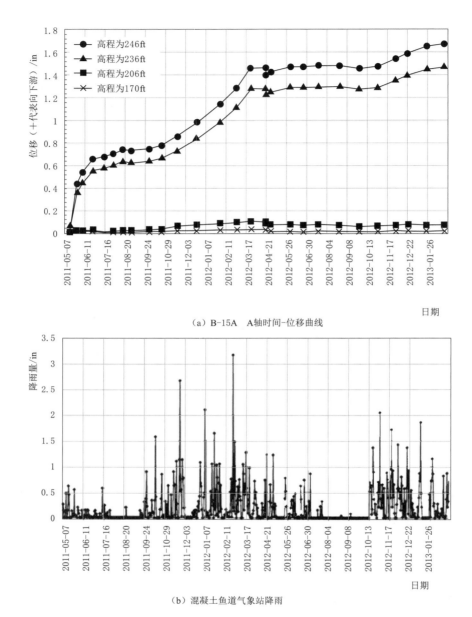

（a）B-15A   A轴时间-位移曲线

（b）混凝土鱼道气象站降雨

图 12.25   测斜仪位移与降雨

来源：PSE

　　降雨并不是输水建筑物上部边坡失稳唯一的诱发因素。图 12.26 展示了被地震触发的岩崩破坏的一段木质水槽。即便是边坡的初期蠕滑（图 12.27）也可能对输水建筑物的安全构成威胁。

　　可应用大地测量方法对压力管横向位移进行监测，以便进行必要的调整，避免压力管道发生移动或潜在的破裂。

图 12.26　水槽被地震触发的岩崩损毁

在渠道中安装渗压计（图 12.28）可以防止漫顶的发生。利用渗压计测量得到与水面高程相应的水压，并将该水压值传输到进出口控制装置来避免漫顶。为确定渠道附属建筑结构（图 12.29）导致水库失控下泄的性态指标，巡视检查非常重要。

必须对隧洞（图 12.30）定期进行检查，以发现需要加固的区域。除了因地面挤压作用可能需要使用钢尺式收敛计进行收敛监测，通常不需要对隧洞进行仪器监测。

图 12.27　对压力管道圈梁推力瓦进行调整以适应上部边坡蠕滑变形

图 12.28　在发电引水渠安装的渗压计　　　图 12.29　引水渠发生压屈变形

12.2.5　库周

1963 年意大利的瓦依昂（Vajont）灾难（图 12.31）夺去了 2000 多人的生命，并摧毁了大坝下游的河谷。左岸坝肩体积巨大的岩体滑入水库，全水库的水漫过坝顶涌入下游河谷。

图 12.30　砂岩内开挖的部分衬砌隧洞

大坝

图 12.31　滑坡后的瓦依昂水库

来源：Wikimedia（2018）

　　该事件使大家认识到边坡滑入水库的可能性，滑坡可产生涌浪造成漫顶进而引发一连串失事。尽管瓦依昂灾难是已知的因滑坡而漫顶的唯一案例，但仍有许多水库岸坡不稳定的情况，特别是在首次蓄水期和随后的运行期。有一些滑坡体（图 12.32）体量足够大，需要进行监测，因为失稳时产生的能量，足以产生导致漫顶的涌浪。

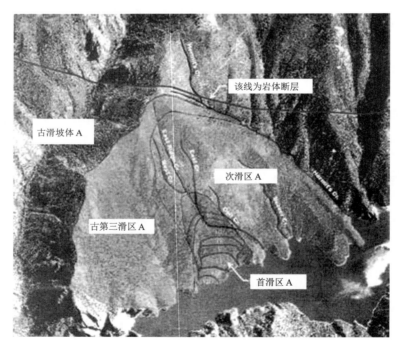

该线为岩体断层

古滑坡体 A

次滑区 A

古第三滑区 A

首滑区 A

图 12.32　滑向库内的滑坡体

来源：美国垦务局

对前面提到的滑坡，已采用大地测量方法对位移标点和边坡测桩进行了长期监测。河谷陡峭，水库水深大，节理产状不利，土或岩石的强度低，以及坝前河谷平直，存在这些情况都可能需要采用仪器进行监测。机载 LiDAR 和 InSAR 等新技术也为边坡变形监测提供了新机遇。

.

第13章

样 表 与 样 图

一幅图胜过千言万语。

——英语谚语

第8章介绍了数据管理与展示，并给出了一些展示渗流、压力和变形数据的格式模板。本章将给出一些数据原始记录表格、数据成果表格和数据图形化的示例。

为满足自身管理的需要，许多组织机构使用定制的数据表单和显示格式。不同的原始数据记录形式和数据图形可能均适用，但对于同一组织机构而言，采用标准化形式的好处在于可以减少数据记录和解读中的错误。

对于数据原始记录表格，最好包括以下内容：

- 仪器名称。
- 读数日期。
- 数据记录者姓名。
- 现场数据。
- 关于现场读数情况的描述。

这些内容提供了确定某点的被测参数在特定时空中的值所需的必要信息。仪器名称连同仪器属性，将现场读数与其位置和高程关联起来。记录者姓名表明读数的真实性，同时在读数存在疑问时，知道应该找谁核实。

数据原始记录表格中也可包括额外的可选信息。下面列出了几种信息，并解释了其用途：

读数时间（小时和分钟）——若相邻两次读数间隔很久，例如每季度读取一次，那么它们可能并不重要。但如果读数间隔很短，记录读数时间使得绘制的过程线更加准确，或将读数与特定的加载条件或事件联系起来。若在一天内进行多次读数，则记录读数时间是很必要的。

当前天气条件——干、湿、冷、热或暴风雨条件会影响某些仪器的现场读数。某些仪器的传感器在极端温度下可能发生漂移。水面结冰会影响水位测量。压力传感器未与大气相通时，气压的变化会影响其测值。

仪器布置平面图——利用小幅面的仪器布置平面图或地图，现场人员可以对仪器进行定位。利用平面图，可以有效避免相似仪器之间发生混淆，对于成组的仪器更是如此。

仪器位置坐标——GPS 坐标有助于现场人员进行仪器定位。虽然每支仪器都有清晰的标记，但利用地理坐标可以对其进行二次确认。

仪器位置断面图——仪器布置断面图有时有很大用处。例如，如果在一个钻孔的不同高程处安装数个渗压计，断面图有助于厘清有关的混淆，另外也可提示现场人员，读数可能不合理，需要进行二次读数，以确认或纠正读数。

仪器属性——仪器属性可以提供仪器的外部特性，如测压管高出地面的高度。若现场情况与属性描述不符，则仪器可能被改动或损坏。如果属性中包含测压管的最大深度，那么现场人员可以用它来判断仪器是干的或是在底部某高程处发生了堵塞。

最近一次读数——除非荷载条件变化，大多数现场仪器的读数不会有显著变化。对比当前读数与最近读数有助于识别条件的变化或数据的异常。

读数设备编号——大多数仪器的读数设备需要进行定期检查或校准。读数设备编号将记录读数与校准记录关联起来，有助于增加对读数准确度的信心，以及识别读数设备工作异常导致的读数错误。

除了有关的细节外，设计合理的数据表格和图形中的内容还应有助于了解与读数或评定有关的仪器。因此，最好的做法是，在数据表格和图形中有足够多关于使用的仪器的信息，便于使用者了解仪器并识别数据中的趋势和异常。以下章节中将给出来自实际工程的系列表格和图形。

13.1　数据原始记录表格与数据成果表格

13.1.1　渗流

表 13.1 是一份简单的数据报告，列出了几种仪器每周的读数。表格中列出了读数日期、仪器名称和读数值，包括钢弦式渗压计（即表中 VWP）的水位、流量和压力水头的测量数据。应注意的是，每种数据类型都包含了度量单位。

13.1.2　水位

表 13.2 是渗压计和观测孔人工采集水位数据的读数表。这是每月一次数据采集的标准表格。请注意，预制的表格中包括要读取的仪器清单（第 1 栏）、仪器的传感器埋设高程（第 3 栏）和每支仪器的顶部高程（第 4 栏）。第 5 栏中的日期适用于所有读数。现场技术人员在第 6 列记录现场读数，即从管顶到水面的距离，并利用第 7 列顶部所列的公式计算总水头。实操中任何异常均需要在第 8 栏中记录。请注意，如 L2-1 仪器被污染，P2-4 仪器处无水。

在表 13.2 中，测压管渗压计 P2-4 和 P2-5 在第 6 栏中对应的数据是测得的深度，即使无水也需要进行记录。这样可以将无水条件下读数的高程与传感器高程进行比较，以将完全无水条件下的渗压计和在传感器上方某个高程管中发生堵塞的渗压计区分开来。

表 13.1　　　　　　　　　　　　　渠道流量和压力数据记录表
来源：华盛顿州考利茨县公用事业公司（Cowlitz County PUD）

Table 1 - LMS Pipe Flows and Drain VWP Head

DATE	Canal (ft – el)	LMS 1 Pipe (gpm)	VWP (ft)	LMS 2 Pipe (gpm)	VWP (ft)	LMS 3 Pipe (gpm)	VWP (ft)	LMS 4 Pipe (gpm)	VWP (ft)
6/14	602.3	3.7	-1.04	13.3	-0.83	7.1	-0.28	10.7	-0.33
8/16	602.2	2.4	-0.92	4.1	-0.13	2.6	-0.13	5.9	-0.18
8/23	601.4	2.5	-1.0	6.2	-0.79	3.7	-0.20	7.4	-0.28
8/30	602.2	2.6	-0.98	5.0	-0.80	3.7	-0.19	7.3	-0.25
9/6	603.4	2.5	-1.06	4.9	-0.88	3.3	-0.31	7.2	-0.36
9/13	602.1	3.4	-1.11	5.6	-0.94	4.9	-0.33	8.7	-0.37
9/20	602.0	3.9	-1.05	8.2	-0.87	7.1	-0.23	11.6	-0.32
9/21	601.9	4.0		7.8		5.7		10.8	
9/22	602.2	5.6		8.4		6.1		11.3	
9/27	602.2	3.4	-1.09	7.5	-0.94	5.7	-0.32	10.8	-0.36
10/5	602.2	4.8	-1.08	7.5	-0.94	5.7	-0.34	10.6	-0.37

DATE	Canal (ft – el)	LMS 5 Pipe (gpm)	VWP (ft)	LMS 6 Pipe (gpm)	VWP (ft)	LMS 7 Pipe (gpm)	VWP (ft)	LMS 8 Pipe (gpm)	VWP (ft)
6/14	602.3	7.9	-0.13	8.8	-0.31	6.3	-0.20	6.1	-0.54
8/16	602.2	3.6	-0.01	3.0	-0.27	3.1	-0.12	2.9	-0.41
8/23	601.4	4.8	-0.11	3.9	-0.37	4.4	-0.21	4.7	-0.47
8/30	602.2	5.6	-0.05	3.4	-0.34	3.0	-0.20	4.5	-0.47
9/6	603.4	4.5	-0.18	3.0	-0.47	3.5	-0.35	3.2	-0.60
9/13	602.1	7.3	-0.17	6.0	-0.44	5.4	-0.31	12.9	-0.58
9/20	602.0	8.3	-0.12	6.6	-0.31	7.2	-0.24	8.1	-0.54
9/21	601.9	7.8		6.4		6.3		6.1	
9/22	602.2	8.8		7.2		8.7		33.1	
9/27	602.2	9.1	-0.18	8.7	-0.38	11.5	-0.13	10.3	-0.58
10/5	602.2	9.4	-0.15	7.6	-0.44	9.4	-0.28	9.4	-0.61

DATE	Canal (ft – el)	LMS 9 Pipe (gpm)	VWP (ft)	LMS 10 Pipe (gpm)	VWP (ft)	LMS 11 Pipe (gpm)	VWP (ft)	Total Flow (gpm)
6/14	602.3	6.4	0.29	2.1	-0.13	11.6	0.13	83.9
8/16	602.2	4.2	0.47	3.1	0.05	13.3	0.29	48.1
8/23	601.4	6.2	0.40	3.9	0	15.9	0.22	63.7
8/30	602.2	4.7	0.40	2.7	-0.04	11.9	0.25	54.5
9/6	603.4	3.6	0.25	1.9	-0.28	9.4	0.10	47.1
9/13	602.1	3.3	0.28	6.1	-0.13	5.9	0.15	70.5
9/20	602.0	7.7	0.34	4.8	-0.04	25.8	0.27	99.3
9/21	601.9	6.2		3.8		19.8		84.8
9/22	602.2	6.0		4.1		19.9		119
9/27	602.2	7.9	0.30	5.1	-0.06	13.5	0.14	93.6
10/5	602.2	9.2	0.28	9.1	-0.11	19.7	0.18	102.4

表 13.2　　　　　　　　　　　　　水　位　记　录　表
来源：T. W. Lambe

OIL LEVEL: 15'04"　　AMUAY SURVEILLANCE　　PERIOD: "July 79"

① INSTRUMENT	② LOCATION	③ SENSOR ELEVATION	④ TOP ELEVATION	⑤ DATE	⑥ READING	⑦-④-⑤ TOTAL HEAD	⑧ OBSERVATIONS
W2-1	FORS-2	- 0,594	+ 24,70	10-7-79	— 0 —	— 0 —	
W2-2		- 1,03	+ 20,30		17.29	+3.01	
W2-3		- 3,14	+ 6,50		4.76	+1.74	
L2-1		+ 6,52	+ 20,27		— 0 —	— 0 —	CONTAMINADO
P2-1		- 6,47	+ 20,10		17.61	+2.41	
P2-2		- 3,82	+ 25,36		21.82	+3.84	
P2-3		- 1,17	+ 24,68		21.31	+3.37	
P2-4		+ 10,68	+ 25,65		— 0 —	— 0 —	DRY
P2-5		+ 12,70	+ 25,84		— 0 —	— 0 —	DRY
P2-6		- 6,05	+ 3,34		— . —	— . —	REOOSADO.
P2-7		- 15,70	+ 3,311		— — —	— — —	
P2-8		- 6,07	+ 3,395		2.13	+1.26	
P2-9		- 16,39	+ 3,395		4.43	-1.03	
P2-10		- 7,20	+ 3,352		5.96	-2.60	
P2-11		- 16,50	+ 3,352		5.98	- 2.62	
P2-12		- 6,17	+ 3,62		2.74	+ 0.88	
P2-13		- 23,08	+ 3,62		6.98	+3.36	
P2-14		- 8,873	+ 6,927		5.67	+1.25	

13.1.3　压力

表 13.3 中的数据表格给出了安装在管中的钢弦式渗压计（VWP）的压力读数。利用便携式读数仪人工采集数据，然后转换成电子表格，从原始数据（B 档，单位为 $Hz^2/1000$）到水压（kPa）、水头（m 水柱）到位置水头进行换算。表中列出了考虑初始读数、温度变化和气压变化的转换公式。

表 13.3　　　　　　　　　　　钢弦式渗压计读数记录表

来源：华盛顿州西雅图市电力公司

Piezo ID:	PZ- E		Base Reading (29-November-2011)	
Serial number:	VW22654	(2 MPA range)	Reading (B units): 9203.00	(Prior to installation)
Installation Date:	29-Nov-11		Temperature (°C): 14.90	(Prior to installation)
Coordinates:			Sensor Elevation: 1479.738	(MASL)
Collar Elevation:	1583.76	MASL	Sensor Depth: 104.03	M

Borehole Depth; 136 M

Elev. Borehole Bottom: 1447.76 MASL

MASL: Meter ABOVE SEA LEVEL

Pressure P(kPa)=C.F.(Li-Lc)-[Tk(Ti-Tc)]+[0.10(Bi-Bc)]
Li, Lc = Initial and Current Reading (B units)
Ti, Tc = Initial and Current Temperature (°C)
Bi, Bc = Initial and Current Barometric pressure (millibars)

Calibration Factors			Barometric Pressure	
C.F. =	0.46396	kPa/B unit		
Tk =	0.89474	kPa/°C rise	B units = Hz2 / 1000 ie: 2700Hz = 7290 B units	Initial (Bi): 1013.0　milibars

Date	Time	Collar Elevation (MASL)	Sensor Elevation (MASL)	Reading (B Units Hz)	Temperature (°C)	Barometric Pressure (millibars)	Calculated Head Pressure (kPa)	Calculated Head Pressure (m H2O)	Calculated Piezometric Elevation (MASL)	Observations
29/11/2011	17:00	1583.76	1479.74	7356.8	33.8	1013.0	974.77	99.365	1579.103	Initial reading after installation
30/11/2011	17:10	1583.76	1479.74	7327.2	34.0	1016.0	988.99	100.814	1580.552	
01/12/2011	16:25	1583.76	1479.74	7311.6	33.3	1021.0	996.10	101.539	1581.277	
02/12/2011	17:10	1583.76	1479.74	7367.0	32.7	1012.0	968.96	98.772	1578.510	
03/12/2011	9:20	1583.76	1479.74	7373.0	32.6	1011.0	965.98	98.469	1578.207	
05/12/2011	13:34	1583.76	1479.74	7395.6	32.4	1009.0	955.12	97.362	1577.100	
06/12/2011	16:30	1583.76	1479.74	7409.1	32.3	1015.0	949.37	96.775	1576.513	
07/12/2011	17:50	1583.76	1479.74	7420.8	32.3	1008.0	943.24	96.151	1575.889	
08/12/2011	17:20	1583.76	1479.74	7428.1	32.2	1012.0	940.16	95.837	1575.575	
09/12/2011	16:35	1583.76	1479.74	7436.9	32.2	1002.0	935.08	95.319	1575.057	
10/12/2011	10:10	1583.76	1479.74	7442.5	32.2	1005.0	932.78	95.085	1574.823	
12/12/2011	16:15	1583.76	1479.74	7459.4	32.1	1004.0	924.75	94.266	1574.004	
15/12/2011	15:50	1583.76	1479.74	7473.5	32.1	1015.0	919.31	93.711	1573.449	
19/12/2011	16:20	1583.76	1479.74	7497.4	32.0	1001.0	906.73	92.429	1572.167	
22/12/2011	10:00	1583.76	1479.74	7509.0	32.0	999.0	901.15	91.860	1571.598	
05/01/2012	11:12	1583.76	1479.74	7557.3	31.9	1014.0	880.15	89.720	1569.458	
09/01/2012	11:15	1583.76	1479.74	7569.7	31.9	1011.0	874.10	89.103	1568.841	
12/01/2012	17:55	1583.76	1479.74	7579.1	31.4	1005.0	868.69	88.551	1568.289	
16/01/2012	16:59	1583.76	1479.74	7588.9	31.8	1013.0	865.30	88.206	1567.944	
25/01/2012	17:58	1583.76	1479.74	7611.4	31.8	1011.0	854.66	87.121	1566.859	
01/02/2012	16:18	1583.76	1479.74	7626.1	31.8	1015.0	848.24	86.467	1566.205	
10/02/2012	10:21	1583.76	1479.74	7637.0	31.8	1016.0	843.28	85.962	1565.700	
15/02/2012	16:12	1583.76	1479.74	7641.5	31.8	1012.0	840.79	85.708	1565.446	
20/02/2012	15:51	1583.76	1479.74	7648.1	31.8	1013.0	837.83	85.406	1565.144	
23/02/2012	11:18	1583.76	1479.74	7651.8	31.8	996.0	834.42	85.058	1564.796	

13.1.4　位移

表 13.4 是用于混凝土衬砌渠道接缝位移每周读数的数据表格。

应注意的是，除了读数日期和仪器名称外，表格中还包括原始现场读数（频率）、温度（用于应变计算）、计算位移、相对基准日期和最近一次读数的位移。每个位置的位移都包括三个方向的测值。

13.1.5　倾斜

表 13.5 和表 13.6 是测斜仪系统采集的测斜仪的原始数据。该表实际上是从测斜仪系

表 13.4　测 缝 计 读 数 记 录 表

来源：俄勒冈州尤金市水电公司（Eugene Water and Electric）

Table 2 Intake / Canal Liner Joint Meters
Baseline, 1ˢᵗ Reading, and Recent 2006 Data

West Side Joint Meter

Channel Axis	Ch. 1 West X					Ch. 2 West Y					Ch. 3 West Z				
DATE	Frequency (Hz)	Temp. °C	Distance (mm)	Change from Prev. (mm)	Change from Base (mm)	Frequency (Hz)	Temp °C.	Distance (mm)	Change from Prev. (mm)	Change from Base (mm)	Frequency (Hz)	Temp °C.	Distance (mm)	Change from Prev. (mm)	Change from Base (mm)
Base Line Installation (6/21/06)	2860.9	N/A	40.81			2629	N/A	29.45			2580.6	N/A	28.68		
6/28/06	2857.1	10.9	40.65		0.16	2615.4	10.9	28.95		0.51	2565	11	28.11		0.57
9/6/06	2851.10	12.3	40.40	0.01	0.41	2605.60	12.3	28.59	0.03	0.87	2575	12.30	28.47	-0.16	0.21
9/13/06	2850.10	12	40.36	0.04	0.45	2604.70	12	28.55	0.03	0.90	2575.7	12.00	28.50	-0.03	0.18
9/20/06	2850.80	11.7	40.39	-0.03	0.43	2603.50	11.7	28.51	0.04	0.95	2577.3	11.80	28.56	-0.06	0.12
9/27/06	2851.60	11.2	40.42	-0.03	0.39	2604.00	11.2	28.53	-0.02	0.93	2578	11.20	28.58	-0.03	0.10
10/5/06	2849.00	13.4	40.31	0.11	0.50	2601.50	13.5	28.44	0.09	1.02	2578.2	13.50	28.59	-0.01	0.09

East Side Joint Meter

Channel Axis	Ch 1 East X					Ch. 2 East Y					Ch. 3 East Z				
DATE	Frequency (Hz)	Temp °C.	Distance (mm)	Change from Prev. (mm)	Change from Base (mm)	Frequency (Hz)	Temp °C	Distance (mm)	Change from Prev. (mm)	Change from Base (mm)	Frequency (Hz)	Temp °C	Distance (mm)	Change from Prev. (mm)	Change from Base (mm)
Base Line Installation	2599.6	N/A	30.55			2820	N/A	39.27			2666.6	N/A	32.27		
6/28/06	2604.7	10.8	30.75		-0.20	2818.5	10.8	39.21		0.06	2615.3	10.8	30.28		1.99
9/6/06	2603.20	12.20	30.69	-0.02	-0.14	2813.10	12.2	38.98	0.01	0.29	2623.60	12.3	30.60	-0.14	1.67
9/13/06	2602.90	11.80	30.68	0.01	-0.13	2813.10	11.7	38.98	0.00	0.29	2624.10	11.8	30.62	-0.02	1.65
9/20/06	2603.78	11.60	30.72	-0.03	-0.16	2813.00	11.7	38.98	0.00	0.29	2625.20	11.8	30.66	-0.04	1.61
9/27/06	2604.70	11.20	30.75	-0.04	-0.20	2813.30	11.1	38.99	-0.01	0.28	2626.20	11.1	30.70	-0.04	1.57
10/5/06	2602.00	13.40	30.65	0.10	-0.09	2811.70	13.4	38.92	0.07	0.34	2626.00	13.4	30.69	0.01	1.58

表 13.5　测 斜 仪 数 据 记 录 表

来源：俄勒冈州尤金市水电公司

Inclinometers	Location	Depth [Elevation] of Movement (feet)	Movements Recorded by Inclinometers			
			Prior to May 2000	May 2000 to May 2001	May 2001 to April 2002	April 2002 to April 2003
Forebay						
B-17	Mid-slope	13 [763]	1.0"(a)	—	—	—
F-1	Upper slope - west side	35 [744]	0.8"	0.0"	0.3"	0.2"
F-2	West side on canal road	(b) —	0.0"	0.0"	0.0"	0.0"
F-3	Upper slope - east side	25 [767]	1.0"	0.0"	—(a)	—
F-4	East side on canal road	(b) —	0.0"	0.0"	0.0"	0.0"
F-5	West side above cut slope	53 [747]	0.3"(c)	0.0"	0.3"	0.2"
F-6	East side above cut slope	69 [756]	0.2"(c)	0.0"	0.4"	0.3"
East Percy						
B-9	Top of slide	19 [850]	0.2"	0.0"	0.0"	0.0"
Swafford						
B-14	Upper slide area (west side)	58 [769]	0.3"	0.0"	0.0"	0.0"
B-15	Top of steep slope (west side)	64 [762]	0.4"	0.0"	0.0"	0.0"
SF-1	Upper slide area (center)	80 [750]	0.3"	0.0"	0.0"	0.0"
SF-2	Upper slide area (east side)	28 [794]	0.5"	0.0"	0.0"	0.0"
"	" " "	72 [750]	0.2"	0.0"	0.0"	0.0"
SF-3	Lower slide area (east side)	(b) —	0.0"	0.0"	0.0"	0.0"
McKenzie River						
B-19	Top of embankment (east)	21 [719]	0.2"	0.0"	0.0"	0.0"
B-21A	Top of embankment (center)	5 [735]	0.3"	0.0"	0.1"	0.0"
B-23	Top of embankment (west)	27 [713]	0.5"	0.1"	0.0"	0.0"
Canal Embankment						
C-1	Top of embankment (Sta. 246+00)	(b)	—	—	0.0" (d)	0.0"
C-2	Top of embankment (Sta. 231+50)	(b)	—	—	0.0" (d)	0.0"
C-3	Top of embankment (Sta. 220+00)	(b)	—	—	0.0" (d)	0.0"

(a) Unable to read; slide movement has distorted casing too much for monitoring probe to pass through shear zone; (b) No movement to date; (c) Installed October 1999; and (d) Installed January 2002.

表 13.6　　　　　　　　　　　**测 斜 仪 读 数 记 录 表**

来源：华盛顿州普吉特湾能源公司

File Version		2.1		
File Type		Digital Inclinometer		
Site		Left Abutment		
Borehole		Borehole_1		
Probe Serial#		DP03530000		
Reel Serial#		DR08380000		
Reading Date(m/d/y)		22/06/2008	12:16:32	
Depth		-41		
Interval		0.5		
Depth Units		meters		
Reading Units		meters		
Operator		JJR		
Comment: Initial Reading Inclo I-1				
Offset Correction		0		
ELEV.	448.176			

Depth		Face A+	Face A-	Face B+	Face B-
-0.5	447.676	-0.000064	0.001299	-0.005706	0.006658
-1	447.176	-0.000515	0.001569	-0.006643	0.007637
-1.5	446.676	0.000611	0.000807	-0.006418	0.032546
-2	446.176	0.001157	0.000182	-0.006276	0.017232
-2.5	445.676	0.001795	-0.000153	-0.005835	0.042591
-3	445.176	0.000965	0.000484	-0.004605	0.029980
-3.5	444.676	0.000818	0.000416	-0.002506	0.007832
-4	444.176	-0.001470	0.002610	-0.001659	0.002635
-4.5	443.676	-0.001460	0.002549	-0.001119	0.002095
-5	443.176	-0.000250	0.001938	-0.000117	0.036616
-5.5	442.676	0.001478	-0.000355	0.001752	-0.000654
-6	442.176	0.004008	-0.002768	0.003622	0.001911
-6.5	441.676	0.005700	-0.004566	0.004526	-0.003575
-7	441.176	0.003817	-0.002654	0.003742	-0.002775
-7.5	440.676	0.003161	-0.002037	0.002923	-0.001932
-8	440.176	0.003267	-0.002053	0.003428	-0.002457
-8.5	439.676	0.002102	-0.000978	0.003078	-0.002118
-9	439.176	0.002342	-0.001146	0.003032	-0.002043
-9.5	438.676	0.003758	-0.002581	0.003806	-0.002661
-10	438.176	0.003635	-0.002448	0.004285	-0.002135

统的读数仪导出的 CSV 文件，包括两个垂直方向（A 向和 B 向）的读数，这两个方向与测斜仪探头行走的测斜管槽的方向相对应。在大多数系统中，第一遍读数从测斜孔底部开始，每 0.5m（2ft）进行一次读数，直至孔顶，然后将探头旋转 180°，进行第二遍读数，以消除测斜仪探头可能存在的系统误差。按照惯例，第一遍读数记为 A＋和 B＋，第二遍读数记为 A－和 B－。在后续计算中使用的实际读数为 $0.5 \times [(A+)+(A-)]$ 和 $0.5 \times [(B+)+(B-)]$，从而消除了偏差。与此同时，计算并绘制偏差 $0.5 \times [(A+)-(A-)]$ 和 $0.5 \times [(B+)-(B-)]$，此偏差通常称为"校验和"，校验和对于所有读数应该是恒定的，否则该组数据无效。

之后需要进行计算，以确定 A 向和 B 向的水平位移分布，这正是测斜仪测量的目标。这些计算使用电子表格或专用的测斜软件完成。

13.1.6　温度

温度本身是很少测量的，而当测量结果受温度影响时，需要对温度进行测量。表 13.7 所示中分别记录了三个温度（气温、水温和廊道温度），以辅助对重力坝坝段排水孔压力进行解读。在空气和水之间的温差以及廊道内温度发生变化时，排水孔压力会发生变化。低温季节时压力上升，高温季节压力降低。

表 13.7　　　　　　　　　　温度与排水孔压力读数记录表

来源：华盛顿州格兰特县公共事业公司

			HEADWATER	561.2	560.5	560.1	560.4	561.1	560.3
			TAILWATER	492.3	493.2	490.5	490.7	492.8	492.6
			HEAD	68.9	67.3	69.6	69.7	68.3	67.7
			AIR TEMP	33	38	36	35	36	37
			WATER TEMP	40	40	40	40	40	40
			GALLERY TEMP	52	52	51	50	50	50
DRAIN HOLE DATA:				2:00 PM	9:00 AM	8:45 AM	9:30 AM	6:45 AM	8:00 AM
STATION			DATE	1/5/2015	1/6/2015	1/7/2015	1/8/2015	1/9/2015	1/12/2015
Mono 4									
4-1.75			PRESSURE (PSI)	8.5	8.0	9.0	7.0	8.0	7.5
			STATIC WATER ELEV. (FT)	487.6	486.5	488.8	484.2	486.5	485.3
4-2.5			PRESSURE (PSI)	17.5	17.0	16.5	16.5	15.5	16.0
			STATIC WATER ELEV. (FT)	508.4	507.3	506.1	506.1	503.8	505.0
4-5.5			PRESSURE (PSI)	31.0	31.0	30.0	31.0	30.0	32.0
			STATIC WATER ELEV. (FT)	539.6	539.6	537.3	539.6	537.3	541.9
4-6.25			PRESSURE (PSI)	20.2	22.0	19.0	25.0	28.0	25.0
			STATIC WATER ELEV. (FT)	514.7	518.8	511.9	525.8	532.7	525.8

13.2　数据图形示例

本节将介绍各种类型仪器的数据图形示例，重点介绍这些图形的一些关键要素和建议使用方法。

图 13.1 是重力坝的监测仪器布置图，显示了坝顶位移测量标点、渗压计和排水孔的位置。图例和符号标明了仪器类型。现场技术人员进行仪器定位和读数，以及工程师们进行数据分析，这种平面图都是很重要的。

13.2.1　渗流

图 13.2 是某水电站大坝坝趾 4 个排水孔流量过程线图。其中包括了库水位和尾水位过程线，用以检查坝趾排水孔流量的变化是否与水位变化相关。数据是连续的，表明是通过数据采集系统获得的，而非人工读数。图中几条线显示了流量在短时间内发生剧烈变化（数据分析报告应该对此进行解释），这与数据的高度分散（$R^2 = 0.59$）一致，长期看来流量呈下降趋势（平均每天下降 0.12gal/min）。

图 13.3 显示了图 13.1 中引用的水电站大坝的全部坝趾排水孔在相同时间段内的总流量过程线，以及趋势线的回归方程。

13.2.2　坝基渗压

图 13.4 显示了坝基渗压计水位随时间和库水位变化的过程线图。

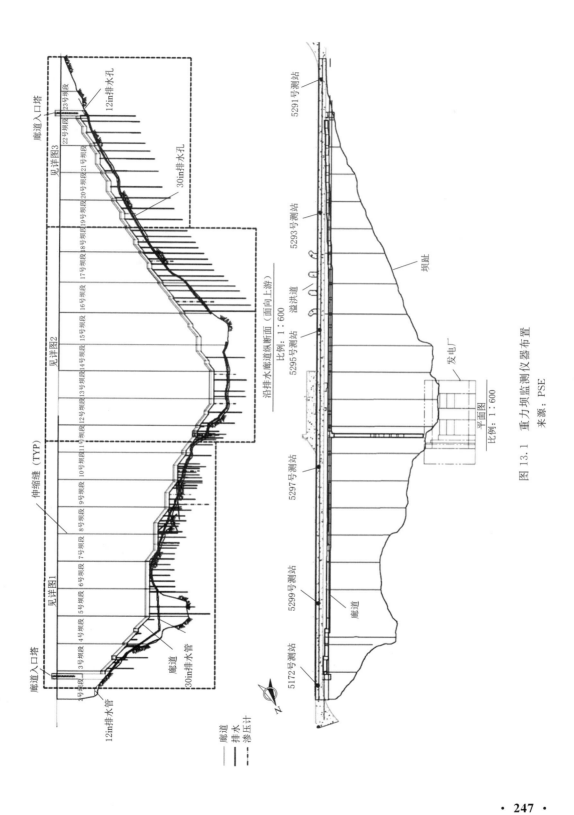

图 13.1　重力坝监测仪器布置

来源：PSE

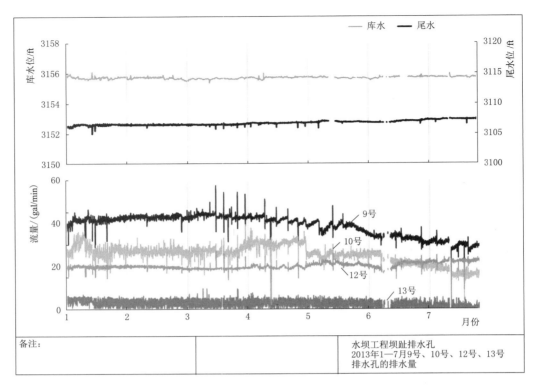

图 13.2　排水孔流量过程线

来源：华盛顿州西雅图市电力公司

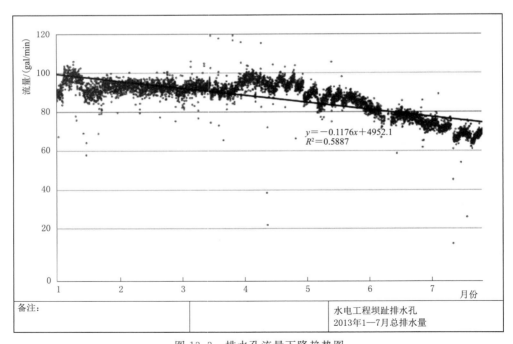

图 13.3　排水孔流量下降趋势图

来源：波特兰通用电气公司（Portland General Electric）

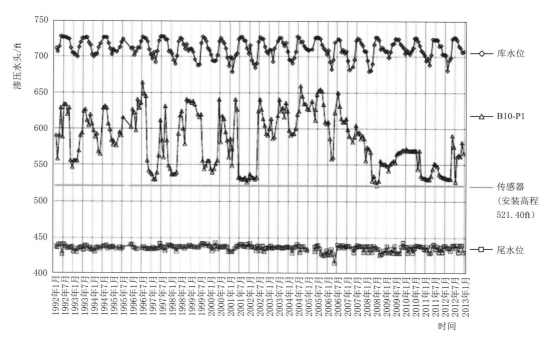

图 13.4　渗压计水位随时间和库水位变化的过程线图

来源：PSE

13.2.3　压力

渗压计水位可以代表指示排水孔压力，也可用图 13.5 所示相关图的形式表达。

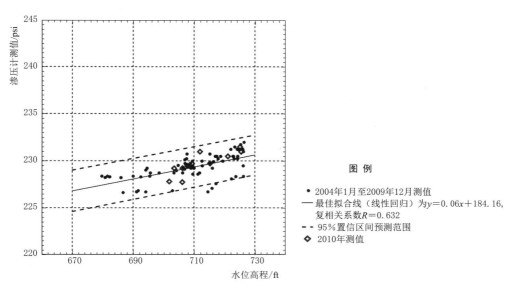

图例

- 2004年1月至2009年12月测值
— 最佳拟合线（线性回归）为 $y=0.06x+184.16$，复相关系数 $R=0.632$
- - - 95%置信区间预测范围
◇ 2010年测值

图 13.5　渗压计测值与库水位相关图

来源：PSE

13.2.4   位移

图 13.6 显示了某混凝土拱坝中心点水平位移的季节性变化。应注意位移变化的周期性及其与温度变化的相关性以及图例表示的位移的方向。

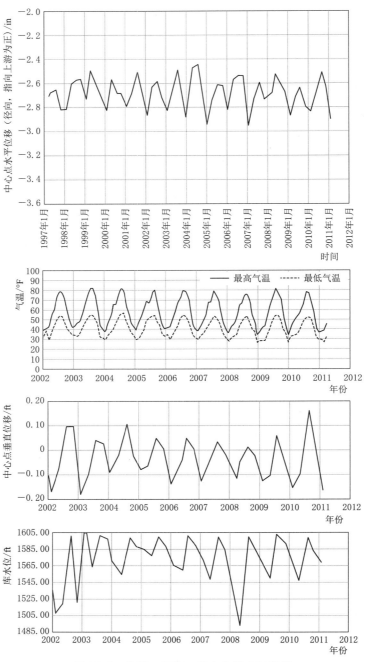

图 13.6   位移、温度、库水位综合过程线

来源：华盛顿州西雅图市电力公司

　　图 13.7 给出了显示位移过程的另一种方法。图中双竖轴分别用来表示沿两个坝段间测缝计的水平位移、垂直位移和库水位。

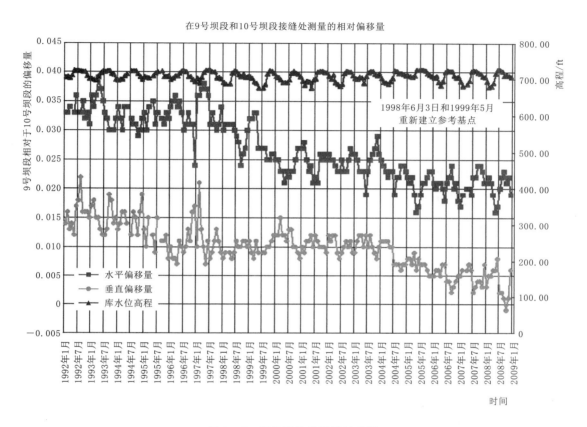

图 13.7　测缝计位移测值过程线
来源：PSE

13.2.5　温度

　　图 13.8 显示了库水温以及不同深度混凝土温度随时间的变化。可以从两个图中提取温度差值，并输入到温度应力模型中，以估计混凝土的应力。

13.2.6　测斜仪位移分布

　　图 13.9 显示了典型的测斜仪位移分布。本例来自某拱坝坝肩位移监测，导流洞洞口开挖引起坝肩沿现有剪切带产生位移。在导流洞洞口加设坝肩混凝土抗力墩后，位移最终稳定了下来。位移分布图显示了两个互相垂直的方向（A 向和 B 向）的累积水平位移。测斜管底部通常位于已知的稳定位置，位移计算是从稳定的管底开始的。

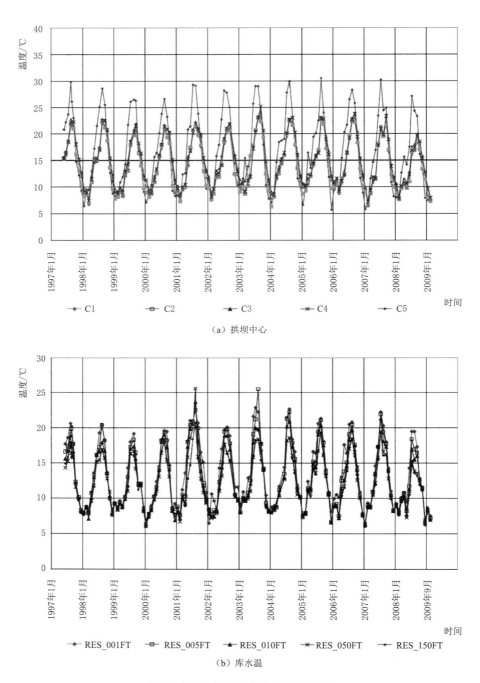

（a）拱坝中心

（b）库水温

图 13.8　混凝土及库水温度过程线
来源：波特兰通用电气公司

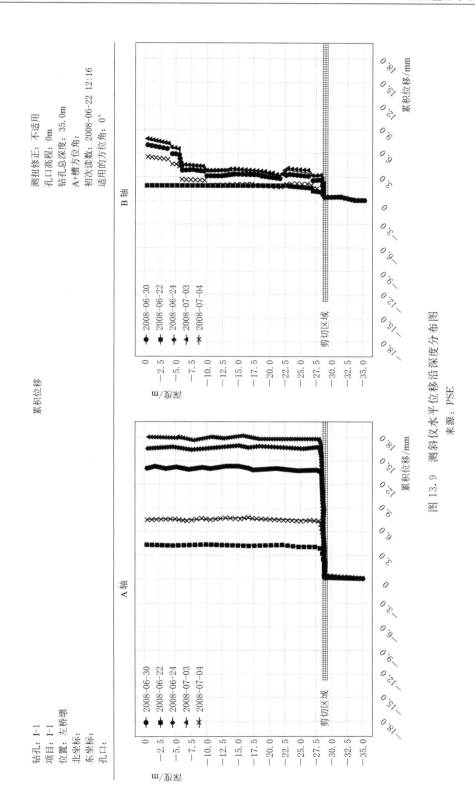

图 13.9　测斜仪水平位移沿深度分布图
来源：PSE

第14章

大 坝 监 测 简 史

不了解自己的历史、起源和文化的民族，就像无根之树。

——马库斯·贾维（Marcus Garvey）

现存最古老的大坝遗迹在埃及，为大约5000年前，横跨瓦迪加尔维河（Wadi El Ga-rawi）修建的萨德尔哈法拉坝（Sadd El Khafara）。该坝为毛石砌筑的土石坝，坝高37ft（11.2m），底宽265ft（80.7m），坝顶长348ft（106m）。上游护面为镶嵌紧密的石灰石砌体。似乎溢洪道的泄洪能力不足，可能是因为漫顶而失事。

在之后的公元前的两千年里，现存的工程遗迹寥寥无几。在巴格达的北部修建的尼姆罗德（Nimrod）坝，将底格里斯河（Tigris）的全部水流导至另一条河道。不仅沿着底格里斯河，还有幼发拉底河（Euphrates）、霍斯特河（Khost）以及巴比伦附近的其他河流，修建了其他工程。亚历山大大帝据称可能在公元前4世纪安排修建了一条连接底格里斯河和幼发拉底河的大运河。

罗马人被认为是最早修建了曲线型大坝，坝址位于法国南部的格拉蒙（Glanum），以及突尼斯的卡瑟琳（Kasserine），第二次世界大战中盟军在此展开了一场史诗般的战斗，击败了隆美尔。这些坝都是曲线型重力坝。之所以采用这种形式，主要是为了延长坝顶的长度，以满足坝顶无闸门自由溢流的需要。作为罗马人修建的大坝的光辉典范，公元500年在西班牙梅里达（Merida）附近修建的两座大坝，科纳尔霍（Cornalvo）坝（图14.1）和普罗塞皮纳（Proserpina）大坝至今尚存，其引水口仍在发挥有益的供水功能。

在公元后第二个千年初期，蒙古人入侵并击败了波斯人，他们在伊朗修建了大坝。其中两座，库里特（Kurit）坝和克巴尔（Kebar）坝（公元1280年前后）值得一提，因为它们是已知最早修建的真正的拱坝；克巴尔坝如图14.2所示。拱坝的上游面和下游面近乎垂直，半径为125ft（38.1m），高85ft（25.9m），坝顶宽15ft（4.57m），长180ft（54.8m）。坝体楔入坝肩基岩中凿出的槽中，坝体采用石灰和灰砂浆胶结的毛石砌筑心墙，心墙上游面为胶结的块石体。两座大坝都有数层出水口，据推测是施工期间的临时导流管道。库里特大坝被多次加高，坝顶的道路仍可通行车辆（de Rubertis，2011；Yang et al.，1999；Schnitter，1994；Smith，1971）。

美国早期修建的大坝主要为磨坊供水，木材是常用的建坝材料。之后砌石坝受到青睐，大多建于19世纪，如新英格兰地区的科罗顿（Croton）坝，目前仍在使用。然后，

· 254 ·

图 14.1 使用了 1000 年的科纳尔霍坝上的罗马砌石
来源：W. D. Schram（2018）

图 14.2 克巴尔坝
来源：N. J. Schnitter（1994）

土石坝开始出现。美国现存最古老的土石坝是康涅狄格州纽因顿附近的密尔庞德（Mill Pond）坝，建于 1676 年。记录中首次使用混凝土建的坝的是 1890 年❶修建的下晶泉（Lower Crystal Springs）坝，使用了互相锁定的混凝土块。第一座混凝土拱坝为上奥塔依（Upper Otay）坝，建于 1888 年。1890 年开始修建的奇斯曼（Cheesman）坝位于普拉特河的南支，是一座漂亮的砌石坝，至今仍向丹佛市区供水。对于东部的细粒冰碛土来说，水力冲填坝似乎具有易施工和抗渗的优势。后来，均质坝逐渐被分区土坝和堆石坝所取代（de Rubertis，2011）。

对于这些早期工程，从施工到初期蓄水乃至工程运行，均进行物探和巡视检查。正式的仪器和监测系统是后来才有的。例如，据称 1853 年法国的格罗布瓦（Grosbois）砌石坝进行了坝顶高程测量。该坝建于 1830—1838 年期间，测量是为了获得坝顶的位移。后来，高程测量在砌石坝监测得到了普遍应用。

在 19 世纪末，印度使用测压管来研究建在冲积层上用于灌溉的大坝下部的渗流。1907 年，英国工程师用这种仪器来测定均质土坝的浸润面。

在美国，水位观测孔、水位计和静水压力计是美国垦务局用于监测土石坝中水位或孔隙水压力的最早的一批测量仪器。1911 年，南达科他州的贝尔福西（Belle Fourche）坝上安装了水位观测孔（有时也称为饱和管）。安装这些观测孔的目的是确定浸润线，以及通过坝体、坝肩和坝基的渗流状态。1935 年，新研发的水位计安装在犹他州的海拉姆（Hyrum）坝（图 14.3）和俄勒冈州的艾黔斯山谷（Agency Valley）坝上。水位计不太准确，因为测量系统中的水无法同时排出。此外，测量系统中的水柱高度并不代表真实条件下的压力，因为空气在土壤空隙中处于压缩状态，会进入较大的孔中。安装过程中必须格外小心，以防损坏测压头。由于水位计在大坝施工完成后才能安装，因此无法记录施工中的孔隙水压力。水位计最终被弃用。随着水位计的发展，一些大坝设计并安装了静水压力计。1938 年和 1939 年在新墨西哥州卡瓦尤（Caballo）坝安装的静水压力计是这一时

---

❶ 原文如此，与后文矛盾，经查为 1888 年——译者注。

期的代表（Bartholomew et al.，1987）。

　　1922 年，作为当时主要工程学会的附属机构，工程基金会与南加利福尼亚州爱迪生公司合作修建了一座试验拱坝，布设了数量众多的监测仪器，以便更好地了解结构的工作性态（Redinger，1986）。该坝位于加利福尼亚州塞拉山脉圣华金河支流的一个峡谷中。监测仪器包括埋在大坝混凝土中的 140 支"电子遥测仪"。这些仪器由叠起来的碳盘组成，碳盘的电阻随施加在碳盘上的轴向应力而变化。利用遥测仪测量了不同水位和温度下拱坝的应力变化，大大增加了对大坝性态的认识。

　　美国的罗伊·卡尔逊（Roy Carlson，图 14.4）设计了一种仪器，该仪器利用受力金属丝传感器来测量混凝土坝和土坝中的压力。

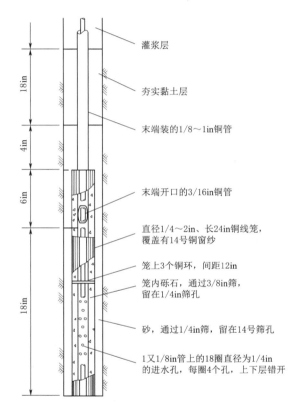

灌浆层

夯实黏土层

末端装的1/8～1in铜管

末端开口的3/16in铜管

直径1/4～2in、长24in铜线笼，覆盖有14号铜窗纱

笼上3个铜环，间距12in

笼内砾石，通过3/8in筛，留在1/4in筛孔

砂，通过1/4in筛，留在14号筛孔

1又1/8in管上的18圈直径为1/4in的进水孔，每圈4个孔，上下层错开

图 14.3　1935 年美国犹他州海拉姆
坝使用的水位计
来源：ASCE Task Committee on Instrumentation and
Monitoring Dam Performance（2000）

图 14.4　罗伊·卡尔逊博士（1900—1990）
来源：ASCE Task Committee on
Instrumentation and Monitoring
Dam Performance（2000）

　　卡尔逊利用惠斯通电桥测量金属丝的电阻变化，以得到相对于两个锚点的位移。这种无粘结电阻丝应变计于 1932 年首次投入商业化生产，后来，渗压计、混凝土应力计、土压力计和测缝计等相继出现。

　　同样在 20 世纪 30 年代，美国垦务局开始进行受控测量，将已建大坝的结构性态与设计和施工关联起来。这项工作促成了水位计和双管式液压渗压计的设计，用于测量孔隙压力，如图 14.5 所示（Walker，1948；Daehn，1962）。

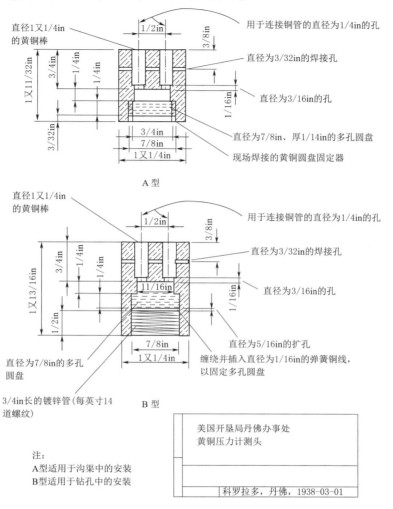

A 型

B 型

注：
A 型适用于沟渠中的安装
B 型适用于钻孔中的安装

美国开垦局丹佛办事处
黄铜压力计测头

科罗拉多，丹佛，1938-03-01

图 14.5 美国垦务局于 1940 年开发的早期双管式液压渗压计测头
来源：ASCE Task Committee on Instrumentation and Monitoring Dam Performance（2000）

1931 年，法国咨询工程公司柯因-贝立叶（Coyne et Bellier）的创始人、设计过 55 多座拱坝的安德烈·柯因（André Coyne，图 14.6），获得了钢弦式传感器（图 14.7）的专利，当时称为声学指示器（Coyne，1938）。这是监测领域的一个重要里程碑。

在 20 世纪 30—70 年代，由于对新坝施工日益关注，大坝监测得到了广泛的应用。尽管近些年来又有了许多发展和改进，那个时代开始使用的许多大坝监测方案仍然沿用至今。

图 14.6 安德烈·柯因（1891—1960）
来源：ASCE Task Committee on Instrumentation
and Monitoring Dam Performance（2000）

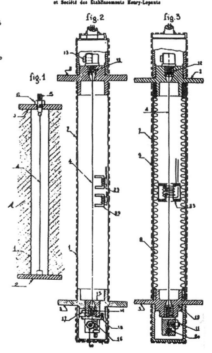

图 14.7　安德烈·柯因的钢弦式传感器专利，法语注册名为 a témoin sonore（声学指示器）
来源：ASCE Task Committee on Instrumentation and Monitoring Dam Performance（2000）

　　近年来，由于微型计算机技术的进步，大坝监测方案发生了巨大变化。该领域的发展甚至可以采集和处理与仪器监测结果性质不同的数据。世界上非常偏远地区的大坝上的仪器也可以通过卫星进行访问，将数据（全球导航卫星系统）传送到其他大洲的办公室。用个人计算机可以对这些数据进行快速整理整编并按一定的格式图形化，而工程师们可以立即识别出与结构预期性态的偏差。

　　值得注意的是，大坝监测系统的设计和制造以往大多是由该领域的专业工程师和制造公司承担的。尽管在有些时候将工业用传感器改装用于大坝监测，但当今大坝监测使用的许多传感器，其设计仍是专门针对该领域的。

　　大坝监测系统中使用的设备必须满足两大挑战。首先，它的使用寿命必须与大坝的设计寿命相当；其次，它必须非常稳定，几乎没有零漂。

　　科学界，特别是国际大坝委员会（ICOLD），一直非常重视从实际经验中收集与大坝相关的数据。关于这一主题的大量报告以及国际大坝委员会关于大坝监测的公报（ICOLD 1988、1989、1992、1994、1999、2000、2005、2009）都清楚地表明了监测仪器和测量技术的变化引起的关注。

　　一些具有全球领先专业水准和影响力的机构，也针对仪器监测和测量出版了参考手册和指南。

　　尽管在数据采集、处理、仪器设备和测量技术方面已取得了诸多进展，但影响大坝性态的因素以及性态指标依然没有改变。

参 考 文 献

American Congress on Surveying and Mapping（ACSM）.（1989）. "Definitions of surveying and associated terms." ASCE/ACSM, Gaithersburg, MD.

ASCE Task Committee on Instrumentation and Monitoring Dam Performance.（2000）. *Guidelines for Instrumentation and measurements for monitoring dam performance*, ASCE, Reston, VA.

ASTM International.（2016）. "Standard test method for low strain impact integrity testing of deep foundations." *ASTM D*5882 – 16, Gaithersburg, MD.

Balouin, T., Lahoz, A., Bolvin, C., and Flauw, Y.（2012）. "Risk assessment required in the framework of new French regulation on dams. Methodology developed by IN ERIS." *Proc., 24th Congress and Int. Symp. on Dams for a Changing World*, International Commission on Large Dams（ICOLD）, Paris.

Barker, M.（1998）. *Australian risk approach for assessment of dams*, Australian National Committee on Large Dams, Hobart, Tasmania.

Bartholomew, C. L., andHaveland, M. L.（1987）. *Concrete dam instrumentation manual: A water resources technical manual*, U. S. Department of the Interior, Bureau of Reclamation, Washington, DC.

Bartholomew, C. L., Murray, B. C., and Coins, D. L., eds.（1987）. *Embankment dam instrumentation manual*, U. S. Department of Interior, Bureau of Reclamation, Washington, DC, 17.

Bartsch, M.（2004）. *FMECA of the Ajaure Dam—A methodology study*, Thomas Telford Publishing, London, 187 – 196.

Bennett, V., Abdoun, T., Danisch, L., and Shantz, T.（2007）. "Unstable slope monitoring with a wireless shape acceleration array system." *Proc., 7th Int. Symp. on Field Measurements in Geometrics*, September 24 – 27, Boston, FMGM.

Bordes, J. L., and Debreuille, P. J.（1985）. "Some facts about long – term reliability of vibrating – wire instruments." *Transport. Res. Rec. No.* 1004: 20 – 26.

Central Water Commission, Dam Safety Organisation.（1986）. "Report on dam safety procedures." Ministry of Water Resources, Government of India.

Choquet, P., Juneau, F., Debreuille, P. J., and Bessette, J.（1999）. "Reliability, long – term stability and gate performance of vibrating wire sensors with reference to case histories." *Proc. 5th Int. Symp. Field Measurements in Geomechanics – FMGM99*, C. F. Leung, S. A. Tan, and K. K. Phoon eds., Singapore, December 1 – 3.

Choquet, P., Quirion, M., and Juneau, F.（2000）. "Advances in fabry – perot fiber optic sensors and instruments for geotechnical monitoring." *Geotechnic. News*, March.

Chrzanowski, A., Avella, S., Chen, Y. Q., and Secord, J. M. (1992). "Existing resources, standards, and procedures for precise monitoring and analysis of structural deformations, Vol. 1." *TEC*0025, U. S. Army Corps of Engineers, Washington, DC.

Contreras, I. A., Grosser, A. T., andVerStrate, R. H. (2012). "Update of the fully grouted method for piezometer installation." J. Dunnicliff, ed. *Geotechnic. News* 30 (2), 20 – 25.

Coyne, A. (1938). "Some acoustic monitoring results on concrete, reinforced concrete and metallic works." *Annales de I'Institut Technique des Batiments et des Travaux publics*, March (in French).

Daehn, W. W. (1962). "Development and installation of piezometers for the measurements of pore – fluid pressures in earth dams." *Proc., Symp. Soils and Foundation Engineering*, American Society for Testing and Materials, West Conshohocken, PA.

de Rubertis, K. (2011). "ASDSO. Dam engineering through the ages." *J. Dam Safety* 9 (2), 31 – 39.

Dienum, P. J. (1987). "The use of tiltmeters for measuring arch dam displacements." *Water Power Dam Const.*, June.

Duffy, M. A., and Whitaker, C. (1998). "Design of a robotic monitoring system for the Eastside Reservoir in California." *Proc.*, American Congress on Surveying and mapping, Vol. 1, Baltimore, 34 – 44.

Dunnicliff, J. (1988). *Geotechnical instrumentation for monitoring field performance*, Wiley, New York.

Dunnicliff, J. (1993). *Geotechnical instrumentation for monitoring field performance*, Wiley, New York.

FEMA. (2004). "Federal guidelines for dam safety, selecting and accommodating inflow design flood for dams." Interagency Committee on Dam Safety, Washington, DC.

FEMA. (2013). *Federal guidelines for inundation mapping of flood risks associated with dam incidents and failures*, P – 946, Washington, DC.

FEMA. (2015). *Federal guidelines for dam safety risk management*, P – 1032, Washington, DC.

FERC (U. S. Federal Energy Regulatory Commission). (2005). "Engineering guidelines for the evaluation of hydropower projects." In *Dam safety performance monitoring program*, Rev. 1, U. S. Federal Energy Regulatory Commission, Washington, DC.

FERC. (2007). "Dam safety performance monitoring program." In *Engineering guidelines for the evaluation of hydropower projects*, Rev. 1, U. S. Federal Energy Regulatory Commission, Washington, DC.

FERC. (2008a). "Dam safety surveillance and monitoring plan outline." In *Engineering guidelines for the evaluation of hydropower projects*, Rev. 2, Jan. 15, U. S. Federal Energy Regulatory Commission, Washington, DC.

FERC. (2008b). "Dam safety performance monitoring program." In *Engineering guidelines for the evaluation of hydropower projects*, Rev. 2, Jan. 15, U. S. Federal Energy Regulatory Commission, Washington, DC.

Holt, J., Poiroux, G., Lindyberg, R., and Cesare, M. (2013). "Detection without danger." *Civil Eng.* 83 (1), 68 – 77.

Hydrometrics, Inc. (2011). *Guidelines for conducting a simplified failure mode analysis for Montana dams*, Montana Department of Natural Resources and Conservation, Helena, MT.

ICOLD (International Committee on Large Dams). (1972). "Dam monitoring—General consideration." *Bull. 60* (1988), revised and edited version of Bulletins 21 (1969) and 23, Paris.

ICOLD. (1988). "Dam monitoring general considerations." *Bull. 60*, Paris.

ICOLD. (1989). "Monitoring of dams and their foundations—State of the art." *Bull. 68*, Paris.

ICOLD. (1992). "Dam monitoring improvements." *Bull. 87*, Paris.

ICOLD. (1994). "Ageing of dams and appurtenant works." *Bull. 93*, Paris.

ICOLD. (1999). "Seismic observation of dams—Guidelines and case studies." *Bull. 113*, Paris.

ICOLD. (2000). "Automated dam monitoring systems—Guidelines and case histories." *Bull. 118*, Paris.

ICOLD. (2005). "Dam foundations, geologic considerations, investigation methods, treatment, monitoring." *Bull. 129*, Paris.

ICOLD. (2009). "General approach to dam surveillance." *Bull. 138*, Paris.

Inaudi, D., and Branko, G. (2006). "Reliability and field testing of distributed strain and temperature sensors." *Proc., SPIE Smart Structures and Materials Conf.*, International Society for Optics and Photonics (SPIE), Bellingham, WA.

ISRM (International Society for Rock Mechanics and Rock Engineering). (1981). "Suggested methods for pressure monitoring using hydraulic cells." In *The ISRM suggested methods for rock characterization, testing and monitoring*, Pergamon Press, Oxford, UK, 201–211.

Jacobs UK, Ltd. (2007). *Engineering guide to early detection of internal erosion, Jacobs Ref B2220300*, Department for Environment, Food and Rural Affairs, London.

Jansen, R. B. (1988). *Advanced dam engineering for design, construction and rehabilitation*, Van Nostrand Reinhold, New York.

Kane, W. F. (1998). "Embankment monitoring time domain reflectometry." *Proc., 5th Int. Conf. on Tailings and Mine Waste*, Colorado State University, Fort Collins, CO, 223–230.

Mazzanti P., Perissin D., and Rocca, A. (2015). "Structural health monitoring of dams by advanced satellite Sar interferometry: Investigation of past processes and future monitoring perspectives." *Proc., 7th Int. Conf. on Structural Health Monitoring of Intelligent Infrastructure*, Nhazca S. r. I., Rome.

McRae, J. -B., and Simmonds, T. (1991). "Long-term stability ofvibratingwire instruments: one manufacturer's perspective." *Proc., 3rd Int. Symp. on Field Measurements in Geomechanics*, Vol. 1, Rotterdam, Balkema, 283–293.

Mikkelsen, P. E., and Green, E. G. (2003). "Piezometers in fully grouted boreholes." *Proc., 6th Int. Symp. on Field Measurements in Geomechanics*, Oslo, Norway, September, 545–553.

Peltzer, G., Hudnut, K. W., and Feigl, K. L. (1994). "Analysis of coseismic surface displacement gradients using radar interferometry: New insights into the Landers earthquake." *J. Geophys. Res.* 99 (19), 971–981.

Professional Association of Civil Engineers, Spanish National Committee on Large Dams. (2006). *Risk analysis applied to management of dam safety*, Madrid.

Redinger, D. H. (1986). *The story of Big Creek*, Trans-Anglo Books, Glendale, CA.

Regan, P. (2009). "An examination of dam failures vs. the age of dams." FERC, Washington, DC.

Schnitter, N. J. (1994). *A history of dams*, Balkema, Leiden, The Netherlands.

Schram, W. D. (2018). "Roman aqueducts."

Sellers, J. B., and Taylor, R. (2008). "MEMS Basics." *Geotechnic. News*, March, 32–33.

Shakal, A. F., and Huang, M. J. (1996). "Strong motion instrumentation and recent data collected at dams." *Western Regional Technical Seminar*, Association of State Dam Safety Officials, Lexington, KY, 111–128.

Sherard, J. L., Woodward, R. J., and Gizienski, S. F. (1983). *Earth and earth-rock dams: Engineering problems of design and construction*, Wiley, New York.

Smith, N. (1971). *A history of dams*, Citadel Press, Secaucus, NJ.

Solinst. (1997). *Waterloo system*, Georgetown, Ontario, Canada.

Teixeira da Cruz, P., Materon, B., and Freitas, M. D., Jr. (2010). *Concrete face rockfill dams*, CRC Press, Boca Raton, FL.

Terzaghi, K., and Peck, R. B. (1968). *Soil mechanics in engineering practice*, 2nd Ed., Wiley, New York.

Thompson, P. M., Kozak, E. T., and Wuschke, E. E. (1990). "Underground geomechanical and hydrogeological instrumentation at the url." *Proc., Int. Symp. on Unique Underground Structures*, Denver, June 12 – 15.

Thuro, K., Wunderlich, T., and Heunecke, O. (2007). "Development and testing of an integrative 3D early warning system for alpine instable slopes (alpEWAS)." *Geotechnologien Sci. Rep.*, F. Wenzel and J. Zschau, eds., Springer, Berlin, 289 – 306.

U. S. Army Corps of Engineers (USACE). (1980). "Instrumentation for concrete structures." EM – 1110 – 2 – 4300, September 15, Washington, DC.

USACE. (1995). "Instrumentation of embankment dams and levees." EM – 1110 – 2 – 1908, June 30, Washington, DC.

USACE. (2002). "Structural deformation surveys." EM – 1110 – 2 – 1009, June 1, Washington, DC.

USACE. (2011). "Engineering and design – safety of dams – policy and procedures." ER – 1110 – 2 – 1156, October 28, Washington, DC.

U. S. Bureau of Reclamation. (1987). *Design of small dams*, U. S. Department of the Interior, Washington, DC.

U. S. Committee on Large Dams (USCOLD). (1989). *Strong motion instruments at dams*, USCOLD, Denver.

U. S. Department of Defense (DOD). (1974). "Military standard, procedures for performing a failure mode, effects, and criticality analysis." *MIL – STD – 1629A*, Washington, DC.

U. S. Department of Transportation. (2008). "Reactive solutions: An FHWA technical update on alkali – silica reactivity."

Walker, F. C. (1948). "Experience in the measurement of consolidation and pore pressures in rolled earth dams." *Proc., Int. Congress on Large Dams*, Stockholm, ICOLD, Paris.

Wikimedia Commons. (2018). "Standing section [of the St. Francis Dam]."

Williams, S. C. (1985). *The elements of graphing data*, Wadsworth Advanced Books and Software, Monterey, CA.

Witham, J. L., Fishman, K. L., and Gaus, M. P. (2002). "Recommended practice for evaluation of metal – tensioned systems in geotechnical applications." *NCHRP Report 477*. National Research Council, Washington, DC.

World Bank. (2002). *Regulatory frameworks for dam safety*, Washington, DC.

Yang, H., Haynes, M., Winzenread, S., and Okada, K. (1999). *The history of dams*, University of California – Davis, Davis, CA.

大坝失事模式分析

如果与一条恶龙比邻而居，那么不考虑它的存在是不可行的。

——约翰·罗纳德·瑞尔·托尔金（J. R. R. Tolkien）

失事模式分析起源于一些大名鼎鼎的技术事故——如美国航天航空局（NASA）挑战者号失事。大多数设立大坝安全管理机构的国家，都鼓励或要求开展大坝失事模式分析，对可能导致水库失控的薄弱环节和事件序列进行系统的检查分析。基于失事模式分析的结果，明确监测的要求及需采取的措施，以降低事件链的演进发展造成水库失控的可能性。

表示分析方法的多个术语如 FMEA（失事模式影响分析）、FMECA（失事模式影响和临界性分析）、PFMA（潜在失事模式分析）和 FMA（失事模式分析）分别用于不同的场合，其相似之处多于不同之处，大多都遵循下述大致的顺序：

- 对设计和既往工作性态的有关记录进行研究。
- 将有关记录与大坝安全验收标准进行比较。
- 对大坝和附属结构进行现场检查。
- 提出潜在失事模式，如第 3 章、第 10～12 章中所述。
- 对每个潜在失事模式，分析其从触发演进到水库失控的完整事件链。
- 明确为判断大坝是否运行正常需要进行监测的工作性态指标。
- 对监测结果进行评价，找出其暗示的失事事件链或排除那些不可能的失事事件链。
- 对可实施干预的时机进行审核。
- 决定是否需要采取某项行动。
- 对加强监控和需采取的补救措施提出建议。
- 在定期更新或情况发生变化时，对分析结果进行记录并形成文档。

在评估大坝的潜在失事模式时，最重要的是不要将大坝作为一项孤立的结构，而是要将其视为系统整体的一部分。除了大坝结构本身以外，这一系统整体还包括：

- 坝基及坝肩。
- 管线。
- 压力钢管。
- 溢洪道。
- 泄水结构。

- 闸与阀。
- 电力系统。
- 控制和数据采集系统。
- 大坝运行维护人员。

鉴于系统的任何部分都有可能引发失事或使得失事进一步发展，因此需要对整个系统进行仔细的审查。

每个失事模式包括最终演进到失事的多个单独的事件，这些事件在事件树中通常用节点表示。事件树中的每个事件都有其发生的概率。和最初的触发条件及最终的溃决连接起来的一系列事件构成了失事模式。因为能显示事件演进过程中何时可以进行干预，采取措施来中断失事的发展以防止发生水库失控，对失事模式进行全面的刻画描述对于制定合适的监测方案是非常有帮助的。

识别潜在失事模式

通常由有资质的人员组成的团队来承担该项工作。首先，需要对与大坝相关的所有背景信息，包括地质、设计、科研、施工、洪水和地震载荷、运行、大坝安全评价和现有的性态监控文档等，进行全面彻底的审查，寻找可能导致失事的未知的潜在缺陷。除审查背景资料外，还须进行彻底的现场检查，查找那些显示大坝结构或坝基中的薄弱环节的线索。理想情况下，核心团队应包括大坝运行人员。

失事模式分析会议一般由团队中的某个成员或指定的外部人员负责领导或组织协调，此人应有丰富的大坝工程经验，在会议中能够提供有效的指导。会议开始时，团队成员先进行头脑风暴，根据在初步审查中获得的信息提出候选的潜在失事模式。对于每项荷载，提出从触发条件直至水库失控的事件链。

若某个潜在失事模式被判定为不能完全发展导致水库泄流，则视为不可信，将其记录在案，但不再进一步考虑。失事模式分析考虑所有的可能路径，不仅包括大坝及坝基的结构性态问题，还应包括闸门失效、压力钢管爆管及运行问题等。

对于可信的潜在失事模式，应记录导致其发生的可能性有所增加或减小的诱因。例如：冗余的溢洪道设置能降低洪水期间漫顶失事发生的概率。相反，若土石坝超高很小且只有一个小溢洪闸，失事的可能性会加大。

如果对某一候选的失事模式进行合理的评价需要更多的信息，分析团队应提出相关的建议，指出在完成评审前应收集哪些信息。

评估行动的优先顺序

识别出潜在失事模式后，紧接着就是确定它们的优先级。对与潜在失事模式相关的行动进行优先排序，有助于业主以最有效的方式配置资源。优先级取决于失事发生的可能性及其后果。对于发生可能性高、后果严重的失事模式，需要投入更多的资源进行修复或监测。

根据失事发生的可能性及其后果对失事模式进行分类。分类可进行简单的处理，只需考虑使得潜在失事模式的可能性增加或减少的因素并估算与之相关的后果。分析团队利用这些信息，就各种失事模式的优先级达成共识。优先级的分类数量及其定义可能因机构和所做的分析而异。一般来说，失事模式评估应包括可能性高和后果严重的"高风险"类别，可能性较低和后果不严重的"低风险"类别，和可能性非常低、后果轻微的"最低风险"类别。此外，还应有一个因有效信息不足而难以进行确定的类别。

不同后果和可能性的组合可能得到不同的分类级别。例如，后果很严重的失事模式（如下游有 10000 人的社区），虽然失事的可能性相对较低，但由于其可能产生的后果很严重，通常会被归为"高风险"类别。对于每种失事模式，评估后果的相对级别和可能性并进行适当的分类需要有良好的专业判断能力。

无论是表达为数值还是相对性的类别，有关评价结果都为大坝潜在失事模式相关风险的理解、沟通、排序和管理提供了基础。在明确潜在失事模式的优先级后，制订并实施相应的行动计划以降低相关风险。降低风险的措施包括进行补充研究、实施新的控制措施、改进运行或维护方法、修改应急行动计划和/或制定旨在及早发现已确定的潜在失事模式的监测方案。

巡视检查和仪器监测

为进行大坝工作性态评估，需要对巡视检查获取的信息以及仪器采集的数据与基于设计假定的大坝预期的性态和潜在失事模式进行对比分析。

巡视检查和仪器监测可以用于已知的潜在失事模式的早期识别。针对已知的潜在失事模式的监测方案，其设计的基础是确定如何监测到潜在失事模式及其性态监控指标的布置位置。及早监测到失事模式，有利于及早干预防止失事发生，或在失事即将发生或发生时向处于危险中的人群发出撤离警告。

制定巡视检查和仪器监测方案需要考虑如下内容：

- 在何处可以监测到意外行为或失事模式的发生？
- 仪器能否在失事发展之前监测到性态指标的变化？
- 是否可以以视觉直观的方式监测到正在发生的失事？
- 是否有专业人员审查收集的数据和信息，对相关性态指标进行评估？
- 一旦监测到失事模式，发展速度会有多快？
- 应多久监测一次？
- 若监测到失事模式，是否有时间采取行动？
- 应采取何种行动降低监测识别到的风险？

综上，掌握已识别的潜在破坏模式的事件链是选择正确的巡视检查和仪器监测方式进行大坝性态监控的基础。

测量范围、分辨力、准确度、精密度和重复度

要留意影响工作准确性的每一个细节。

——亚瑟·尼尔森（Arthur C. Nielsen）

舞蹈必须精准无误。

——阿里尔·多姆巴塞尔（Arielle Dombasle）

本附录包含了《大坝性态监控的仪器监测与测量指南（2000年版）》的相关内容，作为第4章和第5章中关于监测规划和监测仪器选择的补充。

为构建合适的监测系统，所选择的产品必须适合预定的用途。产品的适用性可以根据公开发布的产品性能规格说明来确定。产品性能规格对如何区分有意义的读数和无意义的噪声做出了规定。因此，熟悉产品性能规格说明对于充分利用监测成果很重要。

下面给出了需要考虑的规格说明中的术语定义，其中最重要的是测量范围、分辨力、准确度、精密度和重复度。鉴于这些术语有时会被混淆，在此介绍了它们的定义和意义，并在图C.1中进行了说明。产品性能规格应当溯源至已知的标准，如美国国家标准与技术研究院（NIST）所维护的标准。

仪器测量范围给出了仪器设计能测量的上限和下限。例如，某渗压计的测量范围为 $0 \sim 50$ 磅/in^2（psi）。待测参数的预期范围必须在仪器的测量范围之内。

量程与测量范围有关，其定义为测量范围的上限与下限的算术差。例如，测量范围为 $\pm 50mm$（1.96in），其量程为 100mm（3.93in）；测量范围为 $-25 \sim +70℃$（$-13 \sim 158℉$），其量程为 95℃（203℉）；测量范围为 $0 \sim 100psi$，其量程为 100psi。

分辨力是仪器所能分辨的被测参数的最小变化量。分辨力通常比仪器的精密度、重复度和准确度小许多倍，它是仪器能够一致可靠地测出的最小变化量。

准确度是指读数与认同的标准（绝对）值的匹配程度，包括了所有测量误差的综合影响。准确度通常表达成"±值"，例如 $\pm 1mm$（0.03in）、$\pm 1\%$读数或 $\pm 1\%$FS（全量程）。

准确度的数值表示在规定的工作条件下使用仪器时，其示值和标准值之间的最大差值。规定的工作条件包括仪器规定的温度范围和输入范围等。规定的准确度包括了滞回、死区以及重复度和一致性误差的综合影响，它通常用被测变量表示，例如 $\pm 2mm$（0.07in），或用满量程的百分比表示，例如 $\pm 5\%$FS。

精密度是指相似测量值与其算术平均值的接近程度，通常表达成"±值"。在大坝监

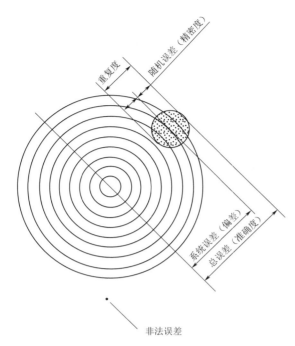

图 C.1　精密度、偏差、误差和准确度

测中，精密度往往比准确度更重要，因为更重要的是变化，而不是绝对值。

滞回表示给定的输入的输出值与先前偏移的历史和当前行程方向的依赖关系。通常它是在瞬变衰减后的全量程遍历过程中，被测量的上行和下行示值的最大差值减去死区值。

重复度表示在相同的工作条件下多次连续测量之间的一致性。它一般用工程单位表示，如 1mm，或用满量程的百分比表示。它是在相同工作条件下，从相同的方向进行全量程遍历时，相同输入的若干连续输出测量值之间的接近程度。通常测量的是不重复度，以量程的百分比表示。它不包括滞回。

线性度是指曲线（仪器输出与输入之间的）接近直线的程度。它通常以非线性度（曲线和直线之间的最大偏差）衡量，一般用仪器全量程输出的百分比来表示。

实际输出曲线的拟合度是指它与预测输出的特定曲线（直线、对数、正弦曲线等）的接近程度。线性度其实是曲线拟合度的一种特例。

死区是指在不引起可观察的响应的情况下输入的可变范围，通常用量程的百分比表示。

时间常数是指对于给定阶跃输入的一阶系统，输出完成总上升或衰减的 63.2% 所需的时间。

偏差是指变量无限次测量结果的平均值减去变量的实际值得到的变量示值。

校准曲线是被测量的已知输入值与实测输出值之间的图形表示。

比例因子是一个数字，它与测量输出量（电压、电流、频率、多项式等）相乘得到被测变量的值。

灵敏度是指在达到稳定状态后，输出量的变化与对应的输入量的变化之比。对于线性输出设备，它与比例因子互为倒数。

比例因子的温度系数是指仪器单位温度改变时比例因子的变化百分比，这也称为全量程的温度系数。

零漂的温度系数是指在输入没有变化的情况下，仪器每单位温度变化时测量输出与零位的偏差。

长期稳定性是指仪器在输入（压力、力、位移等）未发生变化的情况下，输出在特定年限内发生的变化。由于数据采集需要延续很长时间，而在这些时间内引起输出信号漂移的因素多种多样，因此关于仪器的长期稳定性，很难得到准确的答案。不过对大多数大坝监测仪器而言，有很多讨论仪器长期性态的出版物，仪器制造商也可提供有关资料。

仪器产生的电子信号决定了应如何读数。最常见和可靠的模拟信号类型包括直流电压、直流电流和频率，最常见的数字信号类型包括 RS232 和 RS485 串行输出。

规格说明应包括信号的输出范围，例如，＋／－5VDC，4～20mA，以及影响信号记录的其他细节。

电子仪器都需要电源才能工作。电源需求规格说明应规定输入电源的允许电压范围（交流或直流）、允许频率范围（交流）以及仪器需消耗的电流，单位为安培或毫安（mA）。对于直流供电的仪器，规格说明应进一步说明仪器能承受且仍能正常工作的交流波动或"纹波"量，通常用峰间电压表示。电源需求规格还应说明仪器是否有使其免受电涌和电源极性反转造成的损坏的保护措施。

此外，电源规格必须说明仪器是否需要稳压电源，即保持恒定电压的电源，以获得稳定读数。对于需要稳压电源的仪器，输出与输入电压电平成比例变化。这种变化与被测量的参数无关，可能导致一系列的测值无效。许多现代仪器都用自身的板载电子设备调节功率，因此可以承受大范围的输入电压。例如，仪器的"电源要求"规格可能是"8～24V 直流@8mA，最大 250mV 峰间电压纹波，反极性，短路和浪涌保护"。

在许多大坝的实际应用中，必须使用可变电源供电，例如电池或太阳能电池板。此时，仪器是否需要稳压电源或在非稳压电源的情况下能否稳定运行尤为重要。

仪器规格说明对仪器性能做出了规定，但监控系统的整体表现也取决于读数仪或数据采集设备的功能。例如，仪器重复度 1mm 可能相当于输出重复度 1mV；如果读数仪或数据采集设备无法分辨小于 2mV 的变化，则数据的精密度将不超过 2mm（0.07in）。仪器和读数设备之间的长电缆或无线电链路中拾取的电子噪声会进一步降低系统的性能。因此评定仪器和数据采集系统的综合性能，以及抑制噪声拾取以优化结果非常重要。

术 语 解 释

我依然一直在学习。

——米开朗琪罗（Michelangelo）

词条中文	词条英文	定 义
吸收	Absorption	导致声波振幅下降的耗散损失机制，其本质特征为能量转换过程
坝肩	Abutment	与大坝相依的河谷两侧。面向下游来确定坝的左右坝肩
加速度计	Accelerograph	具有记录地震时地球上某点加速度功能的加速度计
准确度	Accuracy	测量值或计算值与其定义或标准参考值的符合度（见不确定度）
声学	Acoustics	关于声波的探测和应用的科学领域
有效库容	Active storage	可供利用的水库容积
尾水池	Afterbay	大坝或水轮机出口的下游水池或尾水区域
通气管	Air – vent pipe	允许空气进入泄水孔的管道，用于在放水过程中调节压力
视准线测量	Alignment surveys	利用观测墩进行大地测量
碱骨料反应	Alkali – aggregate reaction（AAR）	骨料与水泥中的碱或碳酸盐发生化学反应，导致混凝土膨胀和开裂
碱硅反应	Alkali – silica reaction（ASR）	波特兰水泥中的碱和二氧化硅之间的化学反应，导致混凝土显著膨胀，造成大规模开裂等损害
大气环境温度	Ambient air temperature	大坝周围空气的温度
锚索/锚杆	Anchors	对安装的钢绞线或钢筋进行后张拉施加应力以提高稳定性
风速仪	Anemometer	测量空气速度的装置
附属结构	Appurtenant structures	挡水结构，如泄水口、溢洪道、厂房或隧道
渡槽	Aqueduct	输送水的渠道
含水层	Aquifer	地下水饱和的可渗透岩石体
隔水层	Aquitard	隔离地下水的低渗透性地层
拱形支墩坝	Arch buttress dam	包括由支墩支撑的多个拱形坝段的大坝
拱坝	Arch dam	弯曲的混凝土坝或砌石坝，将荷载传递给坝肩
衰减	Attenuation	相对震中的能量损失
自生体积变形	Autogenous growth	不受外界影响的体积增长

续表

词条中文	词条英文	定　义
自动化数据采集系统	Automated Data – Acquisition System（ADAS）	用于监测大坝性态的系统，包括永久安装并通过编程实现，无需人工干预即可自动运行的数据采集组件
辅助溢洪道	Auxiliary spillway	正常溢洪道之外的溢洪道
坝轴线	Axis of dam	沿坝顶中心线的直线或曲线
气压计	Barometer	测量大气绝对压力的压力计
膨润土	Bentonite	主要由蒙脱石和贝得石组成的黏土，由火山灰分解而成
马道	Berm	土石坝边坡上的水平台阶或步道
Borros 单点锚杆位移计	Borros point anchor	带有单个锚点的位移计，通过测量位移传递杆的顶部相对于孔口轴环的高度测量位移
包尔登管	Bourdon tube	一种机械式测量仪器，使用一根截面扁平的弯曲或扭曲的金属管作为传感器
浮力	Buoyancy	物体浸没或漂浮于静态流体中，液体对物体施加的垂直合力
支墩坝	Buttress dam	大坝上游侧的不透水面由下游侧间隔布置的一系列支墩支撑
标定/校准	Calibration	通过测量或与标准比较来确定仪表或其他设备上每个刻度读数的当前值
卡尔逊式仪器	Carlson meter	应变或温度监测仪器系列中的任何一种，其感应元件为手工缠绕的镍铬合金线，用半桥电阻测量电路测量
空化	Cavitation	当液体的液压降低到蒸汽压时，液体分裂成液-气两相系统而产生的乳化作用
立方英尺每分	CFM	立方英尺每分钟
立方英尺每秒	CFS	立方英尺每秒
围堰	Cofferdam	封闭全部或部分施工区域的结构，以便施工可以在干燥区域进行
无黏性土	Cohesionless soil	强度与围压直接相关的颗粒土
黏性土	Cohesive soil	颗粒非常细的塑性土，其强度取决于含水量
混凝土浇筑层高	Concrete lift	连续施工的水平接缝之间的垂直距离
管	Conduit	用于输送水的封闭通道
固结	Consolidation	自然或利用机械提高土壤密度的过程
固结灌浆	Consolidation grouting	沿着不连续面注入浆液以固结岩石
施工缝	Construction joint	两次连续浇筑混凝土之间的黏结界面
康铜合金	Constantan	铜镍合金，因其随温度变化的电稳定性而闻名，常用于热电偶结构中
心墙	Core	用不透水材料建造的屏障，以阻止水通过堆石坝
裂缝计	Crack meter	测量裂缝宽度变化的设备
蠕变	Creep	固体与时间相关的应变
坝顶长度	Crest length	坝体顶部的长度
坝顶	Crest of dam	大坝顶部
坝顶防浪墙	Crest wall	坝顶部的挡墙

词条中文	词条英文	定　义
木笼坝	Crib dam	由装满土或石块的木箱组成的大坝
地壳带	Crustal zone	地球最外面的固体层
暗涵	Culvert	道路、铁路或堤坝下的管道
截渗墙	Cutoff wall	坝基中的防渗墙，用以减少坝基的渗漏
立方码	CY	立方码
数据采集	Data logging	将仪器的电脉冲转换成数字化数据，并记录在各种类型的存储器中
死库容	Dead storage	位于最低出水口反拱高程之下且不能从水库中提取利用的水库容积
变形	Deformation	形状或尺寸的改变
齿槽	Dental work	从大坝、坝肩和坝基接触区域开挖松散岩石和土壤，并回填混凝土
排干水的	Dewatered	以前有水但后来被排干的区域
变形差	Differential movement	两个物体或点之间运动的差异
分散系	Dispersion	两相流体系统，其中的一相精细分散（胶体尺寸）在连续液相中
溶解	Dissolution	溶解
每日	Diurnal	每天
导流渠/导流洞	Diversion channel, canal, or tunnel	从工程中引水的水道
双曲拱坝	Double - curvature arch dam	垂直向和水平向均弯曲的拱坝（椭圆形）
汇水面积	Drainage area	聚集水的区域
排水层（铺盖）	Drainage layer (blanket)	便于排水的可渗透材料层
排水井（减压井）	Drainage well (relief well)	收集大坝坝体及坝基渗漏的井
水位消落	Drawdown	放水以降低水库水位
土坝	Earth dam	总体积的 50% 以上由比堆石料更细颗粒的材料压实形成的土石坝
东距	Easting	一点到另一点在东西方向的距离
弹性特性	Elastic properties	允许材料承受变形而尺寸或形状可恢复的特性
电解液式倾角计	Electrolytic tiltmeter	以填充电解液的水平仪作为传感元件的倾斜仪
土石坝	Embankment dam	用天然材料（土和岩石）建造的大坝
应急闸门	Emergency gate	正常水流控制手段不可用时使用的备用闸门
等势线	Equipotential lines	代表每一点的水势（压力水头+位置水头）都相同的表面的线
误差	Error	测量值与其已知真实值或正确值（或有时与其预测值）的差异
变位计	Extensometer	测量两个锚点之间的距离变化
失事模式	Failure mode	基于薄弱环节演变的一系列事件，一直发展到水库失控
破坏面	Failure surface	超过材料抗剪强度的表面
吹程	Fetch	波浪无阻碍横越水体的距离
扁千斤顶	Flat jack	由两个几乎平行的圆盘沿周边焊接而成的中空钢垫，可以在受控压力下充油

词条中文	词条英文	定　　义
水库超蓄量	Flood surcharge pool	洪水期间正常水位和最高水位之间的水库容积
水槽	Flume	由混凝土、钢或木头建造的用于输送水的明渠
前池	Forebay	紧邻出水口上游的水池
频率	Frequency	表征正弦声波的每单位时间峰-峰周期数。通常以每秒百万周期或 MHz 为单位
测量仪表	Gage or gauge	用刻度尺测量某物的仪器
测距仪	Geodimeter	大地测距仪
大地水准面	Geoid	海平面上整个地球的形状
地球同步卫星	Geo - synchronous satellite	从西向东绕地球运行的卫星，以保持固定在地球上的某一给定位置
土工织物	Geosynthetic	机织物或非机织物薄膜
级配反滤	Graded filter	砂和砾石有一定的比例，使得水能通过，但细颗粒料不能通过
重力坝	Gravity dam	依靠自身重量保持稳定的大坝
固结灌浆层	Grout blanket	用混凝土灌浆加固地基的浅钻孔带（固结灌浆）
灌浆帷幕	Grout curtain	在压力下用灌浆填充钻孔，以在大坝下形成截渗墙
上游水位	Headwater	大坝上游侧的自由水面的高程
河流源头	Headwaters	河流的水源
均质坝	Homogeneous dam	全部由相似的土料建造的土石坝
水力冲填坝	Hydraulic fill dam	由水流运送和放置的材料建造的土石坝
水力劈裂	Hydraulic fracture	孔隙水压力超过土体强度导致的断裂
水文地质	Hydrogeology	研究地下水的科学
水文过程线	Hydrograph	在给定点的水位、流量、流速或水的其他特征随时间变化的图形表示
静水压力	Hydrostatic pressure	流体中某一点来自其上方流体重量的压力
滞回曲线	Hysteresis plot	描述测量值相对于先前测值的变化的图形
不透水衬砌	Impermeable liner	不允许水或其他流体通过的衬砌
不透水土	Impervious soil	渗透性低的土体
测斜仪	Inclinometer	测量参考轴线和护管轴线之间偏转角度的仪器
测斜管	Inclinometer casing	开槽的特制的护管，可防止测斜仪探头在下降或上升时发生扭转
橡胶坝	Inflatable dam	由橡胶或其他防水薄膜制成的水坝，充满后其垂直高度增加
初期蓄水	Initial filling	水库或其他挡水结构的第一次蓄水
原位孔隙水压力	In situ pore pressure	任何外部影响之前的孔隙水压力
倒垂线	Inverted pendulum	固定在岩石或混凝土的最低点的摆，其上部的浮托端可自由移动，以测量水平位移
测缝计	Joint meter	用于测量混凝土或任何其他材料中接缝移动的设备
千瓦时	kWh	千瓦小时（1000 瓦特小时）
侧向位移	Lateral translation	水平面内的运动

词条中文	词条英文	定　　义
渗漏	Leakage	水或其他液体通过多孔介质如坝体、坝基或坝肩的快速运动
液化	Liquefaction	饱和土壤变成液体或接近液体的状态
纵向开裂	Longitudinal cracking	平行于大坝轴线的开裂
砌石坝	Masonry dam	大坝主要由石头、砖或混凝土块用灰浆黏接而成
最大断面	Maximum section	坝基和坝顶之间高差最大的横截面
测量范围	Measurement range	仪器可测量的最大和最小值
薄膜坝	Membrane dams	上游面有防水屏障的大坝
弹性模量	Modulus of elasticity	弹性介质中的应力应变之比
兆帕	MPa	兆帕斯卡（一百万帕斯卡）
集线器	Multiplexer	将许多信号分配到少量测量通道的设备
多点变位计	Multipoint extensometer	伸长计，可以测量沿其长度方向的几个锚固点之间的运动
兆瓦	MW	兆瓦（100 万瓦）
水舌	Nappe	水在堰顶流过的形状
北距	Northing	一点到另一点沿在南北向的距离
观测孔	Observation well	钻孔观察水位的测孔
偏移	Offset	实际值和参考值之间的差异
开敞式渗压计	Open piezometer	带有隔离待测地层的地下水封的观察井
漫顶	Overtopping	水流流过大坝坝顶
帕氏量水槽	Parshall flume	用于测量无压管道中水流量的校准装置
正垂线	Pendulum（plumbline）	安装在固定的水平轴上的刚性体，在重力的影响下可以绕着水平轴自由旋转
高压钢管	Penstock	水力发电机组的进水口和水轮机之间的管道
相位	Phase	对重复现象的周期的一部分的量度，利用现象本身的一些可区别的特征来测量
浸润线	Phreatic line	线以下的土壤处于饱和状态
渗压计	Piezometer	测量土体、岩石或混凝土中流体压力（空气或水）的仪器
管涌	Piping	从下游开始向上游渐进发展，在渗流的作用下土壤颗粒逐渐开始移动
毕托管	Pitot tube	流体的速度测量装置
气压式渗压计	Pneumatic piezometer	带有透水滤芯、通过测量两根通气管之间的感应膜的压力的一种压力计
泊松比	Poisson's ratio	荷载作用下水平应变与垂直应变的比率
孔隙水压力	Pore pressure	土体、岩石或混凝土中流体（空气或水）的间隙压力
百万分之一	ppm	百万分之一
精密度	Precision	对一系列独立测量的测值相互一致程度的度量。精密度通常但不一定总是用测值的标准差来表示

词条中文	词条英文	定　义
磅每平方英寸	psi	磅力每平方英寸
无线电遥测	Radiotelemetry	用于在两个特定点之间提供无线通信或控制通道的系统
雨量计	Rain gauge	用来采集和测量降水的仪器
相对密度	Relative density	在给定压实作用下土体密度与最大可能密度的比值
重复度	Repeatability	设备重复测量相同值的能力
水库水位消落	Reservoir drawdown	水库水位降低
库周	Reservoir rim	水库水面与其流域地面的交线
分辨力	Resolution	可测属性的最小增量
堆石坝	Rockfill dam	总体积的 50％以上由压实或倾倒的天然岩石或碎石组成的土石坝
水位孔	Saturation pipes	地下水监测井，以确定地下水的水位
冲刷	Scour	由空气、冰或水的流动引起的侵蚀
渗流	Seepage	水或其他液体通过多孔介质如通过坝体、坝基或坝肩的缓慢运动
渗流路径	Seepage path	渗流水行经的路径
渗流水质	Seepage quality	渗流中的浑浊度和溶解固体的水平
渗流量	Seepage quantity	渗漏量的度量
地震响应	Seismic response	地震引起的大坝振动
地震活动	Seismicity	地球构造运动现象
地震构造运动	Seismo - tectonics	引发地震的地壳板块运动过程
传感器	Sensor	对物理刺激做出响应并传递结果信号的装置
沉降	Settlement	坝面上某一点的高程降低
沉降仪	Settlement gauge	测量两点或多点之间高程变化的仪器
抗剪强度	Shear strength	材料抵抗外力作用下沿着内部平面的移动的能力
剪切破坏区	Shear zone	超过剪切强度并发生永久变形（滑动）的区域
信号调制	Signal conditioning	用于将传感器输出转换为适合通过电缆或无线电传输的信号，并由数据记录器和其他设备记录的电子电路
边坡失稳	Slope failure	自然或人工边坡的土体向下和横向运动
测雪场	Snow course	指定的开阔区域，在这里测量积雪以确定其相应的降水深度
声速（超声声速）	Sound velocity (ultrasonic velocity)	声波传播的速度，取决于声波在其中传播的材料的物理性质。通常用符号 c 表示。声速通常用传播时间法来测量
稳定性	Stability	抵抗运动的能力，通常用安全系数表示
水尺	Staff gauge or stage recorder	设置在特定位置，以便可以直接读取水位的刻度尺
标准	Standard	因其权威性被普遍使用和接受
测压管	Standpipe	充水的立管，也称为开敞式测压计
应变计组	Strain gauge	测量两点之间距离变化的设备
应变计组	Strain rosette	通过测量数个方向的线应变来确定某点周围的 3D 应变

词条中文	词条英文	定　义
应力计	Stress meter	直接测量应力的仪器
强震仪	Strong – motion accelerometer	用于记录强烈地震引起的地面震动的加速度计，同时对较小的震动事件不敏感
悬浮系	Suspension	由悬浮在液体介质中的固体颗粒组成的两相系统
尾水位	Tailwater	大坝下游侧自由水面（如有）的高度
锚筋	Tendon	参见锚索/锚杆
经纬仪	Theodolite	用于大地测量的光学仪器。它利用瞄准望远镜绕水平轴和垂直轴自由旋转来测量角度
热敏电阻	Thermistor	电阻电路元件，具有很高的电阻负温度系数，其电阻随着温度的升高而降低
热电偶	Thermocouple	基本上是由两个端头连接在一起的不同导体组成的设备，通过测量电压来得到温度
温度计	Thermometer	测量温度的装置，温度用华氏或摄氏为单位
倾角计	Tiltmeter	用于测量相对于重力铅垂线的转角的仪器
土压力计	Total pressure cell	通常是由连接到充满液体的测头的压力计，可测量施加到测头上的总压力
全站仪	Total station	测量距离及垂直和水平角度的大地测量仪器
传感器	Transducers	将输入信号转换成不同形式的输出信号的设备或元件
三角高程测量	Trigonometric levels	利用三角测量和三角测量计算原理确定两点之间高差的方法
三边测量	Trilateration	测量感兴趣的表面上各点之间的一系列距离，以确定它们的相对位置
耳轴摩擦	Trunnion friction	闸门耳轴轴承上的销或枢轴运动产生的摩擦
浊度计	Turbidity meter	测量光束通过包含足够大可形成散射光的颗粒的溶液时发生的光损失的装置
不确定性	Uncertainty	测量值和计算值之间的置信区间的限值
不排水的	Undrained	限制土体中孔隙水压力消散的应变状态
扬压力	Uplift	作用在大坝底部的向上的压力
上游铺盖	Upstream blanket	设置在大坝上游水库底板上的不透水层
钢弦式渗压计	Vibrating – wire piezometer	通过测量信号频率变化得到原位压力的电测压力计
堰	Weir	渠道中用于调节水位或测量流量的装置
分区土石坝	Zoned embankment dam	由具有不同孔隙度、渗透率和密度的材料分区的土石坝
分区堆石坝	Zoned rockfill dam	用岩石建造、内部设有心墙、反滤和排水区的土石坝

索　引

页码后的 f 和 t 分别代表图和表